**우발과 패턴**

UBIQUITY

# 우발과
# 패턴

**마크 뷰캐넌** 지음

김희봉 옮김

SIGONGSA

# 과학적 사실로 세상을 조목조목 따져보다

이기진(서강대 물리학과 교수)

한 초등학교 학생이 어머니의 손에 이끌려 병원에 왔다. 아이가 우주론에 대한 책을 읽고 난 후 갑자기 우울해하더니 숙제는 물론 아무것도 하지 않는다는 것이다. 우주가 언젠가 팽창해 폭발해버릴지 모르는데 숙제를 해서 무엇 하겠냐는 이 학생의 말에, 어머니는 네가 우주랑 무슨 상관이 있다고 그런 것에 신경을 쓰느냐며 야단을 친다. 우리가 사는 곳이 지금 팽창하고 있는 것도 아닌데 무슨 걱정이냐는 것이다.

위 이야기는 우디 앨런의 영화 〈애니 홀〉의 한 장면이다. 이 책《우발과 패턴》(원제: Ubiquity)은 복잡한 세상에서 일어나는 일들을 과학적 논리를 통해 쉽고 간단하게 설명해준다. 말하자면 영화 속 아이의 입장과 어머니의 입장에 대해 객관적인 과학적 사실로 조목조목 따져 논리적 근거를 대주고 있는 것이다.

우주론적으로 우리는 진화를 거쳐 여기까지 왔다. 여기까지 오는 동안 우리는 한 가지로 설명할 수 없는 수많은 변화와 곡절을 겪었다. 생물학적으로 말하면, 프랜시스 크릭Francis Crick이 말한 '얼어붙은 우연frozen accidents'에 의한 돌연변이에 의해 진화해 왔다고 이야기할 수 있다. 즉 모든 얼어붙은 우연의 누적에 의한 진화의 역사가 현재의 역사이고 얼어붙은 우연이 바로 역사적 우발성이라는 것이다.

대표적 고전물리학자인 뉴턴은 우주와 지구의 유사성 속에 중력이라는 법칙을 찾아냈다. 비슷비슷하고 전혀 규칙성이 없을 것 같은 현상 속에서 자연의 법칙을 찾아내 과학혁명을 이루어냈다. 현대물리학을 연 20세기 초에는 아인슈타인, 플랑크, 보어, 드 브로이가 만든 개념에서 출발해 하이젠베르크, 슈뢰딩거, 디랙이 지적인 환경을 뜯어 고침으로써 양자론의 새로운 기초를 만들었다. 이때 과학자들이 의지한 패러다임은 근본적으로 바뀌어 있었다. 예를 들어 원자의 양자론이 나오면서 우리를 구성하는 고체, 액체, 기체에 대한 과학 이론도 더 정밀해졌다. 하지만 아직까지도 복잡한 세계를 뉴턴의 법칙과 같은 단순함으로 보여주지 못한다. 이 책의 저자는 이런 문제를 '역사 물리학'의 문제로 돌린다. 미래에 이 문제를 해결할 수 있는 얼어붙은 우연이 역사적 우발성으로 구체화할 수 있다고 믿는다.

이제 과학의 발전으로 복잡한 현상이라든지 정치, 역사, 자연재해, 생태계, 시장과 자본, 경제원칙, 인간의 행동에 대한 유사성을 찾아내 수식화하고, 컴퓨터를 통한 시뮬레이션으로 설명할 수 있는 단계가 되었다. 지구에서 일어나는 복잡한 현상을 그물망처럼 묶어서 복잡계 물리학을 통해 어느 정도 설명할 수 있다. 더 나아가 패션, 음악, 개인적 취향, 사회 불안, 기술 변화와 같은 사회적 현상도 단순화시켜 볼 수 있다. 사실 이런 현상적인 것들은 이제 통계학의 발달과 컴퓨터 시뮬레이션의 발달로 쉽게 이해할 수 있게 되었다. 복잡한 비평형상태에서 세상이 서로 영향을 주고받는 자연스러운 패턴을 연구함으로써 세상에서 일어나는 모든 일에서부터 인간의 뇌에 이르기까지 방대한 영역의 자연 현상을 이해할 수 있게 되었다

　이 책의 훌륭한 점은 우리가 마주하는 자연, 사회, 경제, 과학, 문화, 인간, 생명, 현상에 대한 사고의 확장에 있다. 문제를 한 곳에서 바라보고 해답을 얻는다는 것이 불가능한 복잡한 물리학적 복잡계 세상에서, 세상을 냉철히 과학적으로 분석을 하되 다양한 시각으로 바라볼 것을 이 책은 이야기한다.

# 세상의 모든 격변을
# 꿰뚫어 보다

장경덕(매일경제신문 논설위원)

우리가 사는 세상은 거대한 복잡계다. 격변의 씨앗은 도처에 숨어 있다. 변화는 늘 느릿느릿 오는 게 아니다. 임계상태critical state에 이른 세계에는 언제든 혁명이 닥쳐올 수 있다. 모래알 하나가 엄청난 사태沙汰를 일으키듯 아무리 조그만 움직임도 폭발적 변화를 불러일으킬 수 있다. 우리는 그런 세상을 얼마나 잘 이해하고 있을까? 우리는 과연 세상의 모든 격변을 꿰뚫어 볼 눈을 가질 수 있을까?

이론물리학자인 마크 뷰캐넌Mark Buchanan은 이 책《우발과 패턴》에서 이처럼 어려운 화두를 던진다. 하지만 그는 세상은 우리가 생각하는 것보다 단순하다고 주장한다. 물론 온갖 격변의 패턴을 통찰할 수 있는 혜안을 가진 이들에게만 그렇겠지만.

뷰캐넌은 먼저 100년 전 오스트리아-헝가리제국의 한 도시로 우리를 이끈다. 1914년 6월 28일 사라예보에서 어떤 운전사가 길을 잘 못 들었다. 혼잡한 도심에서 흔히 저지르는 실수였다. 하지만 그 차에는 제국의 황태자가 타고 있었고, 마침 그곳에 있던 세르비아 청년이 그를 암살했으며, 유럽은 곧바로 1,000만 명의 목숨을 앗아간 전쟁의 소용돌이에 빨려 들어간다. 이는 다시 3,000만 명이 죽는 제2차 세계대전의 비극으로 이어진다.

작은 불씨 하나가 인류 역사를 뒤바꿀 거대한 연쇄 폭발을 부른 것이다. 당시 유럽은 일촉즉발의 임계상태에 있었다. 하지만 아무도 그와 같은 격변을 예견하지 못했다. 1995년 일본 고베 지역을 핵폭탄의 100배나 되는 위력으로 초토화시킨 지진은 또 어떤가? 누가 수백 년 동안 평온했던 땅속 깊은 곳에서 어마어마한 격변이 준비되고 있다는 것을 상상이나 했을까?

또 1988년 미국 와이오밍 주 옐로스톤 국립공원Yellowstone National Park 에서 일어난 조그만 산불은 왜 여느 산불처럼 금세 사그라지지 않고 서울 면적의 10배나 되는 숲을 집어삼킨 거대한 화마로 자라났을까? 1987년 10월 19일 미국 월스트리트에서 하루 새 주가가 22퍼센트나 추락하는 검은 월요일Black Monday의 대폭락은 어떻게 설명할 수 있을까? 6,500만 년 전 지구 상의 모든 공룡들을 멸종시킨 대학살은 왜 일어났을까? 철옹성 같았던 소비에트연방과 베를린장벽이 갑자기 무너진 까닭은 무엇일까?

이와 같이 뷰캐넌은 자연 생태계의 대규모 멸종, 정치와 사회의 변혁, 경제와 시장의 붕괴, 과학기술 혁명, 대규모 전염병의 확산, 도시의 성장, 패션과 음악 취향의 변화를 비롯한 모든 분야의 격변을 복잡계 물리학의 렌즈를 통해 바라보며 보편적인 패턴을 찾아내려고 한다.

복잡계 물리학의 관점에서 보면 임계상태는 도처에 있다. 세계가 임계상태에 있다면 아주 작은 힘조차 거대한 사태를 불러올 수 있다. 이 물리학은 역사를 중시한다. 지금까지 일어난 일들은 절대 씻겨나가지 않고 '얼어붙은 우연'이 되어 미래에 영향을 미친다. 평형상태에서는 아무것도 변하지 않지만 평형을 벗어나면 역사가 끼어든다. 그래서 복잡계 물리학은 또한 비평형과 역사의 과학이다.

뷰캐넌은 모든 임계상태는 보편성을 갖고 있다고 주장한다. 임계상태에 있는 체계의 기본적인 조직과 행동은 그 구성원들의 세부적인 특성과는 거의 상관이 없다. 그러므로 세부적인 차이를 거의 무시하면서도 본질적인 구조를 이해할 수 있다.

임계상태와 격변은 갈수록 복잡해지는 오늘날의 세계에 대한 가장 함축적인 은유다. 이 책은 우리에게 격변에 대비한 구체적인 행동지침이나 요령을 알려주지는 않지만, 한 치 앞도 내다볼 수 없는 불확실성의 안개 속에서 언제든 격변을 맞을 수 있는 우리에게 세상을 이해하고 미래를 대비하는 데 유용한 사고의 틀을 제시한다. 무엇보다 지금껏 지나치게 평형과 균형의 개념에만 얽매여 온갖 격변에 속수무책이었던 모든 사회과학에 근본적인 발상의 전환을 촉구한다.

이 책이 나온 다음에 일어난 역사적인 사건들도 임계상태와 격변이라는 관점에서 보면 쉽게 이해할 수 있다. 예를 들어 2008년 글로벌 금융위기나 2010년 말부터 시작된 아랍의 봄을 보자. 158년 전통의 글로벌 투자은행 리먼브러더스가 터키 경제규모와 맞먹는 빚에 눌려 파산하면서 전 세계를 패닉에 빠트린 것이나 41년 동안이나 철권을 휘두르던 리비아의 독재자 무아마르 카다피가 갑작스럽게 몰락한 것도 격변의 씨앗을 제대로 보지 못했기 때문이다.

이 책을 읽으면 스스로 많은 물음을 던지게 된다. 한반도를 둘러싼 지정학적 환경이나 우리 경제는 지금 어떤 격변을 내포하고 있을까? 미래 산업지형과 과학기술의 급격한 변화로 내 삶이 완전히 달라지지는 않을까? 우리가 쌓은 지식과 부, 우리가 구축한 인적 네트워크와 가치체계, 우리가 누리던 자연 환경과 사회 조직이 송두리째 바뀌게 되는 건 아닐까?

이 책은 대단히 흥미롭고 도발적이다. 그리고 우리의 삶과 역사와 자연과 사회에 대한 깊은 성찰의 기회를 준다. 책을 관통하는 메시지는 간단하다.

'거대한 격변이 역사의 다음 모퉁이에 도사리고 있다. 지금 나의 결정과 행동은 아무리 작은 것이라도 임계상태의 세계에 그 어떤 변화도 불러일으킬 가능성이 있다.'

차례

**추천의 글**

정치는 가능성의 예술이 아니다.
정치는 참혹한 것과 불쾌한 것 중에서 선택하는 것이다.
– 존 갤브레이스John Kenneth Galbraith1

역사는 결코 반복되지 않는 것의 과학이다.
– 폴 발레리Paul Valéry2

# 1장

## 제일 원인

1914년 6월 28일 오전 11시, 맑은 여름날이었다. 승객 두 사람을 태운 자동차가 길을 잃었다. 이 자동차는 큰 길을 벗어나지 말아야 했지만 어쩌다 골목길로 들어섰고, 비좁은 통로에서 헤어나지 못하고 있었다. 혼잡한 도심에서는 흔히 있는 대수롭지 않은 실수였다. 그러나 그날 이 자동차의 운전자가 저지른 대수롭지 않은 실수는 수천만의 생명을 앗아갔고, 세계사의 진로를 바꿔놓았다.

이 자동차는 열아홉 살의 세르비아계 보스니아 학생 가브릴로 프린치프Gavrilo Princip 앞에서 멈춰 섰다. 세르비아 테러조직 '검은 손'의 단원이었던 프린치프는 자기에게 찾아온 행운을 믿을 수 없었다. 그는 앞으로 걸어 나가 자동차 앞에 섰다. 호주머니에서 작은 권총을 꺼냈고, 방아쇠를 두 번 당겼다. 차 안에 있던 오스트리아 헝가리의 프란츠 페르디난트 대공과 소피 대공비는 총을 맞은 지 30분 만에 죽었고, 한 시간도 못 되어 유럽의 국제 질서가 무너지기 시작했다.

오스트리아는 이 암살사건을 세르비아 침공의 빌미로 삼았다. 독일이 오스트리아의 편에 서자, 세르비아를 보호해주겠다고 공언하던 러시아도 가만히 있을 수 없게 되었다. 단 30일 만에, 국가들 사이에 실타래처럼 엉킨 위협과 동맹의 연쇄반응으로 거대한 군대가 동원되었고, 오스트리아, 러시아, 독일, 프랑스, 영국, 터키는 죽음의 매듭으로 엉켜버렸다. 제1차 세계대전은 이렇게 해서 일어났고, 5년 뒤에 1,000만 명이 죽은 뒤에야 끝이 났다. 그 후 유럽은 불안한 평화를 유지하다가, 30년 뒤에 또다시 제2차 세계대전이 터져서 3,000만 명이 죽었다. 단 30년 만에 세계는 모든 것이 침몰하는 파국을 두 번이나 맞았다. 왜 그랬을까? 이 모든 게 운전자의 실수 때문이었을까?

제1차 세계대전이 일어난 이유에 대해서는, 더 이상 나올 것이 없을 정도로 많은 설명이 나왔다. 대공의 암살이 직접적인 원인이었다면, 영국의 역사학자 A. J. P. 테일러는 철도 시간표야말로 진짜 원인이고, 이것 때문에 국가들은 피할 길 없는 선전포고로 빠져들었다고 했다(A. J. P 테일러의 '기차 시간표 이론'은 다음과 같다. 19세기 말에서 20세기 초 유럽 열강들은 대규모 군사력을 보유하고 있었으나, 군인들이 항시 전투 준비를 하고 있는 것이 아니라 평화 시에는 민간인으로 있다가 필요한 경우에 동원되어야 했다. 이 동원에는 거의 모든 경우에 기차가 이용되었다. 그래서 각국은 전쟁에 대비해 동원 기차 시간표를 분 단위까지 정밀하게 짜놓고 있었으며, 그래서 한번 구성하면 바꾸기가 힘들었다. 다시 짜려면 몇 달이 걸렸다. 또 이것은 다음을 의미하기도 했다. 예컨대 오스트리아가 세르비아에 대해 전시 동원령을 내리면, 두 방향으로 동시에 기차가 갈 수는 없으므로 러시아에 대해 무방비 상태가 되고, 독일이 프랑스에 대해 동원령을 내리면 러시아에 대해 무방비 상태가 된다. 특히 문제가 된 것은 독일이다. 독일은 프랑스와 러시아를 한꺼번에 상대해야 했다. 그래서 전쟁이 일어나면 양쪽의 적에 대해 어떻게 대처해야 하는지 미리 구체적인 계획을 짜두어야 했다. 그래서 우선 벨기에를 거쳐 프랑스를 공격하여 무력화시키고 그다음에 전력을 모아 러시아를 공격하는 계획을 짜두었다. 이와 같이 어쩔 수 없이 정해진 방향으로 일이 일어나도록 되어 있었다. 상대방이 동원령을 내리면 그것이 곧바로 전쟁 개시로 이어지고 어쩔 수 없이 거기에 맞서서 어느 방향의 동원령을 내려야만 한다는 것이 명백했다. 그 같은 사실을 각국의 정치인과 군인들이 다 알고 있었고, 다 안다는 사실이 또 어쩔 수 없는 사태를 초래했다. - 옮긴이). 테일러에 따르면 "호전적인 국가들은 자신들의 군사력을 과신하는 함정에 빠졌다."[3] 다른 역사가들은 단순히 독일의 호전성과 자연스러운 팽창 욕구가 이유이며, 50년 전에 비스마르크에 의해 독일이 통일된 다음 단계로 전쟁은 일어날 수밖에 없었다고 말한다. 제1차 세계대전이 발발한 원인의 가짓수는 이 문제를 연구하는 역사가의 수보다 결코 적지 않으며, 오늘날까지도 새롭고 중요한 연구가 속속 나오고 있다.[4] 물론 이러한 역사적 '설명'은 사건이 지나고 한참 뒤에 나온 것임을 기억해야 한다.

우리는 인류 역사의 자연적인 리듬을 얼마나 잘 이해하고 있을까? 또 우리는 미래에 대해 대충의 윤곽이나마 파악할 능력이 있을까? 이런 문제를 생각할 때, 유럽의 역사에서 1914년 이전은 길고 평화로운 오후 같은 시대였음을 상기할 필요가 있다. 그 시대의 역사가들에게 전쟁은 마치 구름 한 점 없는 하늘에서 설명할 수 없는 무시무시한 폭풍우가 몰아닥친 것이나 마찬가지였다. 미국의 역사가 클래런스 앨보드Clarence Alvord는 제1차 세계대전이 끝난 뒤에 이렇게 썼다. "지옥에서 나온 온갖 것들이 제멋대로 날아다니면서 세계를 아수라장으로 만들었다. (…) 나와 같은 시대의 역사가들이 공들여 쌓아놓은 아름다운 역사의 구조물을 갈가리 찢어놓았고, (…) 우리 역사가들이 역사에서 읽어낸 의미는 참혹하게 틀렸다는 것이 밝혀졌다."[5] 앨보드를 비롯한 역사가들은 자신들이 과거에서 정연한 패턴을 알아냈고, 현대의 인류 역사는 서서히 합리적인 선을 따라 전개될 것으로 생각했다. 그러나 미래는 거칠고 사악한 힘에 의해 지배되고, 상상도 할 수 없는 파국을 준비하고 있는 듯했다.

제1차 세계대전은 세계사에서 예측 불가능한 격변의 전형적인 예이고, 이 전쟁은 "역사에서 가장 유명한 잘못된 꼬임"[6]에 의해 일어났으며, 이런 예외적인 일은 다시 일어나지 않는다고 낙관적으로 생각할 수도 있다. 오늘날 역사가들은 되돌아볼 수 있다는 점 덕분에 20세기에 세계대전을 일으킨 거대한 힘을 이해했다. 따라서 우리는 다시 한 번 명료한 시야로 미래를 내다볼 수 있다고 생각한다. 그러나 한 세기 전에 앨보드와 그의 동료들도 비슷한 확신을 가지고 있었다. 게다가 현재 일어나는 일에 대해서는 어느 누구도(역사가들조차) 그때보다 현명하다고 할 수 없다.

1980년대 중반만 해도 소비에트 사회주의공화국연방은 한 세기의 거의 4분의 3 동안을 존속하며 세계사에서 영원할 것처럼 보였다. 당시에 미국인들은 소련의 군사력이 자기들보다 앞서 있다는 것에 뚜렷한 위협을 느끼고 있었고, 단합된 노력만이 미국의 경쟁력을 유지할 수 있다고 생각하고 있었다. 1987년에는 소련이 50년 안에 붕괴할지도 모른다는 조심스러운 가설조차 역사와 정치학 학술지를 샅샅이 뒤져야 겨우 찾을 수 있었다. 하지만 놀랍게도 50년은커녕 단 몇 년 만에 상상하기조차 힘들었던 일이 현실에서 벌어졌다.

소련의 해체가 시작되자 몇몇 역사가들은 서둘러 또 다른 결론을 내놓았다. 지구 전체에 민주주의가 전파되어 평화가 지속되는 '새로운 세계 질서'가 도래한다는 것이다. 서구의 정치가들은 이런 견해를 환영했고, 기쁨에 차서는 민주주의(그리고 자본주의)가 공산주의를 이겼다고 선언했다. 몇몇 저술가들은 '역사의 종말'7에 대해 생각하기도 했다. 인류는 개인의 존엄성을 위해 수백 년 동안 싸워왔고, 이 싸움의 최종 결과로 세계는 전 지구적 민주주의의 궁극적인 평형으로 안정되어 가고 있다는 것이다. 하지만 불과 몇 년 후 옛 유고슬로비아 지역에 전쟁이 터지면서 끔찍한 비인간적인 참상이 다시 유럽을 덮쳤다. 이는 일시적인 후퇴일까? 아니면 앞으로 다가올 일에 대한 불길한 징조일까?

　의심할 바 없이 역사가들은 이에 대해 상당히 설득력 있는 설명을 내놓을 수 있다. 물론 과거를 되돌아볼 때만 가능하지만 말이다. 그리고 이런 설명에는 잘못이 없다. 생각하고 설명하는 일은 언제나 지난 뒤에만 가능하다는 것이 역사의 자연스러운 속성이다. 키에르케고르는 이 딜레마에 대해 이렇게 말했다. "인생은 되돌아볼 때만 이해할 수 있지만, 우리는 앞을 보고 살아야 한다." 일이 벌어지고 난 뒤에만 설명이 가능하다는 것은, 인간사에 어떤 단순하고 이해 가능한 규칙성이 없다고 말하는 것 같다. 인류 역사에서는 언제나 극적인 사건과 거대한 격변이 바로 다음 모퉁이에 도사리고 있는 것처럼 보인다.

　역사가들은 역사에서 의미 있는 규칙성을 발견하려고 많은 노력을 기울이지만, 한편으로는 1935년에 H. A. L. 피셔가 쓴 다음과 같은 글에 그들 중 대부분이 공감할 것이다.

　나보다 훨씬 더 현명하고 많이 배운 사람들이 역사에서 어떤 계획과 리듬과 미리 결정된 패턴을 찾아냈다. 하지만 나는 이런 조화를 찾아낼 길이 없었다. 나에게는 단순히 어떤 사건이 다른 사건 뒤에 일어나는 것으로 보일 뿐이었고 (…) 역사가에게 안전한 규칙은 이것뿐이라고 생각되었다. 역사가는 인간 운명의 전개에서 예측 불가능하고 우발적인 것을 볼 뿐이다. (…) 한 세대가 얻은 바탕은 다음 세대에서 없어져버린다.[8]

여기까지 읽고 나서, 독자들은 이 책이 역사가 아니라 이론물리학의 통찰을 담은 책이라는 것을 알고 놀랄지도 모른다. 지난 세기의 큰 전쟁을 예로 들어 인류 역사의 예측할 수 없고 변덕스러운 특성을 강조하면서 이 책을 시작하는 것은 분명히 아주 이상해 보일 것이다. 역사는 구불구불한 경로를 따라 전개되며, 그 경로를 예측하는 것은 영원히 헛수고라는 생각은 새롭지 않다. 그러나 나는 우리가 특별한 시기에 살고 있다고 본다. 역사에 새로운 통찰을 줄 개념들이 나타나고 있기 때문이다. 이 개념은 완전히 의외의 분야에서 나온 것이다. 이 개념을 통해 우리는 역사가 왜 그렇게 될 수밖에 없는지, 극적이고 예측 불가능한 격변이 왜 일어나는지 이해하고, 역사 변화의 패턴에서 인식 가능한 순환과 전개를 찾으려는 이제까지의 노력이 왜 실패할 수밖에 없었는지 알게 될 것이다.

## 깨진 평화

인류의 역사를 이해할 수 없는 이유는 인간이 이해할 수 없는 행동을 하기 때문이라고 생각할 수 있다. 몇십 억의 인구가 저마다 예측 불가능하게 움직인다고 생각해보라. 그러면 역사에 단순한 법칙이 없다는 것은 놀랄 일이 아니다. 예를 들어 역사가들에게 미래의 경로를 알아내기 위해 사용할 뉴턴 법칙 같은 것은 없다. 이런 결론은 적절해 보인다. 그렇지만 우리는 이 결론을 덥석 받아들이기 전에 주의 깊게 생각해보아야 한다. 인류의 역사가 예측 불가능한 격변을 겪을 수밖에 없고, 역사의 경로가 아주 사소한 일에 의해서도 격렬하게 변하는 것이 흔히 있는 일이라면, 이것은 역사에만 있는 특별한 성격은 아니다. 이런 특성은 우리 세계 도처에서 나타난다. 그리고 이런 특성이 왜 나타나는지에 대해 깊이 숙고한 몇몇 학자들이 이제 조금씩 실마리를 찾아가고 있다.

고베 시는 현대 일본의 보석 같은 도시다. 일본에서 가장 큰 섬인 혼슈의 남쪽 끝에 있는 항구(세계에서 여섯 번째로 큰 항구)는 일본의 연간 수출입 물동량物動量의 6분의 1을 담당한다. 훌륭한 학교들이 즐비한 이 도시의 주민들은 안정적인 환경을 즐기고 있는 것으로 보인다. 이 도시가 '도시의 휴양지'9라고 불리는 데에는 그럴 만한 이유가 있다. 수백 년째 평화로운 해돋이가 도시를 비추고, 따뜻한 오후와 서늘하고 고요한 저녁이 있다. 고베 시에 가보면, 당신이 딛고 있는 땅 밑에 보이지 않는 엄청난 힘이 상상조차 할 수 없는 격변을 준비하고 있다는 것을 결코 짐작하지 못할 것이다. 물론 고요함이 갑자기 산산이 부서진 1995년 1월 17일 오전 5시 45분에 거기에 있지 않았다면 말이다.

그때 순간, 고베 시에서 남동쪽으로 20킬로미터 떨어진 바다 밑에서 작은 바위들이 갑자기 흔들렸다. 사실 이것이 그리 대단한 일은 아니다. 지구 표면을 떠도는 대륙판들이 서로 비벼댈 때 지각이 재배열되면서 일어나는 일상적인 일이다. 하지만 이 요동은 소규모의 재배열로 끝나지 않았다. 처음에 바위 몇 개가 흔들리면서 근처의 다른 바위들이 받는 압력이 바뀌었고, 이 바위들이 갈라졌다. 계속해서 지각이 거의 15킬로미터나 갈라졌고, 지진이 핵폭탄의 100배나 되는 에너지로 땅을 흔들었다. 고베 시 부근의 모든 주요 도로와 철도가 파괴되었고, 도시 안에서도 수만 채의 건물과 가옥이 기울거나 무너졌다. 이 일로 일어난 화재는 일주일이 지나서야 겨우 진화되었고, 고베 항의 정박소 186개가 파괴되었다. 이 지진으로 5,000명이 죽었고, 3만 명이 다쳤으며, 30만 명이 집을 잃고 이재민이 되었다.[10]

고베 지역은 지질학적으로 수백 년 동안 안정된 곳이었다. 그런데 단 몇 초 만에, 모든 것이 파괴되었다. 왜 그랬을까?

일본은 지진으로 유명하다. 1891년에는 이것보다 10배의 에너지가 방출된 지진이 일본 중부의 노비 시를 강타했고, 1927년, 1943년, 1948년에도 다른 지역에 대지진이 있었다. 이들 대지진은 35년, 16년, 5년 간격으로 일어났는데, 여기에는 어떤 단순한 규칙성도 찾기 힘들다. 세계의 다른 지역에서 일어나는 지진들도 마찬가지다. 역사가 H. A. L. 피셔가 역사에서 어떤 '리듬과 미리 결정된 패턴'을 찾는 데 실패했듯이, 지구물리학자들 역시 엄청난 노력을 기울였지만 지구의 지진 활동에서 단순한 규칙성을 찾는 데 완전히 실패했다.

현대의 과학은 멀리 있는 혜성이나 소행성의 운동을 놀랍도록 정교하게 그려낼 수 있다. 하지만 지구의 내부는 너무나 이해하기 힘들며, 지진을 예측하기는 매우 어렵다. 국제 정치의 구조처럼, 지구의 지각은 돌발적이고 설명할 수 없는 격변에 내맡겨져 있다.


## 불타는 숲

와이오밍 주 빅혼 강의 거대한 유역에서 서쪽으로 멀지 않은 곳에 있는 옐로스톤 국립공원에는 야생의 숲이 로키 산맥 위까지 뻗어 있다. 사시나무와 로지폴 소나무lodgepole pine의 거대한 숲이 부드러운 천처럼 산악을 감싸고 있고, 그 속에는 흑곰, 회색곰, 무스, 엘크를 비롯한 여러 종류의 사슴과 헤아릴 수 없이 많은 종의 새와 다람쥐 들이 원시림 속에서 뛰놀고 있다. 여기저기에 숲 위로 삐죽이 머리를 내민 거대한 바위들은 소나무와 국립공원을 지키는 영원한 파수꾼처럼 서 있다. 미국에서 가장 아름다운 장소로 꼽히는 이곳은 1872년부터 국립공원으로 지정되어 보호되고 있고, 휴일마다 매년 수백만의 사람들이 찾아온다.

그러나 이 거대한 평화의 땅인 옐로스톤 국립공원에서도 무시무시한 산불이 가끔씩 일어난다. 공원 내에는 번개로 인한 산불이 매년 수백 건이나 일어난다. 산불이 나면 대개 숲이 1에이커(약 4,046제곱미터)쯤 타거나 기껏해야 몇 에이커가 타다 말지만, 어쩌다 한 번씩 수백 에이커가 타기도 하고, 드물기는 하지만 수천 에이커가 타버린 일도 있다. 가장 큰 산불로 기록된 1886년의 산불도 피해 면적은 2만 5,000에이커(약 101제곱킬로미터)에 불과했다. 그래서 1988년 6월

말 옐로스톤 남쪽 가장자리 부근에서 여름 번갯불로 인해 작은 산불이 났을 때 아무도 크게 주의를 기울이지 않았다. 이 산불에는 '쇼숀Shoshon'이라는 이름이 붙었고, 산림 감시반은 산불의 진행을 감시하기 시작했다. 일주일 뒤 폭풍으로 공원의 다른 지역에도 산불이 두어 차례 더 일어났지만, 여기에도 여전히 특별히 주의할 이유가 없었다. 7월 10일에는 비가 조금 내렸다. 산불이 아직 완전히 꺼지지는 않았지만, 모든 산불이 거의 잡힌 듯이 보여서 몇 주일 안에 완전히 꺼질 것 같았다. 그러나 일은 그렇게 되지 않았다.

특별히 날씨가 건조했거나 바람이 많았는지는 아무도 모르지만, 7월 중순까지 산불은 점점 더 번지기만 했다. 국립공원관리소의 대변인은 "그때까지만 해도 산불은 염려할 필요가 없는 일상적인 일이었다"고 나중에 회상했다.11 그러나 7월 14일에 '클로버Clover'라는 이름이 붙은 산불이 4,700에이커(약 19제곱킬로미터)의 넓이로 번졌고, '팬Fan'이라는 산불도 2,900에이커(약 11제곱킬로미터)로 번졌다. 나흘 뒤에는 밍크 크리크Mink Creek 지역에서도 산불이 일어나서 1만 3,000에이커(약 52제곱킬로미터)를 태웠고, 산림 관리원들은 어떤 전문가도 겪어본 적이 없는 일을 마주했다. 쇼숀 산불이 갑자기 되살아나서 며칠 만에 3만 에이커(약 121제곱킬로미터)를 태웠고, 8월에는 20만 에이커(약 809제곱킬로미터)나 되는 숲을 태워 나가고 있었던 것이다. 산불은 하루에 8에서 16킬로미터를 태우면서 번져갔고, 하늘 위로 연기가 16킬로미터나 솟아올라 불타는 숲을 감싸고 있었다.

다음 두 달 동안 전국에서 소방관 1만 명, 비행기 117대와 소방차 100대 이상이 동원되었지만, 국립공원 안의 산림은 계속 타들어갔다. 마침내 불길은 150만 에이커(약 6,000제곱킬로미터)를 잿더미로 만들었고, 진화 작업에 투입된 연방 소방 예산은 1억 2,000만 달러를 넘어섰다. 그러고 나서도 불길은 수그러들 줄 모르다가, 가을에 첫눈이 오고 나서야 잦아들기 시작했다. 대단찮은 번개 몇 번에 옐로스톤 국립공원은 막을 길 없는 연옥으로 변했다. 이 국립공원의 역사상 가장 큰 산불도 이 산불에 비하면 겨우 뒤뜰의 바비큐로밖에 보이지 않을 정도였다. 왜 이렇게 산불이 커졌을까? 그리고 왜 아무도 이런 참사가 일어날 것을 예상하지 못했을까?

## 대폭락

1987년 9월 23일에, 〈월스트리트 저널Wall Street Journal〉 지를 집어든 전 세계의 투자가들은 아주 환상적인 머리기사를 보았다. "주가 급등, 거래량 증가: 다우존스지수 75.23포인트 상승의 신기록."[12] 그해 여름은 놀라운 날의 연속이었다. 거의 예외 없는 규칙성으로 매일 매주 주가가 오르고 쉽게 이득이 생겼다. 몇 주 전에는 뉴욕 주식거래소의 주가가 사상 최고 기록을 갱신했다. 그때 이후로 약간 떨어지기는 했지만, 9월 23일의 급등은 정확히 대부분의 거래자들이 기대하던 일이었다. 이것은 자연스럽게 소규모 '조정'이 끝나고, 더 많은 이득이 생길 무대가 펼쳐지는 것이었다. 어떤 거래자는 이렇게 말했다. "이런 시장에서는 모든 소식이 희소식이다. 주가가 더 오른다는 전망은 이제 당연해 보인다."13

2주 뒤인 10월 6일에 거래가 시작되자, 대부분의 분석가들은 주가가 더 오를 것이라고 전적으로 기대했다. 그리고 기대와 달리 잠시 주춤하자, 처음에는 별로 신경 쓰지 않았다. 대부분의 분석가들은 이것이 또 한 번의 사소한 조정일 뿐이며, 투자자들이 이율이나 달러 가치 등에 대해 확신하지 못해서 일어나는 일시적인 후퇴일 뿐이라고 보았다. 그러나 이상하게도 조정 국면은 계속되었다. 그날 마지막에 갑자기 매도 주문이 쏟아졌고, 약세이기는 하지만 낙관적이던 장세가 폭락으로 돌아섰다. 어떤 사람은 이렇게 말했다.

이것은 진정 뜻밖의 일이었다. 나는 이렇게 나빠질 것이라고 생각하지 않았다. (…) 우리는 오후 세 시쯤부터 전광판을 멍하게 쳐다보기만 했다. 전화조차 울리지 않았다. 우리는 역사가 만들어지는 광경을 보고 있었다.14

이것은 역사적 드라마의 시작에 불과했다.

언론은 재빨리 10월 6일의 하락은 퍼센트로 따질 때 역사적으로 100위 안에도 들지 못한다고 지적했다. 따라서 그리 심각한 일이 아니었다. 시장은 그다음 주에도 계속 내림세였고, 10월 14, 15, 16일에는 연속적으로 크게 곤두박질쳤다. 하지만 〈월스트리트 저널〉은 여전히 확신과 희망에 차 있었다.

이것은 3일 연속으로 일어난 것 중에 세 번째로 큰 하락이었다. 그러나 여러 전문 분석가들은 금요일에 거래량이 많아졌기 때문에 상황이 반전될 것이라고 말했다.[15]

사실 이것은 더 불길한 조짐이었다.

'검은 월요일'이라고 불리는 10월 19일에는, 수천 명의 주요 투자가들의 가슴에 몇 주일 동안 쌓여온 미묘한 불안감이 갑자기 소나기처럼 쏟아졌다. 오전 9시 30분에 거래가 시작되자, 그 즉시 미친 듯한 공황이 닥쳤다. 주가가 곤두박질쳤고, 매도 주문이 엄청나게 쏟아졌다. 오후 늦게는 주식과 채권의 명목 가치가 15퍼센트 이상 떨어져서 5,000억 달러 이상이 투자자의 계좌에서 사라져버렸다. 장을 마감할 때는 월스트리트에 악몽 같은 어둠이 몰려왔고, 거래자들은 증시 역사상 하루 동안 가장 큰 하락을 지켜보고 있었다. 〈뉴스위크Newsweek〉지는 이렇게 썼다. "세상의 끝이라는 느낌이 들었다. 두 세대 동안 일어나지 않았던 일이 오늘 일어났다." 이날의 급락은 1929년에 일어난 악명 높은 증시 붕괴보다 거의 두 배나 컸지만, 불행 중 다행으로 세계적인 경제 대공황이 촉발되지는 않았다. 어떤 억만장자는 이렇게 말했다. "하느님이 우리의 어깨를 누르면서, 우리에게 행동을 같이 하라고 경고하는 것만 같았다."

  제1차 세계대전이나 고베 대지진과 마찬가지로, 아무도 이런 일이 일어날 것을 예측하지 못했다. 하지만 일이 벌어지자마자, 분석가들은 온갖 불확실한 설명을 내놓았다. 하지만 현재까지도 그 원인에 대해서는 일치된 견해가 없다. 오랜 경험의 월스트리트 분석가가 말한 것처럼 말이다.

  1987년의 폭락은 군중심리의 폭풍에 의해 일어났다. '기계 같은 시장' 이론가들은 이런 폭락을 설명하고 재발을 막는 방안을 찾기 위해 오랫동안 노력해왔다. 가장 신뢰를 얻은 이론은 이른바 포트폴리오 컴퓨터 프로그램 때문에 폭락이 일어났다고 보는 것인데, 이 프로그램은 본질적으로 주가가 떨어지면 파는 것이다. (…) 그러나 불행하게도 이 이론은 전 세계의 주가가 왜 동반 하락하는지, 왜 하락이 멈추는지 설명하지 못한다. 또 컴퓨터 거래가 없는 다른 나라 주식시장의 지수가 다우존스지수보다 더 많이 떨어진 것도 전혀 설명할 수 없다. 게다가 1986년부터 1987년까지 시장의 관찰자들이 한결같이 진지한 음조로 주가 하락이 불가능한 이유는 포트폴리오 프로그램 같은 안전장치가 작동하고 있기 때문이라고 계속해서 설명해온 것을 무시하고 있다.16

## 격변의 가장자리

전쟁의 근원은 정치와 역사에서, 지진의 원인은 지구물리학에서, 산불은 날씨와 자연 생태계에서, 시장의 붕괴는 자본과 경제의 원칙과 인간의 행동에서 찾아야 한다. '참사'라고 부르건 '격변'이라고 부르건, 각 사건들은 그 자신의 독특한 상황에서 일어난다. 그러나 여기에는 여전히 마음을 끄는 유사성이 있다. 모든 경우에 계의 조직화(국제 관계의 그물망, 숲에 있는 나무의 종류와 밀도, 지각의 구조, 투자자들이 생각하는 거래의 전망과 상호 영향의 그물망) 때문에 작은 충격이 거대한 반향을 일으킨다. 이 계들은 불안정성의 가장자리에 있어서 격변을 기다리고 있는 듯이 보인다.

생명의 역사에서도 비슷한 패턴이 나타난다. 화석 기록에 따르면 지구 상 종의 수는 (대략적으로) 지난 6억 년 동안 조금씩 늘어났다. 하지만 갑작스럽고 엄청난 대량멸종이 최소 다섯 번은 일어나서, 그때마다 살아 있는 거의 모든 것들을 쓸어버렸다. 무슨 일이 일어난 것일까? 많은 과학자들은 소행성이나 혜성의 충돌에 따른 급격한 기후 변화 때문이라고 말한다. 다른 과학자들은 단 한 종의 멸종이 때때로 다른 종의 사멸을 일으켰고, 이것이 또 다른 종들의 사멸을 촉발해 눈사태처럼 멸종이 일어나서 전체 생태계를 파괴했다고 말한다. 대량멸종은 끊임없이 생물학자들과 지질학자들을 수수께끼에 빠뜨렸다. 하지만 한 가지는 분명하다. 생명의 그물망은 복원력이 있고 스스로 균형을 유지하는 것처럼 보일 수도 있지만, 실제로 그리 안정적이지 않다는 것이다. 지구의 생태계는 때때로 급작스러운 붕괴를 만난다.

내가 초등학교에 다닐 때, 기하학 선생님이 내주는 숙제 중에서 가장 두려웠던 것은 두 삼각형이 닮은꼴인지 알아내라는 것이었다. 선생님은 큰 삼각형과 작은 삼각형을 그려주었는데, 둘은 방향이 다르게 놓여 있었다. 전체적인 크기와 방향을 무시할 때 둘은 같은 삼각형인가? 다른 방식으로 생각해보자. 삼각형을 마음대로 줄이거나 늘일 수 있다면, 두 삼각형을 돌리거나 뒤집어서 완전히 겹치게 할 수 있는가? 그렇게 할 수 있다면, 두 삼각형은 닮은꼴이다. 여기에서 삼각형의 각도와 세 변의 길이 비 사이에 성립하는 본질적인 것만 이해하면, 모든 구체적인 사례도 이해할 수 있다.

300년 전에 아이작 뉴턴은 또 다른 종류의 유사성을 알아내어 과학혁명을 촉발시켰다. 뉴턴은 사과가 땅에 떨어지는 것과 지구가 태양을 도는 것은 완전히 같은 운동이라고 말했다. 그 시대 사람들은 처음에 이 말을 믿지 않았겠지만, 나중에는 깜짝 놀랐다. 뉴턴이 사과나 지구가 모두 동일한 중력에 의해 움직이는 물체임을 알아낸 것이다. 뉴턴 이전까지는 지구 상에서 일어나는 일과 천상에서 일어나는 일은 전혀 별개의 것이라고 생각했다. 뉴턴 이후에는, 사과나 화살의 운동이 위성이나 심지어 은하 전체의 운동과 본질적으로 유사하며, 단일한 과정의 다른 형태일 뿐이라는 사실이 알려졌다.

미국의 철학자이자 심리학자 윌리엄 제임스William James는 이렇게 말했다. "현명하다는 것은 무엇을 무시해야 하는지 아는 것이다."[17] 이 책은 무엇을 무시해야 하는지에 대해 과학적으로 접근하는 커다란 발걸음에 관해 이야기한다. 이것은 삼각형이나 움직이는 물체들 사이의 심오한 유사성에 관한 것이 아니라, 우리의 삶에 영향을 주는 격변에 관한 것이며, 자연적으로 조직된 경제, 정치, 생태계 등에서 나타나는 복잡한 그물망에 대한 것이다. 패션과 음악 취향의 변화, 사회 불안, 기술 변화, 더 크게 과학혁명까지 이러한 극적인 변화로 보아야 할 것이다. 앞으로 살펴보겠지만, 이 모든 사건들과 그런 일들이 일어나는 상황은 그 배후에 도사리고 있는 아주 단순하고 도처에 존재하는 작용에서 나온다고 볼 수 있다. 더 놀라운 것은, 몇 가지 기본적인 수학 게임만으로도 이 작용에 대해 이해할 수 있다는 점이다.

## 모래더미 게임

알베르 카뮈Albert Camus는 이렇게 말했다. "모든 위대한 행위와 모든 위대한 사상은 어리석기 짝이 없는 것에서 시작된다."[18] 1987년 물리학자 세 명이 뉴욕의 브룩헤이븐 국립연구소에서 이상한 작은 게임을 하나 시작했다. 이론물리학자들의 일은 우주의 근원이나 핵물리학이나 입자물리학의 최신 수수께끼를 푸는 것이라고 많이들 생각할 것이다. 그러나 페르 박Per Bak, 차오 탕Chao Tang, 커트 위젠필드Kurt Weisenfeld는 다른 것에 몰두했다. 아주 단순하게, 그들은 탁자 위에 모래알을 하나씩 뿌리면 어떻게 될지 상상했다.

물리학자들은 사소해 보이지만 조금만 생각해보면 결코 그렇지 않은 문제를 좋아한다. 이 모래더미 게임이 바로 그랬다. 모래알을 하나씩 계속 떨어뜨리면, 넓은 모래산이 점점 높이 쌓인다. 하지만 이런 식으로 계속 잘 쌓이지는 않는다. 모래더미가 커지면서 경사가 점점 가팔라져서 나중에는 모래알이 경사면을 타고 조금씩 흘러내리게 된다. 조그만 산사태가 일어나는 것이다. 이때 모래알들은 아래로 미끄러져서 더 평평한 곳으로 가고, 모래산은 더 낮아진다. 이렇게 해서 산은 커지다가 줄어들기를 반복하고, 그 들쭉날쭉한 윤곽은 영원히 요동친다.

박, 탕, 위젠필드는 이 요동을 이해하려고 했다. 모래더미가 커지다가 무너지는 전형적인 리듬은 어떤 것인가? 아주 사소한 질문이라고 생각할 수도 있다. 그런데 모래알을 한 번에 하나씩 떨어뜨리는 일은 대단히 지루한 작업이다. 그래서 페르 박과 그의 동료들은 해답을 찾기 위해 컴퓨터를 사용했다. 그들은 컴퓨터 상에서 '가상의 모래알'을 '가상의 탁자'에 떨어뜨렸고, 더미가 가팔라지면 무너지는 단순한 규칙을 적용했다. 이것은 진짜 모래더미와 똑같지는 않았지만, 컴퓨터는 멋진 진전을 이루었다. 모래더미는 여러 날이 아니라 몇 초 만에 커졌다. 세 물리학자는 곧 컴퓨터 화면에 달라붙었고, 모래알을 떨어뜨리면서 모래더미가 변해가는 과정에 몰두했다. 그리고 그들은 곧 아주 재미있는 것을 볼 수 있었다.

단순한 질문에서 놀라운 답이 나왔다. 사태沙汰(언덕이나 산비탈의 무너짐)의 전형적인 크기는 얼마인가? 말하자면, 다음 사태는 얼마나 클 것으로 기대되는가? 세 연구자들은 엄청나게 많은 실험을 반복했고, 수천 개의 모래더미에서 수백만 번의 사태를 관찰해서 가장 전형적인 모래알 수를 찾아보았다. 결과는? 아무 결과도 없었고, 단순히 '전형적인' 사태는 존재하지 않았다. 어떨 때는 모래알 하나가 구르는 것으로 끝나기도 했고, 100개 또는 1,000개가 한꺼번에 구르기도 했다. 또 어떨 때는 수백만 개의 모래알이 한꺼번에 흘러내려서 더미 전체가 완전히 무너지는 격변이 일어나기도 했다. 언제라도, 말 그대로 지금 당장 어떤 일이라도 일어날 수 있는 것으로 보였다.

예컨대 길거리를 걸어가면서, 다음에 오는 사람의 키가 얼마인지 살펴본다고 해보자. 사람들의 키가 모래더미의 사태와 같다면, 다음 사람의 키는 1센티미터도 안 되거나, 또는 1킬로미터가 넘을 수도 있다. 이렇게 되면 어떤 사람은 우리 눈에 띄기도 전에 발에 밟혀 죽을지도 모른다. 또는 우리가 집을 떠나 있는 기간이 이렇다고 생각해보자. 그렇다면 우리는 당최 인생을 설계할 수 없을 것이다. 내일 저녁에 집을 나서서 몇 초 만에 돌아올 수도 있고 몇 년 만에 돌아올 수도 있기 때문이다. 이것은 아무리 간단히 말해도 대단히 극적인 예측 불가능성이다.

왜 이런 일이 모래더미에서 일어나는지 알아보기 위해, 세 연구자들은 컴퓨터로 약간의 재주를 부렸다. 모래더미를 위에서 볼 때, 경사면의 기울기에 따라 색을 달리했다. 비교적 평평하고 안정된 곳은 초록색으로, 경사가 급해서 금방이라도 사태가 날 수 있는 곳은 빨간색으로 칠했다. 어떤 모습이 나타날까? 처음에는 모래더미가 거의 초록색이었다. 그러나 더미가 커지면서 초록색은 점점 더 빨간색으로 변해갔다. 모래알을 계속 떨어뜨리자, 위험한 빨간색 지역이 모래더미 전체에 걸쳐 촘촘한 뼈대처럼 이어졌다. 여기에서 독특한 움직임의 실마리가 나타났다. 빨간 지점에 모래알 하나가 떨어지면, 도미노처럼 근처의 다른 빨간 점으로 미끄러져 갔다. 빨간 점들이 드문드문 있어서 모든 위험 지점이 서로 떨어져 있으면, 모래알의 영향은 좁은 영역을 벗어나지 못한다. 하지만 빨간 점이 아주 많아지면, 그다음 모래알의 영향은 대단히 예측하기 어렵다. 모래알 하나가 몇 번 구르다가 말 수도 있고, 모래알 수백만 개가 연쇄적으로 무너지는 파국이 일어날 수도 있다.

이것은 물리학자들이나 흥미를 느낄 만한 내용인지도 모른다. 하지만 잠시 다시 살펴보자. 이와 같이 컴퓨터에서 생성된 모래더미에서 나타나는 과도하게 민감한 상태를 임계상태라고 부른다. 여기에 대한 기본적인 개념은 물리학에서 이미 한 세기 전부터 알려져 있었지만, 언제나 이론적으로 별난 예외로 취급되었고, 이런 악마 같은 불안정성은 아주 특별한 상황에서만 일어난다고 생각되었다. 그러나 모래더미에서는 이런 일이 아무 생각 없이 모래알을 떨어뜨리는 것만으로 자연스럽고 불가피하게 나타나는 것 같다.[19] 여기에서 박,

탕, 위젠필드는 도발적인 가능성을 제기했다. 모래더미에서 임계상태가 그렇게 쉽게 불가피하게 나타난다면, 다른 곳에서도 비슷한 일이 일어나지 않을까? 이러한 불안정성이 지구의 지각, 산림, 생태계 또는 더 추상적인 경제의 '구조'에 나타나는 불안정성과 논리적으로 동등하지 않을까? 고베 근처의 바위에서 일어난 약간의 요동과 1987년 주가 폭락을 불러일으킨 첫 매도 주문을 생각해보라. 이것도 다른 수준에서 '모래알'처럼 작동하지 않았을까? 임계상태의 특수한 짜임새가 세계는 왜 그렇게 예측 불가능한 격변을 쉽게 일으키는지 설명할 수 있지 않을까?

다른 수백 명의 물리학자들이 이후 10년 동안 이 질문을 탐구했고, 초기의 아이디어를 훨씬 더 자세히 연구했다.[20] 이 책에서 나중에 볼 이야기들은 매우 미묘하고 비틀린 것들이지만, (대략적으로 말해) 기본적인 메시지는 단순하다. 임계상태의 독특하고 예외적으로 불안정한 짜임새는 진정 이 세상의 모든 국면에 나타나는 것 같다. 최근 몇 년 동안에 이제까지 언급한 격변들에서 모두 임계상태의 수학적인 흔적이 발견되었다. 그뿐만 아니라 전염병의 전파, 교통 체증의 발생, 사무실에서 관리자의 업무 지시가 직원들에게 내려가는 방식, 그리고 다른 많은 것들에서도 똑같은 것이 발견되었다.[21] 그러므로 원자, 분자, 생물, 사람들 사이의 그물망뿐만 아니라 개념들 사이의 그물망도 이제까지 본 것처럼 스스로 조직하는 경향이 나타난다. 이것이 이 책의 주제다. 이 통찰을 바탕으로 과학자들은 마침내 모든 소란스러운 사건들의 배후에 무엇이 있는지 알아내기 시작했고, 이전까지 한 번도 눈에 띄지 않았던 작동 패턴을 보기 시작했다.


## 나비를 넘어서

임계critical라는 단어는 'c'로 시작한다. 최근에는 자본시장이나 기상학에서도 'c'로 시작되는 단어를 많이 쓴다. 먼저 격변이론catastrophe theory이 있고, 또 카오스chaos가 있으며, 최근에는 복잡성complexity도 있다. 임계상태는 이런 개념들과 어떤 관계가 있을까?

빨대의 양쪽 끝을 압축하듯이 부드럽게 누르면, 빨대는 아주 조금 짧아진다. 그러나 더 세게 누르면, 어느 시점에서 빨대가 갑자기 휜다. 1970년대에 르네 톰René Thom이라는 수학자가 이런 식의 갑작스런 변화에 관한 이론을 만들었고, 여기에 '격변'이라는 이름을 붙였다. 그러나 르네 톰의 격변이론은 그 도발적인 이름에도 불구하고, 지각이나 경제나 생태계에 대해 많은 것을 말해주지 않는다. 이러한 것들에서는 수천 또는 수백만 가지 요소가 서로 영향을 주고받으며, 여기에서 중요한 것은 전체적인 조직과 그 행동이다. 이러한 대상들을 이해하기 위해서는 서로 영향을 주고받는 그물망을 일반적으로 다루는 이론이 필요하다.

카오스이론은 100년 전에 프랑스의 위대한 물리학자 앙리 푸앵카레Jules-Henri Poincaré의 연구에서 비롯되었다. 하지만 과학자들은 그 중요성을 1980년대가 되어서야 알아차렸다. 카오스적인 대상에서는 핀볼Pinball 기계 속의 공처럼 매우 사소한 사건도 그 후의 진행에 큰 영향을 미친다. 예를 들어 보통의 풍선 속에서 기체 분자들은 카오스의 법칙에 따라 운동한다. 단 한 개의 분자를 조금 밀기만 해도, 순간적으로 풍선 안의 모든 분자가 영향을 받는다. 지구의 대기에서 카오스는 '나비 효과'를 일으킨다. 포르투갈에서 일어난 나비의 날갯짓이 몇 주 뒤에 모스크바에서 엄청난 태풍을 일으킨다는 역설적인 결론이 나온다.

이런 믿지 못할 민감성 때문에, 모든 카오스적인 계에서 미래에 대한 예측은 실제로 불가능하다. 카오스적인 과정은 거기에 적용되는 규칙이 꽤 단순할 때조차 매우 들쭉날쭉하다. 연구자들은 레이저에서 토끼의 개체 수까지, 그리고 사람의 심장박동 변이에서도 카오스의 흔적을 발견했다. 1980년대와 1990년대 초반에 어떤 과학자들은 주식시장의 극심한 등락도 카오스로 설명할 수 있다는 희망을 가졌다. 그러나 이번만은 그것이 틀렸는데, 거기에는 매우 단순한 이유가 있었다.

과학자가 아닌 대부분의 사람들은 나비 효과가 카오스 개념에 반드시 따라붙는다고 생각하는 것 같다. 그러나 이 이야기에는 조금 잘못된 구석이 있다. 풍선 속에 들어 있는 분자들은 카오스상태이지만, 그 속에서 엄청난 일이 일어나지는 않는다. 풍선 속에서 태풍이 일어나는 것을 본 적이 있는가? 풍선 속의 나비가 영원토록 날개를 쳐도 그런 식으로는 태풍이 일어나지 않는다. 그러므로 카오스만 가지고는 왜 나비가 태풍을 일으키는지 설명할 수 없다. 물론 카오스에서는 작은 원인이 미래에 세밀한 영향을 주어서, 많은 분자들의 위치가 처음의 예정과 달라질 수 있다. 그러나 왜 작은 원인이 거대한 격변을 일으키는지 설명하기 위해서는, 뭔가 다른 것이 필요하다. 카오스는 단순한 예측 불가능성을 설명하지만 격변 가능성을 설명하지는 못한다고 말할 수 있다.

알파벳 c로 시작되는 또 하나의 단어가 있는데, 'complexity' 바로 복잡성이다. 수 세기 동안, 물리학자들은 무시간적이고 변하지 않는 방정식으로 우주를 지배하는 근본적인 법칙을 찾으려고 했고, 여기에서 나온 것이 양자론이나 상대성이론이다. 풍선에도 어떤 종류의 불변성이 있다는 것을 기억하자. 풍선 속의 공기는 평형상태의 변하지 않는 상황 속에 있다. 그에 반해 대기 중의 공기는 평형에서 벗어나 있고, 태양빛을 받아 이리저리 돌아다닌다. 여기에서 우리는 격변의 원인을 찾을 수 있다. 이것은 평형에서 일어나는 일과 비평형에서 일어나는 일의 차이에 있다. 어떤 것이 평형상태에 있으면 아주 단순하고, 비평형에서는 아주 복잡하다.

이 책의 핵심은 격변을 설명하는 것이고, 여기에 대해서는 빠르게 발전하는 비평형 물리학에서 많은 것을 얻을 수 있다. 이 분야를 '복잡계 물리학'이라고 부른다. 비평형상태에서 사물들이 서로 영향을 주고받는 그물망에서 발전하는 자연스러운 패턴을 연구함으로써, 우리는 소용돌이치는 대기에서 인간의 뇌까지 방대한 영역의 자연 현상을 이해할 수 있다. 복잡계의 연구는 평형에서 벗어난 것에 대한 연구이며, 과학자들은 이 연구를 이제 막 시작했을 뿐이다. 그러므로 임계상태와 복잡성의 관계는 진정으로 아주 간단하다. 임계상태가 도처에서 나타난다는 사실은 복잡계이론이 내놓은 최초의 확고한 발견이라고 볼 수 있다.

이 모든 것을 보는 또 다른 유용한 방식이 있다. 복잡계를 다루면서 물리학자들은 단순한 사실을 새롭게 보기 시작했다. 우리를 둘러싼 세계에서는 역사(여기에서 역사란, 시간에 따라 변하고 현재가 과거에 영향을 받는 모든 것을 말한다. – 옮긴이)가 매우 중요하다는 것이다. 생물은 궁극적으로 단세포에서 발생하며, 발생에서 역사가 중요하다는 것은 명백하다. 심지어 강철관의 경도, 쪼개진 벽돌의 불규칙한 단면 등에 대해서도 그것이 만들어지는 전체 역사를 말하지 않고는 설명할 수 없다. 풍선에서는 역사가 필요하지 않다. 다시 말해 평형상태에서는 아무것도 변하지 않는다. 그러나 평형을 벗어나면, 역사가 개입한다. 무한히 세밀한 눈송이의 모양은 눈송이가 공기 중에서 서서히 얼면서 자라는 역사를 고려해야만 이해할 수 있다.

이것들은 모두 비평형 물리학의 문제들이며, 복잡계 물리학의 문제들이다. 또는 새로운 용어를 만든다면, '역사 물리학'의 문제다. 물리 법칙이 궁극적으로 단순하다면, 왜 세계는 이렇게 복잡한가? 왜 생태계와 경제계는 뉴턴 법칙과 같은 단순함을 보여주지 않는가? 그

답은 한마디로, 역사 때문이다.


## 역사의 문제

평형을 벗어난 것들에 대해서는 무시간적인 방정식이 적용되지 않는다. 따라서 물리학자들은 다른 방식으로 접근한다. 방정식 대신에 게임을 사용하는 것이다. 요즘의 물리학 학술지는 단순한 게임에 관한 논문들로 넘쳐난다. 어떤 것은 결정 성장의 바탕을 탐구하기 위한 것이고, 다른 것은 거친 표면의 형성을 탐구하는 것 등이다. 이 수많은 게임들은 조금씩 다르지만 대개 모래더미 게임과 비슷하게 비평형 계를 다룬다. 따라서 이 게임들은 본질적으로 역사적이고, 프랜시스 크릭의 말처럼 '얼어붙은 우연'에 민감하다. 모래더미 게임에서는, 모래알이 무작위로 여기저기에 떨어진다. 더미가 커지면서 모래알은 떨어진 곳에 그대로 '얼어붙고', 그 모래알의 영향은 영원히 그 자리에 고착된다. 이런 의미에서 현재 일어나는 일은 절대로 씻겨나가지 않으며, 미래의 진행 전체에 영향을 준다.

물리 법칙이 얼어붙은 사건을 허용하지 않으면, 세계는 평형상태가 되어 풍선 속의 기체처럼 균일하고 변하지 않는 상황이 영원히 지속될 것이다. 그러나 물리 법칙이 한 장소에 고착되는 결과를 허용하면, 그에 따라 미래가 펼쳐지는 무대가 변경된다. 물리 법칙이 역사의 존재를 허용하는 것이다. 그렇다면 임계상태가 어디에서나 나타난다는 발견은 복잡계이론이 최초로 내놓은 확고한 발견일 뿐만 아니라, 역사가 개입되는 사물의 전형적인 특성에 대한 최초의 심오한 발견이 될 것이다. 그렇다면 우리는 임계상태의 관점에서 역사를 되돌아볼 수 있을 것이다.

이론상으로, 역사는 지금 되어가는 것보다 훨씬 더 예측 가능하게 진행될 수 있고, 역사는 온갖 끔찍한 격변을 겪을 필요가 없다. 이 책에서 우리의 과제 중 하나는 인류의 역사가 왜 이렇게 되었으며, 왜 다르게 되지 않았는가에 관한 것이다. 나는 이 해답을 임계상태에서 찾아야 하며, 새로운 연구 분야인 게임의 비평형 과학에서 찾아야 한다고 본다. 비평형 과학은 발생 가능한 역사적 과정들을 연구하고 분류하는 것을 목표로 한다. 많은 역사가들이 역사에서 의미를 읽어내고 설명하기 위해 점진적인 경향과 순환을 찾는다면, 그들은 잘못된 수단을 사용한 것이다. 그들이 의지한 이런 개념들은 평형 물리학과 천문학에서 나온 것이다. 역사를 이해하기 위한 적절한 수단은 비평형 물리학에서 찾아야 한다. 비평형 물리학의 개념들은 역사 문제를 이해하기 위해 특별히 조율된 것이다.

박, 탕, 위젠필드가 자신들의 게임을 고안하던 바로 그해, 역사가 폴 케네디Paul Kennedy는 《강대국의 흥망》22이라는 책을 냈다. 이 책에서 그는 인류 역사의 거대한 리듬은 정치와 경제의 전 지구적인 그물망에서 압력이 자연스럽게 축적되고 방출된 결과라고 말했다. 역사의 동인에 관한 그의 이러한 견해에는 '위대한 개인'들의 영향이 들어갈 자리가 별로 없어 보이며, 이 장의 첫머리에 인용한 존 갤브레이스의 말을 보아도 또한 그러하다. 이 견해는 개인들을 시대의 산물로 보며, 개인은 엄청난 힘에 대응하여 제한적인 자유만을 누린다. 폴 케네디의 견해는 본질적으로 다음과 같다. 국가의 경제력은 자연스럽게 약해졌다 강해졌다 한다. 시대가 변함에 따라 어떤 국가의 경제적 기반은 점점 약화되고, 어떤 국가는 새로운 경제적 기반을 얻지만, 기존의 상황은 그대로 유지된다. 이런 일이 계속되면서 쌓인 스트레스는 대개 무력 충돌의 형태로 방출되며, 충돌이 벌어진 뒤에는 각각의 국가들이 진정한 경제력에 따라 대략 균형을 찾는다.

지각에 스트레스가 서서히 쌓였다가 갑작스러운 지진으로 방출되거나, 모래더미에서 경사가 점점 급해져서 계속 불안정성이 높아지다가 사태가 나는 것이 역사에 대한 케네디의 설명과 비슷하게 들린다면, 그것은 우연이 아니다. 전쟁은 실제로 지진이나 모래더미 게임에서 나타나는 것과 같은 통계적 패턴을 보인다는 증거가 이 책의 뒷부분에서 제시된다. 케네디는 자신의 역사관을 옹호하는 강력한 근거를 이 책에서 찾을 수 있으며, 역사를 서술하는 적합한 어휘들도 찾아낼 수 있다. 그는 임계상태에서 수학적으로 표현되는 것을 역사에서 말로 표현하는 데 큰 어려움을 겪었을 것이다.

이 모든 것에서 역사가들이 어떤 교훈을 끌어내든, 개인에 대한 의미는 더 애매해진다. 세계가 임계상태로 되어 있다면, 아주 작은 힘도 거대한 효과를 일으킬 수 있기 때문이다. 인간들이 만드는 사회적, 문화적인 그물망에서 고립된 행동이란 있을 수 없으며, 세계가 짜인 방식(인간에 의해서가 아니라, 자연의 힘에 의해서)에 의해 아주 사소한 행동조차 크게 증폭되어 세계에 지울 수 없는 흔적을 남길 수 있다. 이런 상황에서 개인은 힘을 가지고 있지만, 그 힘의 본성에는 해소할 수 없는 실존적인 곤경이 들어 있다. 개인의 모든 행동이 궁극적으로 거대한 결과를 일으킬 수 있다면, 그 결과는 거의 전적으로 예측할 수 없다.

역사의 마당에서는 지금도 어떤 빨간 지점에 모래알이 떨어지고 있을 것이다. 서로 싸우고 있는 집단을 화해시키려는 시도는 성공할 수도 있지만 반대로 돌발적인 재앙을 불러올 수도 있다. 충돌을 조장하려는 시도가 긴 평화를 부를 수도 있다. 우리의 세계에서 시작과 결말은 거의 서로 관계가 없다. 따라서 다음과 같은 카뮈의 말은 아주 적절하다. "모든 위대한 행위와 모든 위대한 사상은 어리석기 짝이 없는 것에서 시작된다."

역사에서 리듬을 찾으려고 하면(또는 그런 리듬이 없다고 말하려면) 지진이 일어나는 과정을 잘 알아야 한다. 이것은 이 책의 주제에서 나오는 필연적인 결과다. 격변이 드물지 않게 일어나는 상황이 아무 데나 있다면, 멀리에서 그것을 찾을 필요가 없다. 그러므로 인간의 역사와 개인의 문제는 잠시 접어두고, 살아 있지 않은 것들의 세계를 먼저 살펴보자. 이번에는 지하의 어둡고 거친 지각의 세계로 가서, 거기에서 무슨 일이 벌어지는지 살펴보자. 놀랍게도 지하세계의 울부짖음 속에서, 우리는 수천 가지 사물에 적용할 수 있는 개념의 주형을 길어 올릴 수 있다.

'과학'이란 단지, 언제나 성공한 처방들의 축적이다.
다른 모든 것은 문학이다.

– 폴 발레리1

지진 연구를 처음 시작할 때부터, 나는 지진 예측의 공포를 가지고 있었다.
모든 기자들과 일반인들은 지진 예측에 대한 작은 낌새만 보고도
맹목적인 돼지처럼 필사적으로 달려갔다.

– 찰스 리히터Charles Francis Richter2

# 2장

# 지진

1990년 11월 말에 세인트루이스의 거리를 걸어본 사람이라면 누구라도 깜짝 놀랐을 것이다. 당시는 크리스마스가 한 달쯤 남은 시점으로 당연히 선물과 크리스마스트리 장식을 사려는 사람들로 상점들이 북적대고 있어야 했다. 그러나 1990년 겨울 백화점은 텅텅 비어 있었고, 도시의 거리에는 다니는 사람도 거의 보이지 않았다. 사람들은 모두 교외의 슈퍼마켓과 철물점으로 몰려갔고, 그들은 휴일을 즐기기 위해서가 아니라 참사에서 살아남기 위해서 준비를 하고 있었다. 그들이 산 것은 선물이 아니라, 마실 물과 통조림, 양초, 손전등, 담요, 삽, 발전기 등이었다. 지진 관련 소식이 신문에 실렸고, 그것은 거의 확실해 보였다. 12월 1일에서 5일 사이에, 세인트루이스에 거대한 지진이 일어난다는 것이었다.

거의 공황상태에 빠진 것은 세인트루이스 사람들뿐만이 아니었다. 일리노이, 아칸소, 테네시 등 미국 중동부의 거의 모든 지역에 걸쳐서 사람들은 공포에 떨며 준비를 하느라 부산했다. 주 정부와 지방 관청들은 곧 일어날 파국에 대비하는 계획을 세웠다. 여러 주에서 학교는 문을 닫았고, 비상 요원들은 비상 대기에 들어갔다. 또 자원봉사대가 조직되어 임무를 부여받았다. 그들은 물을 공급하고, 임시 병원을 설치하고, 소방관들을 돕기로 했다. 당국은 세인트루이스 한 곳에서만 최소한 300명이 죽고 건물 피해액은 6억 달러가 넘을 것으로 예상했다.

이 지진은 아이벤 브라우닝Iben Browning이라는 '경영 컨설턴트이자 기상학자'가 예측한 것이었다. 브라우닝은 비록 생물학이지만 어쨌든 박사학위를 가진 과학자였기 때문에, 언론도 그의 예측을 진지하게 받아들였던 것이다. 그 시기에 태양, 지구, 달이 정렬하는 드문 일이 일어나기 때문에, 강해진 중력에 따른 조수력으로 인해 뉴마드리드 단층 지역의 스트레스가 한계 이상으로 올라가고, 따라서 지진이 일어난다고 브라우닝은 예측했다. 집을 가진 사람들은 어쩔 수 없이 보험료를 2,000만 달러나 더 지불했다. 그리고 물론 1990년에 대지진은 일어나지 않았다.

소동이 일어나는 내내, 미국지질학회USGS와 그 지역 대학의 책임 있는 과학자들은 브라우닝의 예측이 과학적으로 신뢰성이 없다고 계속해서 주장했다. 지진 예측 때문에 일어날 사회적인 혼란을 막기 위해서 그들이 이런 주장을 한 것은 아니었다. 한 보고서는 브라우닝에 대해 이렇게 비난했다.

가설에서 예측으로 곧바로 도약하면서, 입증 가능한 증거 제시와 가설 검증을 전혀 거치지 않았다. 이것은 주류 과학의 성공과 신뢰성을 보장하는 절차를 모두 무시한 것이다.[3]

브라우닝과 달리, 주류 지구물리학자들은 거의 편집증이라고 할 만큼 지진 예보에 신중하다. 이것은 과학자들 스스로가 오랜 기간 동안 지진 예측에서 실패한 당혹스러운 결과 때문이다. 100년에 걸쳐 많은 노력을 기울였지만, 거의 모든 지진이 완전히 예고 없이 발생한다. 앞에서 보았듯이 누구도 1995년의 고베 지진을 예측하지 못했다. 일본이 오랜 기간 동안 지진 예측을 위해 많은 돈을 쏟아부으며 연구를 해왔지만 말이다. 더 놀라운 것은 과학자들이 예측한 지진도 브라우닝이 예측한 것처럼, 전혀 일어나지 않았다는 점이다.

## 빗나간 예측

1970년대 후반에 일본의 과학자들은 곧 도카이 대지진이 일본 중부를 엄습한다고 확신했다. 한 연구자는 이렇게 썼다.

일본의 여러 지진학자, 지진공학자, 재난 방지를 담당하는 정부와 지방 관료들은 요즘 규모 8 정도의 대지진이 도카이 지역에서 일어날 것으로 믿고 있다. 가까운 미래에 도쿄와 나고야 사이의 일본 중심부에서 (…) 이 지역은 역사적으로 여러 번 대지진을 겪었고, 특히 1854년과 1707년에도 대지진이 있었다. (…) 대지진이 반복되는 평균 주기는 120년이었다. 마지막 지진이 지나간 지 이미 120년이 지났으므로, 조만간 지진이 일어날 것으로 믿을 만한 근거가 있다.[4]

추론은 단순하다. 지진이 일어나는 '전형적인' 간격이 있다는 것이다. 어떤 지역에서 지진이 일어난 뒤에 120년 정도의 시간이 지나면, 곧 다음 지진이 일어난다는 것이다. 이 생각을 믿은 일본 당국은 1970년대에 조기 경보 체계를 만들었다. 지진 데이터에 조금만 이상이 있어도 즉시 지진 조사위원회를 소집해서 원자로, 고속도로, 철도, 학교와 공장을 닫을 것인지 결정한다. 그 이후로 일본은 비상 대처 훈련을 계속해왔다. 훈련은 1923년 간토 대지진이 일어난 날에 매년 실시되었다. 그러나 10년 뒤에도 도카이 지진은 없었고, 그 비슷한 것도 없었다.

1976년에는 미국 광산관리소의 브라이언 브래디[Brian Brady]가 규모 9.8과 8.8의 엄청난 지진이 1981년 10월과 1982년 5월에 페루 해안을 강타할 것이라고 예측했다. 그는 또 규모 7.5에서 8 정도의 큰 전진前震(큰 지진에 앞선 작은 지진)이 1981년 6월에 있을 것이라고 말했다. 전진이 일어나지 않자 기가 죽은 브래디는 자신의 예측을 철회했다. 그러나 페루 정부는 이미 지진의 공포에 빠져든 뒤였고, 미국 지질학회의 당국자가 페루를 방문해서 이 공포를 잠재워야 했다.[5]

예보가 빗나가는 일은 계속 일어났다. 1995년에 서던캘리포니아대학 지질학과장이 1995년 봄이나 초여름에 캘리포니아 중심부에 거대한 지진이 일어날 것이라고 예측했다.[6] 물론 이 지진도 일어나지 않았다.

이 예측들은 모두 지구과학계에서 활동하는 주류 과학자들이 내놓은 것이었다. 거기에는 물론 아이벤 브라우닝 같은 사람들이 내놓은 수백 개의 예측도 들어 있다. 1974년에는 아마추어 지진 전문가 두 사람이 다음과 같이 주장하는 책을 내놓았다.

수십 년 전부터 알려져 있었지만, 그토록 놀라운 사건들이 꼬리에 꼬리를 물고 일어난 적은 한 번도 없었다. 이 놀라운 연쇄의 마지막 고리는 1982년에 로스앤젤레스 지역에 대지진이 일어날 것임을 가리킨다. 산안드레아스 단층에서 일어날 이 지진은 금세기에 인구 밀집 지역에서 일어난 지진 중에서 가장 강력한 것이 될 것이다. 이 연쇄의 시작은 태양계의 행성들이 일렬로 늘어서는 것이다. 참으로 드물게 일어나는 이 일은 지진을 일으키는 직접적인 원인이다.[7]

이런 예측을 접하다 보면, 추측에 대해 소설가 마크 트웨인Mark

Twain이 했던 말이 생각난다. "과학에는 매혹적인 것이 있다. 우리는 사소한 사실을 투자하여 대량으로 추측을 수확한다."[8] 말할 것도 없이 1982년에 로스앤젤레스에는 지진이 일어나지 않았다.

지진 예측이 가치가 있으려면, 지진이 일어나는 때와 장소와 크기를 맞혀야 한다. 학교와 공장의 문을 닫고 주민들을 대피시키려면 비용이 많이 들기 때문에, 유용한 지진 예보는 "50퍼센트는 맞아야 하고, 하루 정도의 정확도를 가져야 하며, 50킬로미터 이내로 맞아야 한다"[9]고 한 지진 전문가는 말한다. 또한 예측은 지진의 세기도 어느 정도 맞혀야 한다. 이런 정도로 예측을 할 수 있으면 지진이 일어날 지역에 큰 도움이 될 것이다.[10]

우리는 이 정도의 예측에 얼마나 가까이 있는가? 과학자들은 오늘날 지각의 일부가 상승하거나 침강하거나 이동하는 것을 센티미터 단위로 알 수 있는 대단한 기술을 가지고 있다. 그러나 1997년에 도쿄대학 지구물리학자 로버트 겔러Robert Geller는 지진 예측의 상황에 대해 비관적일 수밖에 없었다.

지진을 예보하려는 노력은 100년이나 계속되었지만 여전히 이렇다 할 발전이 없다. 돌파구를 열었다는 주장들도 조사 과정에서 모두 허점이 드러났다. 방대한 연구에서도 신뢰할 만한 전조 현상을 찾지 못했다. (…) 대지진의 급박한 상황을 믿을 만하게 경보하는 일은 실제로 불가능해 보인다.[11]

과학이 '언제나 성공하는 처방의 축적'이라면, 그리고 나머지는 모두 문학이라면, 현재 지진의 과학은 없다고 결론을 내릴 수밖에 없다. 성공적인 처방이 없기 때문이다. 지진에 관한 한 과학은 없고, 문학만이 있을 뿐이다. 한 세기에 걸친 연구는 아무것도 남기지 못했다. 그렇다면 예측은 정말 불가능한 것인가?

## 전조 현상은 없다

피터 메더워Peter Medawar는 한때 이렇게 말했다. "원리상 가능한 일이 (…) 절대로 일어나지 않는다는 예측만큼 명백하게 틀리거나 극적으로 거짓임이 입증되는 경우는 없다."12 물론 지진 예측에도 이 말이 맞을 수 있다. 거대한 사건이 '아무것도 아닌 것에서' 일어나지는 않는다는 생각은, 우리의 자연관에서 가장 뿌리 깊은 견해다. 특별하고 비일상적인 상황에서 그런 일이 일어났음에 틀림없다. 도시 한복판에서 거대한 폭발이 일어났다면, 분명히 거기에 엄청난 폭발물이 있었을 것이라고 짐작하게 된다.

과거를 대할 때, 역사가들은 여러 가지 목표를 성취하려고 한다. 사실 역사가들은 수백 년 동안 자기들이 무엇을 해야 할지를 두고 논쟁을 벌여왔다. 그러나 많은 역사가들에게 분명한 한 가지 목표는 중요한 사건, 예를 들어 전쟁이나 혁명이 특정한 시기에 일어나는 일반적인 원인과 조건을 추적하는 것이다. 이 조건들을 확인하면 미래에 비슷한 사건에 대처할 때 도움이 될 것이다. 마찬가지로 엄청난 지진이 있으면, 또는 화산이 갑자기 분출하면, 지구물리학자들은 해답을 원한다. 왜 그런 일이 벌어졌는가? 지각의 어떤 세부적인 것이 그런 일이 일어난다는 경고를 주는가? 화산 분출은 최소한 어떤 조짐이 있다. 예를 들어 1980년에 워싱턴 주의 세인트헬렌스 화산은 분출이 일어나기 몇 주 전부터 "산이 하루에 1미터씩 솟아오르고, 기체와 증기가 분출되고, 작은 지진이 수천 번이나 일어났다."[13] 그런 뒤에 산 전체가 날아가는 엄청난 폭발이 있었다. 전조 현상 덕분에, 당국은 폭발이 일어나기 전에 사람들에게 경고할 수 있었다.

100년 넘게 지구물리학자들은 큰 지진이 일어나기 직전에 나타나는 특별한 징후를 찾으려고 노력했다. 지진의 전조 현상은 큰 지진이 일어나기 직전에 언제나 일어나는 확인 가능한 일이어야 한다. 이는 지진이 '전보를 보내고', 우리는 이 전보를 읽는 방법을 배우기만 하면 된다는 생각이다. 이러한 합리적인 접근에는 단 한 가지 문제가 있다. 아무도 아직 믿을 만한 전조 현상을 발견하지 못했다는 것이다. 어떤 연구자들은 큰 지진이 일어나기 직전에 땅에 이상한 전류가 흐른다고 했다. 또 다른 연구자들은 개나 소가 이상한 행동을 하거나, 날씨가 아주 변덕스럽거나, 이상한 빛이 난다고 했다. 그러나 믿을 만한 전조 현상은 대지진이 나기 전에 (거의) 반드시 나타나야 한다.[14] 겔러는 1997년의 조사에서 전조 현상을 찾아냈다고 주장하는 연구 논문을 700편 넘게 검토했다. 그리고 슬프게도 어느 하나도 신뢰성이 없다는 결론을 얻었다.

## 천문학의 지배

어쩌면 전조 현상은 없는지도 모른다. 그렇다고 해도, 최소한 지진을 일부라도 예측할 수 있는 방법이 있을 것이다. 우리는 세계가 작동하는 방식에 대해 또 다른 선입견을 가지고 있다. 우리는 사물에서 단순한 주기성을 찾으려고 한다. 해, 달, 행성, 밤낮 등, 우리는 순환하는 세계 속에 살고 있다. 어쩌면 지진도 그런 면이 있지 않을까? 만약 그렇다면, 지구 상의 어딘가에서 거의 완전히 주기적으로 지진이 일어나는 곳을 찾으면 된다. 이 특별한 장소에서는 지진 예측이 쉬워진다. 지구과학자들은 1980년대 중반에 이 단순한 아이디어에 끌렸고, 참담한 실패를 자초했다.

산안드레아스 단층은 캘리포니아 서쪽 가장자리를 지나간다. 공중에서 보면 구릉을 지나 남북으로 이상할 정도로 곧게 뻗은 선이 드러나 보인다. 이 단층의 서쪽 땅덩어리는 동쪽 땅덩어리에 대해 매년 2~3센티미터씩 북쪽으로 이동하고 있다. 따라서 캘리포니아 주는 한 덩어리가 아니라 서로 조금씩 스쳐가고 있는 두 개의 땅덩어리로 이루어져 있다. 이 두 땅덩어리는 마찰력에 의해 달라붙어 있기 때문에, 미끄러지는 운동이 확연히 드러나지는 않는다. 예를 들어 무거운 가구를 밀면, 처음에는 바닥에 달라붙어서 움직이지 않는다. 가구를 아주 세게 밀어야 갑자기 조금 미끄러진다. 산안드레아스 단층을 이루는 두 땅덩어리도 이와 비슷하게 움직인다. 평소에는 달라붙어 있지만 가끔씩 미끄러지고, 이것이 지진을 일으킨다.

1979년에 캘리포니아 멘로파크에 있는 미국 지질조사국 소속의 지구물리학자 윌리엄 바쿤William Bakun과 동료들은 샌프란시스코에서 남쪽으로 240킬로미터 떨어진 파크필드라는 시골 마을에 가까운 산안드레아스 단층 중 작은 구역의 지진 이력을 조사했고, 여기에서 흥미로운 것을 발견했다. 이 지역에서 1966년에 지진이 일어났고, 과거로 거슬러 올라가서 1934년에도 지진이 일어났으며, 더 거슬러 올라가면 1922년, 1901년, 1881년, 1857년에도 지진이 일어났다. 지진이 일어난 간격은 24, 20, 21, 12, 32년이었다. 20에 가까운 숫자가 자주 나왔을 뿐 아니라, 지진들 사이의 평균 간격은 22년이었다.

여기에는 더 그럴듯한 면이 또 있었다. 지구물리학에서 지진의 크기를 나타낼 때 사용하는 척도인 '규모magnitude'는 진앙 근처의 땅이 얼마나 심하게 흔들리는지를 반영하고, 따라서 그 지진에서 방출된 에너지를 나타낸다.[15] 바쿤과 동료들은 파크필드에서 일어난 지진이 모두 5.5에서 6 사이의 규모임을 알아냈다. 그 함축은 피할 수 없어 보였다. 이 지역에서 지진이 어떤 주기적이고 반복적인 과정에 의해 일어났다는 것이다. 아마 22년 동안 압력이 쌓여 터질 지경이 되면, 그때 단층이 미끄러지는 것이다.

지구물리학자들은 파크필드 근처의 단층이 올드 페이스풀 온천과 비슷하다고 생각했다. 옐로스톤 국립공원에 있는 이 유명한 간헐 온천은 대략 한 시간에 한 번씩 솟구치는데, 파크필드의 지진도 시계처럼 22년마다 한 번씩 일어날 것이라고 그들은 생각했다. 마지막 지진이 1966년에 일어났으므로, 다음 지진은 1988년쯤이 될 것이었다. 지진 예측 분야는 마침내 오래 기다리던 돌파구를 맞은 듯했다.16

국제적인 전문가들도 바쿤과 동료들의 예측이 타당하다고 판단했고, 미국 지질조사국은 1985년 4월 5일에 드물게 지진을 예보했다. 5~6년 안에 파크필드 근처에서 지진이 일어난다는 것이었다.17 연구자들은 세계에서 가장 정교한 지진 감시 장치들을 이 지역에 빽빽하게 설치했고, 지진이 일어나기를 기다렸다. 1986년에 미국 국립연구협의회의 지구과학부는 과학자들의 확신을 이렇게 요약했다.

세계의 어디에서도 파크필드만큼 확신에 찬 지진 예측은 없었다. 산안드레아스 단층의 특정한 25킬로미터 구역에서 (…) 지난 10년 동안의 연구에 따르면 지진이 1986년에서 1993년 사이에 일어날 확률은 95퍼센트다.18

무대는 설치되었다. 〈이코노미스트The Economist〉 지는 1987년의 기사에서 파크필드를 '지구물리학자의 워털루Waterloo'라고 말했다. 지진이 예측에 따라 일어나지 않는다면, "지진은 예측 불가능하고 과학이 패배하는 것이다. 그때는 어떤 변명의 여지도 없다. 이런 일에 대해 이렇게 주의 깊게 매복 작전을 펼친 적은 없었기 때문이다."[19]

하지만 지구물리학자들에게 돌아온 것은 또 한 번의 참담한 실망이었고, 예측은 완전히 빗나갔다. 이전까지 파크필드에서 일어난 지진은 인상적인 주기성을 보여주었지만, 오늘날까지 이 지역에서 5.5에서 6 사이의 규모를 가진 지진은 일어나지 않았다. 지금 지진이 일어난다고 해도 이제는 너무 늦었다. 예측은 이미 빗나갔다.

연구자들은 주기적인 현상을 발견하려는 욕망 때문에 스스로를 속인 것이었다. 캘리포니아대학 로스앤젤레스 캠퍼스의 지구물리학자 야코브 카간Yakov Kagan이 지적했듯이,[20] 지구 상에서 지진이 일어나는 곳은 아주 많으며, 지구물리학자들이 연구한 곳도 많다. 지진이 무작위로 일어나서 의미 있는 패턴이 전혀 없다고 치자. 그렇다고 해도 순전히 우연에 의해 이따금씩 어느 지역에서 매우 주기적으로 지진이 일어날 수 있다. 그리고 지구 상에 지진이 일어나는 곳은 아주 많으므로, 성실히 조사하다 보면 어느 곳에선가 주기적으로 지진이 일어나는 곳을 찾을 수 있다. 그 어느 곳이 하필 파크필드였던 것이다.

이 음울한 실패의 목록을 보면, 적어도 현재로서는 지구과학이 진짜 패배한 것으로 보인다. 신뢰할 만한 전조 현상은 발견되지 않았으며, 특정 지진에 대한 정확한 예측은 아직 불가능하다고 대부분의 지구물리학자들은 말한다.

## 거대한 진흙 덩어리

역사가들이 인간의 역사에 대해 한 말은 지각의 움직임에 대해서도 적용되는 것 같다. 큰 전쟁이나 혁명은 단순히 주기적으로 일어나지 않으며, 우리에게 전보를 쳐주지도 않는다. 전쟁이나 혁명에 선행하는 조건은 항상 다르고, 아직 아무도 신뢰할 만한 전조 현상을 찾아내지 못했다. 한 역사가는 이렇게 썼다.

계속 반복해서, 역사는 미래의 사건을 잘 예측하지 못한다는 것을 보여주었다. 이것은 역사가 결코 똑같이 반복되지 않기 때문이다. 인간 사회에서는 그 어떤 것도 (…) 정확히 같은 조건이나 정확히 같은 방식으로 진행된 적이 없다.[21]

지진도 마찬가지다. 지진은 주기적으로 일어나지 않고, 경고도 없으며, 신호도 없고, 전조 현상도 없다. 지진은 자기 마음대로 땅을 흔들기 시작한다.

과학자들은 언제 어디에 태풍이 몰아닥칠지 예측할 수 있고, 얼마나 파괴력이 클지 대략이나마 알 수 있다. 우리는 대기의 조건이 어떨 때 회오리바람이 일어나는지, 언제 큰 강이 범람하는지 알 수 있다. 이런 경우는 단순히 관계되는 전조 현상을 추적하면 된다. 폭풍우를 몰고 오는 구름, 바람, 비를 추적하다가 상황이 심상치 않으면 경고의 종을 울리기만 하면 된다. 기상학자들은 매일의 날씨를 상당히 정확하게 예측할 수 있으며, 적어도 며칠 앞까지는 내다볼 수 있다. 그러나 지진을 그 정도로 정확하게 예측하는 것은 거의 과학의 능력 밖인 것 같다. 왜 그럴까?

약간의 실마리를 찾기 위해, 우리는 지구 안에서 무슨 일이 벌어지는지 좀 더 세부적으로 알아야 하며, 지각의 스트레스가 자연적으로 어떻게 쌓이고 방출되는지 알아야 한다. 지구물리학자들은 지진의 메커니즘을 상당히 자세히 알기 때문에 예측을 못한다는 사실에 특히 당혹스러워한다. 역사가들은 맑은 의식을 가지고도 인간 행동의 심오한 수수께끼를 다루는 데 쩔쩔맬 수 있다. 하지만 지진이 일어나는 과정은 결코 수수께끼가 아니다. 이런 일에는 본질적으로 예측이 불가능한 양자물리학 따위가 개입되지도 않는다. 땅속에서 일어나는 모든 일은 완전히 결정론적이고, 이론적으로 완전히 예측 가능하다. 바위가 바위를 짓누른다는 것 외에 다른 것은 없다.

지구의 안쪽과 바깥쪽이 어떻게 돌아가는지 머릿속에 그려보기 위해, 거대한 진흙 공이 따뜻한 공기 속에서 마르고 있다고 해보자. 조금 지나면 바깥쪽이 말라서 딱딱한 껍질이 생기며, 안쪽의 진흙은 여전히 질척하게 남아 있다. 진흙 공과 지구의 차이는 다음과 같다. 지구 안쪽의 액체는 움직이는 반면에, 진흙 공 안쪽은 정체되어 있다. 어떤 기발한 방법으로 표면 아래의 진흙이 흐르게 하면, 이것이 대략의 지구 모형이 된다. 지구의 외부 지각은 단단한 껍질 같은 물질로 되어 있고, 이 지각 아래에는 맨틀<sup>mantle</sup>이라는 뜨거운 물질이 흐르고 있다.

맨틀은 지구 내부의 엄청난 열에 의해 움직인다. 따뜻한 물질은 위로 떠오르고 차가운 물질은 밑으로 가라앉는다.[22] 이렇게 해서 맨틀의 깊은 대양에 흐름이 생기고, 지각은 이 흐름에 따라 떠다닌다. 지각은 고체이기 때문에 그 아래에 있는 뜨거운 맨틀의 흐름에 따라 똑같이 흘러가지 못한다. 지각은 거대한 조각으로 쪼개져서, 이 조각들이 거대한 뗏목처럼 미끄러진다. 이 운동을 다루는 이론을 판구조론이라고 한다. 여기에서 '판'이란 지각의 조각을 말하며, 판의 두께는 대개 100킬로미터 정도다.

어떤 곳에서 이 판들은 서로 정면으로 충돌한다. 예를 들어 일본의 땅 밑에서는 현재 세 개의 판이 서로 밀고 있고, 캘리포니아 같은 곳은 두 판이 긴 경계를 따라 서로 어깨를 비비고 있다. 이 단층의 양쪽으로 태평양 아래에 태평양 판이 있고, 산안드레아스 단층 서쪽에 긴 캘리포니아 판이 있다. 산안드레아스 단층 동쪽의 지각은 북아메리카 판에 속하며, 이 판은 북아메리카 대륙의 모든 곳과 대서양의 절반을 차지한다. 북아메리카 판은 서서히 남쪽으로 이동하는 반면에, 태평양 판은 북쪽으로 이동하고 있다. 따라서 두 대륙판은 단층을 따라 서로 무시무시하게 어깨를 문질러대고 있다.

지진의 기본적인 메커니즘은 단순하다. 앞에서 보았듯이, 바위들은 서로 문지르면서 붙어 있다가 가끔씩 미끄러진다. 판은 어쩔 수 없이 이동하기 때문에, 두 판을 잡아놓고 있는 마찰력도 영원히 판을 정지시켜놓지는 못한다. 바위들이 형태가 일그러질 정도로 비틀리면 스트레스가 어떤 문턱까지 축적되었다가, 갑자기 미끄러지면서 지진이 일어난다. 이런 일이 산안드레아스 단층에서 1,500만 년에서 2,000만 년 동안 계속되었다.

지구물리학자들은 지진이 어디에서 일어나는지 알고 있다. 지진은 둘 또는 그 이상의 판이 맞닿는 곳에서 일어난다. 지난 세기 동안 큰 지진이 일어난 지역을 지구본에 검은 점으로 표시해보면, 놀랄 만한 형태가 나타난다. 검은 점들은 모두 판의 경계에 몰려 있다. 계속해서 점을 찍어나가면 지각이 쪼개진 모양이 서서히 드러나서, 분리된 판들의 윤곽이 거칠지만 선명하게 나타난다.

이렇게 단순하게 말하는 것은 물론 잘못됐다. 지구물리학자들은 그렇게 쉽사리 이런 지식을 얻지는 못했다. 먼저, 방금 말한 것과 같이 판과 판이 만나는 지점이 아닌 곳에서도 충돌은 일어난다. 판들이 만나는 곳에서는 서로 멀어지면서 아래로부터 뜨거운 물질이 새롭게 솟구쳐 올라오는 곳이 있고, 또 판이 다른 판의 아래쪽으로 들어가면서 오래된 지각이 맨틀의 용광로 속으로 들어가는 곳이 있다. 지구에는 큰 판이 여덟 개 있으며, 작은 것들도 많이 있어서, 아래에 있는 맨틀의 흐름이라는 컨베이어<sup>conveyor</sup>를 타고 서로 밀어붙이고 있다.

지진의 생성 과정은 달라붙기와 미끄러지기일 뿐이지만, 지각의 전체적 구조는 극단적으로 복잡하다. 판이 많아서 그런 것만은 아니다. 각각의 판은 수백 종류의 바위로 이루어져 있고, 이 바위들은 모두 다른 성질을 갖고 있다. 어떤 곳의 바위는 단단하고 다른 곳에서는 그렇지 않다. 지구 상의 지진 다발 지역들 중에서 어떤 곳도 아주 비슷하다고 할 만한 곳은 없다. 어쩌면 지진 예측 문제는 단 한 가지가 아니라, 지진 다발 지역의 수만큼 여러 다른 문제가 있다고 할 수 있다. 지각을 지나가는 단층들은 서로 영향을 주고받기 때문에 사정은 더 복잡해진다. 한 단층이 미끄러지면 다른 단층에도 영향을 줄 수 있다. 이 모든 복잡성을 볼 때, 예측이 안 된다는 것은 더 이상 놀랍지 않다.

## 배경잡음

이 모든 문제에 더해 마지막으로 또 복잡한 일이 있는데, 작은 지진은 항상 일어나고 있다는 것이다. 우리가 관심을 가지는 큰 지진은 드물게 일어나지만, 작은 지진은 그렇지 않다. 미국 지질조사국 웹사이트[23]에 가보면, 일주일 전, 하루 전, 심지어 한 시간 전까지 북부 캘리포니아의 산안드레아스 단층에서 일어난 모든 지진에 대한 최신 정보를 찾을 수 있을 것이다. 지질조사국에서 설치한 지진계들은 데이터를 거의 기록하자마자 전송한다. 하지만 이 지진들은 뉴스에 보도되지 않는다. 규모가 3 미만이기 때문이다. 규모 3의 지진은 규모 7의 지진보다 1만 배 약하다는 것을 상기하라. 이런 지진으로는 창문에 앉은 파리조차 꿈쩍하지 않을 것이다.

예를 들어 1999년 8월 30일에 캘리포니아 여러 지역에서는 지진이 22회나 일어났고, 그중에서 하나만 규모 3에 달했다. 그만큼 이런 정도의 지진은 매일 자주 일어난다. 각각의 작은 지진에서도 바위들은 큰 지진과 마찬가지로 단층을 따라 미끄러진다. 다만 바위들이 미끄러지는 거리가 아주 짧을 뿐이어서, 겨우 몇 분의 1밀리미터쯤 미끄러지기도 한다.

여기에서 자연스럽게 명백한 질문이 떠오른다. 작은 지진과 큰 지진은 어떤 차이가 있는가? 무엇 때문에 어떤 지진은 크고 또 어떤 지진은 미미한가? 명백한 답은 미끄러지는 규모가 크게 차이가 난다는 것이다. 그러나 이것은 진정한 답이 아니다. 왜 어떤 지진은 다른 지진보다 바위들이 훨씬 많이 미끄러지는가? 앞으로 살펴보겠지만, 반세기의 연구는 이 질문에 대해 아주 역설적인 대답을 내놓는다. 이 대답은, 마치 이 모든 복잡한 것들이 실은 연막에 지나지 않는다고 말하는 것 같다. 실제로 이 자료들은 지진이 얼마나 단순한 과정으로 일어나는지 알지 못하도록 과학자들을 현혹시키고 있는지도 모른다.

알려지지 않은 무언가를 추적해서 알려진 것이 나오면 고통이 줄어들고,
마음이 진정되며, 힘을 얻었다는 느낌을 받는다. 위험, 소란, 불안은
알려지지 않은 것을 볼 때 생기며, 최초의 반응은 이런 고민스러운 상황을
제거하는 것이다. 제1원칙은 다음과 같다. 어떤 설명이든, 설명이 없는 것보다
낫다. (…) 원인을 만들어내려는 욕구는 공포의 느낌에 의해 생겨나고 조절된다.
– 프리드리히 니체Friedrich Wilhelm Nietzsche1

수학이 지난 세기에 인류에게 준 큰 공헌은 '상식'을 원래의 자리에
돌려주었다는 것이다. 그 자리는 가장 높은 선반 위에
'버려진 엉터리'라고 적힌 지저분한 깡통 옆이다.
– 에릭 템플 벨Eric Temple Bell2

# 3장

## 터무니없는 추론

세인트루이스에서 240킬로미터 떨어진 미주리 주의 뉴마드리드에서는 1811년 12월 16일을 시작으로 끔찍한 지진이 세 번이나 잇달아 일어났다. 첫 번째 지진은 워낙 강력해서 그 여파로 그곳으로부터 멀리 떨어진 보스턴의 교회 종이 울렸고, 미주리 주와 테네시 주의 넓은 지역의 지형이 변했으며, 거대한 미시시피 강이 한동안 거꾸로 흘렀다. 어떤 목격자는 이렇게 말했다.

먼 곳에서 거대한 천둥 같은 소음이 일어났다. 하지만 천둥소리보다 훨씬 거칠고 격심하게 떨렸다. (…) 몇 분 만에 대기는 황의 연기로 완전히 가득 찼다. (…) 놀란 사람들이 어쩔 줄 모르고 이리저리 뛰었고, 온갖 가축과 야생 동물들이 울부짖었다. 나무 조각들이 떨어지고, 미시시피

강은 몇 분 동안 거꾸로 흘렀다. 정말로 끔찍한 장면이었다.[3]

이 지진에 이어서 일어난 두 지진은(1812년 1월 23일과 2월 7일) 새로운 호수를 만들 정도로 강력했다. 멤피스에서 북쪽으로 160킬로미터 떨어진 테네시 주의 릴풋Reelfoot 호수는 1810년까지만 해도 존재하지 않았던 곳이다.

테네시 주는 캘리포니아 주와 마찬가지로 사람들이 거의 느끼지 못할 정도로 미미한 지진이 끊임없이 일어난다. 격렬한 정도로 따지면 이 지진들은 뉴마드리드 지진에 비해 아무것도 아니다. 하지만 이것들을 지진이 아니라고 할 수는 없다. 모든 지진들과 마찬가지로, 이 지진들도 갑작스럽게 지각 속에서 바위들이 미끄러지면서 에너지가 방출된 것이다.[4] 그러나 큰 지진과 작은 지진은 방출되는 에너지에서 너무 큰 차이가 난다. 핵폭탄 1,000개의 에너지가 방출되는 지진을, 그보다 100만 배 약한 지진과 같은 종류로 볼 수는 없을 것 같다. 그렇다면 큰 지진이 일어나는 지각의 특수한 조건은 무엇인가? 이것이 중요한 질문이다. 1811년 뉴마드리드 지진은 인구가 적은 곳에서 일어났지만, 그와 비슷한 정도의 지진이 지금 일어난다면 아마 멤피스 전체가 쑥대밭이 될 것이다.

우리는 앞에서 제1차 세계대전이 당시의 역사가들에게 얼마나 당혹스러운 일인지 살펴보았다. 그 일이 당혹스러운 것은 사람들의 희생이 컸기 때문이 아니라 전혀 그런 일이 벌어질 것 같지 않았기 때문이다. 당시의 역사가들은 이 전쟁이 오는 것을 보지 못했다. 물론 일이 벌어진 뒤에는, 무엇이 이런 참사를 일으켰는지 쉽게 말할 수 있다. 어떤 사람들은 이 전쟁이 단순히 따분했기 때문에 일어났다고 말한다.

많은 유럽인들은 그저 시민 생활이 권태롭고 공동체 의식이 없다는 이유로 전쟁을 원했다. 의사 결정은 거의 전쟁을 부추기는 쪽으로 이루어져서 (…) 엄청난 대중적 열광으로 온 나라가 들끓을 수도 있다는 점은 고려되지 않았다. (…) 한 목격자가 베를린의 군중들이 느낀 감정을 이렇게 말했다. "누구도 다른 사람을 알지 못했다. 그러나 모두가 한 가지 열광적인 감정에 사로잡혔다. 전쟁, 전쟁과 일체감이었다."[5]

모든 종류의 큰 사건에는 중대한 원인(그것이 비할 데 없는 권태라고 해도)이 있다고 우리는 '상식적'으로 생각한다. 지구물리학자들도 다르지 않다. 하지만 지진에 대해서는, 그들은 이제 거대한 지진이 일어나는 지각의 '특수한' 조건 찾기를 거의 포기하기에 이르렀다. 모든 것을 쑥대밭으로 만들어버리는 거대한 지진도 전혀 특별한 이유 없이 일어난다는 것이 당혹스러운 진실로 보인다. 그러므로 지진 예측은 거의 불가능에 가까울 수 있다. 우리는 이런 예측을 하려는 시도가 얼마나 많이 실패했는지 보았다. 그러나 수학은 또 다른 결론을 보여준다. 얄궂게도 50년 동안이나 과학자들 주위에 증거가 있었지만, 1990년대가 되어서야 그 중요성이 완전히 드러났다.

## 폭탄 찾기

대부분의 지구물리학자들은 단층을 따라 하나 또는 여러 조각에서 일어나는 지진을 예측하기 위해 열심이며, 큰 지진이 거기에서 곧 일어날 것인지를 알 수 있는 실마리를 찾는다. 예를 들어 산안드레아스 단층이 지난 한 세기 동안 평균적으로 특정한 거리만큼 미끄러졌지만 어떤 조각만은 유독 전혀 미끄러지지 않았다고 해보자. 그렇다면 이러한 '미끄러짐 결핍'으로 뒤쳐진 조각은 큰 스트레스를 받아서 그것을 따라잡으려고 한다고 추측할 수 있다. 어떤 연구자들은 1980년대에 캘리포니아에서 정확히 이런 상황을 확인했다고 생각했다. 미국 지질조사국은 1983년 보고서에서 "1906년 샌프란시코 지진 당시 갈라진 지역에서 남쪽 끝부분은 북쪽보다 훨씬 덜 미끄러졌고, 따라서 앞으로 몇 십 년 동안에 이곳이 갈라질 확률이 매우 높다"고 썼다.6

과학자들이 이런 생각을 가지고 이 단층을 조사하고 예측했을 때, 그들은 본질적으로 이 단층의 이력, 응력과 변형력의 형태, 지각의 성질 등으로 보아 이것이 폭발 직전의 폭탄과 아주 비슷하다고 말한 것이다. 물론 이 전망은 1811년 뉴마드리드 대지진 같은 일이 왜 일어나는지에 대한 답을 예견하고 있다. 지각의 일부가 뒤틀려 있고, 과거의 작은 지진들을 통해 이 스트레스가 충분히 배출되지 못했다는 것이다. 지각은 에너지를 머금고 있다가, 결국 파국적인 항복점에 이르렀다. 거대한 지진은 지각에 형성된 거대한 폭탄에 의해 일어난다.

이런 관점에 따르면, 단층에서 오랫동안 큰 지진이 없었던 부분에서는 곧 지진이 일어난다는 생각이 일리 있어 보인다. 반면 지구의 어느 지역에 대해, "심각한 지진이 일어날 때가 지났다"는 말도 자주 들린다. 이런 것이 아무리 일리가 있고 명백해 보여도, 냉엄한 통계는 정반대를 가리킨다. 지진이 일어나는 시기에 대한 통계적 연구에 따르면, 어떤 지역에 지진이 일어난 지 오래되었을수록 가까운 장래에 지진이 일어날 가능성이 더 적다.[7] 예컨대 런던 시민들은 19번 버스가 한 시간 동안 한 대도 안 오다가 세 대가 한꺼번에 몰려서 온다고 곧잘 불평한다. 이와 마찬가지로 지진도 몰려서 온다. 현재 지진을 예측하는 최고의 방법은 지진이 일어나기를 기다렸다가, 가까운 시일 내에 지진이 또 일어난다고 예보하는 것이다.[8]

'폭탄 찾기bomb sniffing' 방법은 지진 예측에서 별로 성공을 거두지 못했다. 지각에 누적된 응력과 변형력의 패턴을 보고 이것이 얼마나 위험한 '폭탄'이 되어 지진을 일으킬지 알아내는 방법을 과학자들은 왜 아직 배우지 못했을까? 지각은 전혀 단순하지 않기 때문에 무엇이 폭탄이고 무엇이 폭탄이 아닌지 알아내기 무척 어렵다. 게다가 반세기 전에 캘리포니아 공과대학의 두 지진학자가 수집한 통계에 따르면 이런 방법은 더욱 의심스러워진다. 1950년대에 베노 구텐베르크Beno Gutenberg와 찰스 리히터는 현장과 실험실에서 벗어나 도서관에

처박혀서도 지구물리학에 중요한 연구를 할 수 있다는 것을 보여주었다.

지진에는 큰 지진과 작은 지진이 있고 그 중간쯤도 있다. 그중에서 어떤 크기의 지진이 가장 흔하게 일어날까? 지진의 전형적인 크기는 얼마일까? 구텐베르크와 리히터는 지진 조사에서 뭔가 흥미로운 것이 드러날 것으로 생각했다. 대부분의 지진이 3이나 7쯤의 규모를 가질까? 예를 들어 규모가 2, 5나 8인 지진은 드물지 않을까? 이런 정보를 알면 적어도 과학자들은 다음에 일어날 지진이 얼마나 클지, 또는 어떤 크기의 지진이 일어날 가능성이 없는지를 말할 수 있을 것이다. 비록 언제 어디에서 지진이 일어날지 알 수 없어도 말이다.

두 연구자들은 수백 권의 책과 논문을 뒤졌고, 전 세계에서 일어난 수많은 지진들의 자세한 자료를 수집했다. 그들은 모든 지진의 규모를 기록했다. 그다음에 그들은 규모 2에서 2.5 사이의 지진이 몇 번이나 일어났는지 등을 조사했다. 이런 방식으로 계속해서, 그들은 여러 가지 크기의 지진이 일어난 상대적 빈도를 나타내는 데이터를 얻었다. 이 관계는 단순한 그래프로 나타낼 수 있다. 이것을 보기 전에, 어떤 것이 예상되는지 생각해보자.

한 가지 가능성은, 수학에서 가장 유명한 곡선인 종 모양 곡선과 비슷한 것이다. 학생 1,000명이 시험을 보거나, 작은 마을의 남자 어른들의 몸무게를 재거나 하면, 시험 점수나 몸무게가 종 모양 곡선을 그린다는 것을 알게 될 것이다(그림1). 어떤 평균값이 있고, 이 지점이

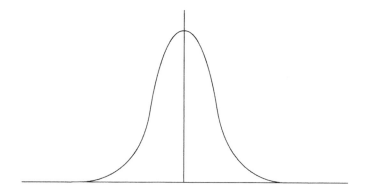

**그림 1** 종 모양 곡선은 수학에서 가장 유명한 곡선 중의 하나다. 양파나 사과 수천 개의 무게를 일일이 달아보거나, 학생 500명의 시험 성적을 집계하거나, 고속도로를 달리는 자동차 수천 대의 속력을 재보라. 모든 경우에 숫자들은 종 모양 곡선을 그리며, 대다수가 평균과 가까운 곳에 몰려 있다. 어떤 것의 통계가 종 모양 곡선이 되면, 그 숫자들은 한꺼번에 좁은 범위에 몰려서 그 범위에서 크게 벗어난 것은 매우 드물게 나타난다.

곡선의 중심 봉우리가 되어서 대부분의 숫자가 이 봉우리에 속한다. 이 곡선은 양쪽으로 급격하게 떨어져서 극단적으로 높거나 낮은 성적 또는 무게가 나오는 일은 아주 드물다. 예를 들어 성인 남성의 평균 체중은 80킬로그램이고, 대부분의 사람들이 60킬로그램에서 100킬로그램 사이에 있다.

측정한 값들이 종 모양 곡선을 따르면, 평균값에서 크게 벗어난 값은 잘 나오지 않는다고 확신할 수 있다. 다시 말해, 평균값은 다음에 무엇이 나올지 추측할 수 있는 좋은 기준이 된다. 120킬로그램인 사람은 몇 명쯤 있겠지만, 200킬로그램이 넘는 사람이 있다는 것은 아주 예외적이고 비정상적이며, 2,000킬로그램은 더 말할 것도 없다.

지능지수에서부터 주사위 던지기까지가 수많은 사례들이 이 종 모양 곡선을 따른다. 이런 분포는 자연에서 아주 정상적인 경우로 보이기 때문에, 수학자들은 이것을 '정규'분포라고 부른다.[9] 그렇다면 지진은 어떤가?

전형적인 지진이라는 것이 있다면 지진 분포가 종 모양 곡선과 비슷하게 될 것이고, 대부분의 지진은 어떤 평균적인 규모로 일어날 것이다. 그러나 일은 조금 더 복잡하다. 예를 들어 지진이 일어나는 원

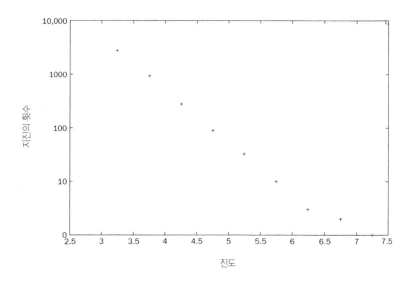

**그림 2** 어떤 특정한 지진이 방출하는 에너지는 엄청난 범위로 변한다. 그러나 모든 지진 통계는 놀라울 정도로 비슷한 패턴을 보인다. 예를 들어 1987년에서 1996년까지 많은 지진이 미국의 서던캘리포니아를 때렸다. 이 그래프에 찍힌 점들은 2.0∼2.5, 2.5∼3.0 등의 간격을 보이는 지진이 얼마나 많이 일어났는지를 가리킨다. 이 데이터에 따르면, 에너지로 볼 때 지진은 에너지 방출이 2배가 되면 빈도는 4배로 줄어든다.

*자료 제공: 서던캘리포니아 데이터센터 www.sccedc.scec.org.

인이 한 가지가 아니라 여러 가지라면, 지진 분포에는 각각의 원인에 대해 봉우리가 하나씩 나타날 것이다. 그러나 구텐베르크와 리히터가 알아낸 분포는 봉우리가 전혀 없는 매끈한 곡선이었다.

그들은 전 세계의 지진 목록도 살펴보았지만, 서던캘리포니아의 지난 지진 기록과 마찬가지로 봉우리가 전혀 없는 패턴이 나올 뿐이었다(그림2). 이 그래프가 말해주는 것은, 지진이 크면 클수록 더 드물게 일어난다는 것이다.

이 분포는 전형적인 지진의 크기가 얼마인지에 대해 별로 알려주는 것이 없으며, 그리 심오해 보이지도 않는다. 그러나 이 곡선은 매우 흥미롭고 특별한 형태다. 이 그래프의 가로축은 지진의 규모다. 규모가 1이 커지면 지진에서 방출되는 에너지가 10배 커진다는 것을 기억하자. 에너지로 볼 때 구텐베르크-리히터 법칙은 아주 단순한 규칙으로 요약할 수 있다. A형 지진이 B형 지진보다 에너지를 2배 방출하면, A형 지진은 B형 지진보다 4배 드물게 일어난다. 다시 말해 에너지가 2배가 되면 지진은 네 배로 드물게 일어난다. 이것이 이 그래프가 뜻하는 것이다. 이 단순한 패턴은 매우 넓은 에너지 범위에서 들어맞는다.

물리학자들은 이런 관계를 '멱함수 법칙'이라고 하며, 이 법칙은 그 단순한 생김새와 달리 매우 중요하다. 왜 그런지 보기 위해 지진에 대해서는 잠시 잊어버리고, 이제 냉동된 감자에 대해 생각해보자.

## 감자의 논리

냉동된 감자는 돌처럼 단단하며, 날카로운 충격을 받으면 산산이 부서진다. 냉동 감자를 벽에다 내동댕이치면 여러 가지 크기의 조각으로 깨지는데, 골프공만 한 것, 앵두만 한 것, 콩알이나 포도씨만 한 것도 생긴다. 이때 감자 파편의 전형적인 크기는 얼마인가? 이것을 알아보기 위해, 감자를 1,000개쯤 벽에다 던져서 산산조각을 내고, 구텐베르크와 리히터가 지진에 대해 했던 것처럼 조각들의 분포를 조사한다. 먼저 조각들을 무게에 따라 분류해서, 세심하게 열 무더기로 나눈다. 가장 작은 것은 1그램쯤 될 것이다. 더 작은 조각도 있지만 다루기 힘들고, 무시해도 상관없다. 이제 각 무더기별로 조각 수를 세어서 무게에 대해 그래프로 그려보자.

감자 조각을 지진이라고 생각하면, 여기에서도 구텐베르크와 리히터가 밝혀낸 것과 같은 밋밋한 곡선이 나타난다. 포도씨만 한 작은 조각들이 대단히 많고, 조각이 점점 커질수록 숫자는 줄어든다. 세심하게 숫자를 세면, 조각이 커짐에 따라 숫자가 매우 규칙적인 방식으로 줄어든다는 것을 알 수 있다. 조각의 무게를 2배로 할 때마다, 그만한 조각의 숫자는 6배로 줄어든다. 이것은 구텐베르크와 리히터가 찾아낸 것과 똑같은 멱함수 패턴이며, 2배로 할 때마다 숫자가 4배가 아니라 6배로 줄어든다는 것만 다르다.

그런데 우리가 무시해버린 작은 조각들은 어떨까? 그것들도 냉동 감자 조각이고, 무게 분포에 들어갈 자격이 있다. 이것을 깨닫고, 확대경을 들고 이 조각들까지 무더기로 모은다고 해보자. 이렇게 해서 이 분포를 작은 조각에까지 확장하자. 이렇게 작은 규모에서는 어떻게 보일까? 놀랍게도 작은 조각들도 똑같은 법칙을 따른다. 작은 조각의 숫자는 더 많고, 숫자가 늘어나는 방식은 매우 규칙적이다. 조각의 무게를 반으로 줄일 때마다, 숫자는 6배씩 늘어난다. 서던덴마크대학의 세 물리학자들이 1993년에 실제로 이 실험을 해보았다. 그렇기 때문에 나는 이 멱함수 패턴에서 4가 아니라 6을 곱한 만큼 늘어난다고 말할 수 있다.[10] 이 실험에서 조각의 무게는 100그램의 덩어리에서 시작해서 1,000분의 1그램까지 있었고, 모두가 단순한 패턴에 맞아 들어갔다.

왜 이 패턴을 멱함수 법칙이라고 부를까? 이는 곧 알 수 있다. 먼저 이것은 '전형적'이거나 '정상적'인 조각의 크기는 얼마인가라는 처음의 질문에 어떤 대답을 내놓는가? 몸집을 마음대로 줄일 수 있다고 상상해보라. 손가락을 딱 마주치기만 하면, 당신의 몸이 금방 앵두 크기에서 콩 크기로, 다시 개미만 하게 변할 수 있다고 하자. 이런 능력이 있으면 조각의 더미를 검사하는 데 아주 편리할 것이다. 어떤 규모를 보아야 한다면, 그 크기로 몸집을 줄인 다음에 걸어 다니면서 당신의 몸과 비슷한 크기의 조각을 보면 된다. 몸을 콩알만 한 크기로 줄였다고 해보자. 이 크기에서 한동안 둘러보면서 풍경에 대한 느낌을 얻는다. 여기에서 대략 콩알만 한 조각들을 보고, 얼마간 크거나 작은 것들도 본다.

그런 다음에 몸을 더 줄여서 10배 작은 규모를 조사한다고 해보자. 훨씬 더 작은 이 규모에서도 풍경이 거의 비슷하다는 것을 보고 놀랄 것이다. 콩알만 한 크기였을 때 자신의 무게와 비슷한 모든 조각에 대해서, 그 절반 무게의 조각들은 대략 6배 많다는 것을 알게 될 것이다. 몸의 크기를 줄여도, 항상 그 전과 거의 같은 풍경을 볼 것이다. 여전히 자신과 비슷한 무게를 가진 조각에 비해 절반 무게의 조각이 6배 많다. 어떤 규모에서도 풍경은 정확하게 똑같은 느낌을 줄 것이다. 따라서 한참 뒤에 몸을 몇 번이나 절반으로 줄였는지 잊어버린다면, 풍경만 보고는 그것을 알아낼 수 없다.

이것이 멱함수 패턴이 의미하는 것이다. 냉동 감자가 부서지는 방식은 매우 복잡할 것이다. 사실 감자가 부서지는 정확한 형태는 감자를 던질 때마다 다르다. 하지만 여기에는 놀라운 단순함이 있다. 그 결과로 생겨난 파편의 무더기는 언제나 규모 불변성 scale invariance (규모가 변해도 변하지 않는 것이 있다는 뜻이다. – 옮긴이)또는 자기유사성이라고 부르는 특수한 성질을 가지기 때문이다. 부스러기들의 풍경은 모든 규모에서 동일하고, 부분은 전체의 축소판과 같다.

이것을 다른 말로 하면, 조각에는 특별히 '선호'되는 크기가 없다. 이것은 진정으로 아주 특수한 상황이다. 닭은 절대로 농구공만 한 달걀이나 진드기만 한 달걀을 낳지 않는다. 닭의 설계에는 어떤 편향성이 내장되어 있어서 익숙하고 전형적이고 정상적인 크기의 알을 낳도록 되어 있으며, 달걀의 크기 분포는 종 모양 곡선이 된다. 그러나 냉동 감자를 벽에 던져서 부수는 과정에는 어떠한 편향성도 없다. 여기에서는 아주 작은 조각에서 대단히 큰 조각까지 매우 다양한 크기의 조각들이 만들어진다(물론 여기에도 한계는 있다. 감자 자체보다 더 큰 조각이나 원자 하나보다 더 작은 조각은 만들어지지 않는다).

따라서 멱함수 패턴이 나왔다는 것은, 정상적이거나 전형적인 파편 따위는 없다는 뜻이다. 이것이 멱함수 패턴의 의미다. 하지만 조금만 더 깊이 들어가보자. 멱함수 패턴이 작용하고 있다는 것을 알아볼 간단한 방법이 있다. 대수학에서 멱함수란 높이가 수평 거리의 거듭제곱에 따라 변하는 곡선이다. 예를 들어 다음 식을 보자.

$$높이 = (거리)^2$$

이 식은 급격하게 위로 올라가는 곡선을 나타낸다. 이것은 멱이 2인 멱함수다. 지진의 경우에, 규모가 아니라 에너지로 생각하면, 구텐베르크-리히터 곡선에서 에너지에 따른 지진의 횟수는 $E^2$에 반비례한다. 앞에서 말한 단순한 패턴이 바로 이 멱함수 법칙을 따른다. 에너지를 2배로 할 때마다, 지진은 4배(다시 말해 2의 제곱)로 드물어진다.

멱함수 법칙이 작용하는지 보려면 단순히 어떤 것의 분포를 그래프로 그린 다음, 이 곡선이 멱함수 형태를 띠는지 보면 된다. 만약 그런 형태를 띤다면, 여기에는 '정상', '전형적', '비정상' 따위의 말을 쓸 수 없다. 멱함수 법칙은 언제나 이런 의미를 가지고 있으며, 어떤 것을 고려해도 마찬가지다. 구텐베르크-리히터의 관찰에서도 이런 맥락에서 가장 중요한 결론이 나온다.

## 동일 원인

감자 조각의 무더기가 규모 불변성성을 보인다는 것은, 큰 조각과 작은 조각은 단지 크기만 다를 뿐 질적으로 다르지 않다는 것을 의미한다. 구텐베르크-리히터 법칙도 지진에 대해 똑같은 의미를 가지며, 따라서 지진을 일으키는 지각의 작용에 대해서도 마찬가지다. 지진은 에너지에 대해 멱함수에 따라 분포하므로, 이 분포는 규모 불변성을 가진다. 큰 지진이라고 해서 작은 지진과 특별히 다른 원인을 가지지 않는다는 것이다. 아주 큰 지진이라고 해도 특별한 이유가 없다는 이 역설적인 함의는, 큰 지진이든 작은 지진이든 똑같은 정도의 원인으로 일어난다는 것이다. 이렇게 되면 거대한 지진에 대해 특별한 설명을 찾는 것은 의미가 없다. 거대한 지진이라고 해도 우리의 발밑에서 끊임없이 일어나는 작은 흔들림과 특별히 다르지 않다.

이런 결론은 다른 어떤 수학적 형태에서도 나오지 않는다는 것을 알아야 한다. 멱함수라는 수학적 형태에서만 이런 결론이 나오는 것이다. 구텐베르크-리히터 법칙으로 볼 때, 거대한 지진의 예측은 거의 불가능해 보인다. 사실 지진 예측을 위한 모든 노력은 근본적으로 잘못되었을 수 있고, 지진 예측은 실제로 불가능할 것이다. 이것은 지진의 과학이 불가능하다고 말하는 것과는 다르다. 5장에서 우리는 구텐베르크-리히터 법칙이 어떻게 설명되는지 볼 것이며, 지진의 과학이 지금 향하고 있는 매혹적인 새 방향을 볼 것이다. 그리고 "거대한 지진은 아무 이유 없이 발생한다"는 이상한 진실의 의미를 좀 더 자세히 살펴볼 것이다.

그러나 이 문제를 살펴보기 전에 우리는 잠시 물러서서 전망을 조금 둘러보아야 한다. 1980년대 초까지만 해도 모든 분야의 과학자들은 멱함수 법칙의 심오한 중요성을 알지 못했다. 그때 이후로 조용한 혁명이 수백 가지 과학 분야에서 전통적인 전망을 전복시켰다.

과학이란 이 시대의 바보가 이전 시대의 천재를
능가할 수 있는 모든 분야를 말한다.
– 맥스 글럭먼Max Gluckman 1

시간이란 모든 것이 한꺼번에 일어나지 못하도록 막는 것이다.
– 존 휠러John Archibald Wheeler 2

# 4장

## 역사의 우연

지성사가知性史家 아이자이어 벌린Isaiah Berlin은 한때 사상과 문화의 역사를 두고 "위대한 해방의 사상이 어쩔 수 없이 모든 것을 질식시키는 구속복으로 변하는 패턴"이라고 말했다.3 아무리 아름답고 참신하고 강력하고 유연한 사상도, 결국은 한계에 달한다. 아이작 뉴턴은 1686년 봄《프린키피아Principia》의 첫 번째 책을 런던의 왕립학회에 제출했다. 이 책은 중력의 법칙과 운동의 일반적인 법칙에 대한 통찰을 담고 있었고, 두 세기 이상에 걸쳐 과학의 항해를 밝히는 등대가되었다. 그러나 1900년이 되면서, 뉴턴의 사상에 내재한 결정론의 정신은 과학적 상상력을 옥죄는 족쇄가 되었다.

원자 세계의 수수께끼에 매달려 있던 물리학자들에게 뉴턴 물리학은 등대는커녕 짙은 안개일 뿐이었다. 결국 몇몇 과학자들이 영웅적인 노력으로 스스로를 해방시켜 새로운 양자 이론을 만들었다. 미국의 물리학자 리처드 파인만Richard P. Feynman은 에르윈 슈뢰딩거Erwin Schrodinger가 만들어낸 유명한 방정식에 대해 이렇게 말했다. "이 방정식이 어디에서 왔는지 묻지 말라. 이것은 슈뢰딩거의 머리에서 나왔다." 닐스 보어Niels Bohr, 베르너 하이젠베르크Werner Heisenberg, 폴 디랙Paul Dirac의 아이디어와 함께, 슈뢰딩거가 만들어낸 방정식은 과학자를 다시 한 번 해방시켜서, 그들에게 달라진 세계를 보여주었다. 1920년대 말까지 혼란스럽고 일관성이 없던 세계는 다시 자연스럽게 제자리로 돌아갔다.

그 후 IBM의 수학자 한 사람이 여기에 비길 만큼 큰 전환을 촉발시켰다. 1963년에 브누아 망델브로Benoît Mandelbrot는 시카고 상업 거래소Chicago mercantile exchange의 면화 가격 등락을 연구했다. 면화의 값은 불규칙하게 오르내렸고, 여러 달 동안의 가격 기록은 완만하게 물결치는 것처럼 보였다. 망델브로는 이 흔들림 속에서도 숨은 질서를 찾아낼 수 있다고 생각했다. 그는 모든 시간 척도에서 가격 변동이 일어난다는 것을 알아챘다. 가격은 하루하루 급격하게 변했을 뿐만 아니라 시시각각 변했고, 또 몇 분마다 오르내렸다. 여러 주 또는 여러 달에 걸쳐서도 느리고 완만하게 변하는 경향을 보였다. 그런데 이 기록의 한 부분, 예를 들어 단 하루의 기록을 확대해서 보면, 이것도 마치 전체와 거의 똑같아 보인다. 급격한 등락도 길게 늘어서 보면 단지 간격이 더 짧을 뿐, 장기간의 등락과 거의 비슷해 보였다.

망델브로가 이처럼 민감한 과학자가 아니었다면 아마 이런 경향을 보고도 이상하다고만 생각하면서 그냥 지나쳤을 것이다. 그러나 망델브로는 그렇게 하지 않았다. 그는 황금이나 밀 등 다른 상품들의 가격 변동에서도 똑같은 패턴을 발견했고, 주식과 채권의 가격 등락에서도 똑같은 것을 보았다. 이 모든 기록에서 작은 조각들을 늘여놓으면 전체의 모습과 거의 비슷해 보였다. 1970년대 초부터 망델브로는 다른 곳에 관심을 돌렸다. 그는 시장의 북새통을 뒤로 하고 자연으로 뛰어들어서, 강물과 지류들의 모습을 조사했다. 이것은 시장과는 너무나 동떨어져 있었지만, 망델브로는 여기에서도 똑같은 패턴이 지배한다는 것을 알아보았다. 미시시피 강으로 흘러드는 지류들을 찍은 항공사진도 작은 부분을 확대하면 마치 전체 사진처럼 보인다는 것이다.

그 후 10년 동안 망델브로는 수많은 시간을 도서관에서 보냈다. 또 다양한 분야의 과학자들과 대화하면서 면화 가격에서 발견한 이상한 성질을 추적했다. 그는 산들이 늘어선 불규칙한 모양에서도 비슷한 패턴을 발견했고, 구름의 모양, 부서진 유리의 삐죽삐죽한 조각들, 쪼개진 벽돌의 거친 표면, 해안선의 자연스럽게 구불구불한 모습, 나무 등에서도 똑같은 것을 발견했다. 이 불규칙한 모양들은 여러 세기 동안 어떠한 과학적 설명도 거부하는 듯이 보였다. 사실 이런 모양들은 수리과학의 범위 밖에 있었고, 보통의 기하학으로 다룰 수 없는 것이었다. 그러나 1983년에 출간된 기념비적인 책에서 망델브로

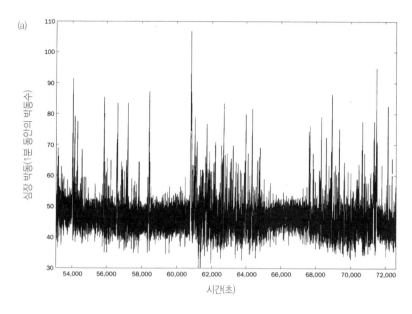

(a)

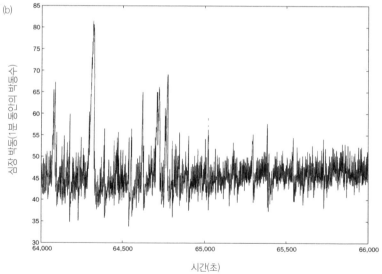

(b)

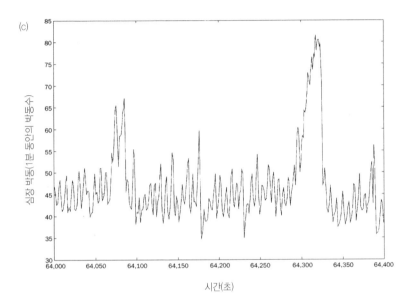

시간(초)

**그림 3** 사람의 심장 박동이 시계와 같다는 생각은 틀렸다. 건강한 사람의 심장은, 심지어 가만히 쉬고 있을 때도, 뛰는 속도가 심하게 변한다. 서서히 빨라지거나 느려지는 경향이 여러 시간에 걸쳐 일어나며(a), 더 가까이 들여다보면 비슷한 변이가 몇 분(b) 또는 몇 초(c) 사이에도 일어난다.
*자료 제공: 하버드 의과대학의 에어리 골드버거Ary Goldburger.

는 새로운 종류의 기하학을 만들어냈고,[4] 과학자들은 눈을 휘둥그레 뜨고 이것을 보았다. 망델브로에 따르면, 어떻게 보는지 한번 알기만 하면, 그다음부터는 아주 간단하게 찾아낼 수 있다는 것이다. 열쇠는 감자 조각 더미에서 만난, 자기유사성에 있다.

그때 이후로 과학자들은 달 표면의 분화구, 바다에 떠 있는 플랑크톤, 심지어 사람의 심장 박동에서도 자기유사성을 찾아냈다. 사람의 심장이 자동차의 엔진처럼 뛴다고 생각한다면, 그것은 잘못이다. 몇 년 전에 하버드 의과대학의 심장의학자 에어리 골드버거와 근처에 있는 보스턴대학의 물리학자들은 지원자를 받아 그들의 심장 박동을 하루 종일 측정했고, 이 데이터를 수학을 이용하여 집중적으로 분석했다. 먼저 그들은 10만 번의 박동에서, 다음 박동까지의 시간 간격을 조사했다. 간격이 길 때(심장이 천천히 뛰는 때)가 압도적으로 많았고, 간격이 짧을 때(심장이 빨리 뛰는 때)는 그리 많지 않았다.

골드버거와 그 동료들은 이 심장 박동의 기록이 망델브로가 본 상품들의 가격 기록과 매우 비슷하다는 것을 알아냈다. 빠르다가 느리다가 하는 변동이 여러 시간에 걸쳐 있었고, 몇 분 사이에도 있었으며, 몇 초 사이에도 있었다(그림3). 인간의 심장은 똑같은 일을 반복하는 것에 절대로 만족하지 못하고, 항상 뛰는 속도를 바꾼다. 골드버거와 그의 동료들은 여기에서도 자기유사성을 발견했다. 이 데이터의 일부를 늘여놓으면, 몇 초 동안의 변화는 몇 분 또는 몇 시간 동안의 변화와 아주 비슷해 보인다. 이 불규칙성 속에는 이상한 질서가 숨어 있다. 하지만 이 질서는 과학자들이 전통적으로 다루는 것과 크게 다른 질서다.

물론 이러한 질서에도 이름이 있다. 망델브로는 이것을 프랙탈 fractal이라고 명명했으며, 프랙탈 연구는 최근 일어난 가장 중요한 과학 운동이다.

## 과거의 프랙탈

기하학적 대상을 떠올려보라고 하면, 누구나 직선이나 삼각형 같은 초등학교 때 배운 유클리드 기하학의 기본적인 대상을 떠올린다. 이런 도형과 달리 프랙탈은 완전히 다른 종류의 기하학적 대상으로, 완벽한 자기유사성을 가진 수학적 형태다. 망델브로가 자연에서 처음으로 프랙탈을 알아보았다고 했지만, 수학자들은 이미 오래전부터 이런 것들을 생각하고 있었다.5

프랙탈의 간단한 예는 코흐 곡선Koch curve으로, 독일의 수학자 헬게 폰 코흐Helge von Koch가 1904년에 발명한 것이다. 코흐 곡선은 다음과 같은 반복 작업으로 얻을 수 있다. 먼저 수평선을 그린다. 그다음에는 삼각형 모양의 혹을 만들어서, 평평한 선 두 개가 산으로 분리된 것과 같이 만든다. 그다음에는 평평한 두 선에 혹을 만들고, 산의 양쪽 사면에도 혹을 만든다. 말하자면 모든 선분에 똑같은 작업을 반복하는 것이다. 이런 일을 계속하여, 모든 단계에서 모든 선분의 가운데에 혹을 만들어간다. 작업을 반복함에 따라 점점 더 복잡하고 세밀한 모양이 만들어진다(그림4). 이런 작업을 무한히 많이 반복할 때 만들어지는 것이 코흐 곡선이다. 물론 완벽한 코흐 곡선은 무한히 세밀하기 때문에, 종이 위에 그대로 그리기는 불가능하다. 하지만 종이에 그릴 수 있는 최상의 그림으로도 프랙탈의 기본적인 착상은 이해할 수 있다.

이 곡선이 특별한 이유는, 아무리 가까이 들여다보아도 똑같은 구조가 나오기 때문이다. 이 그림의 한 부분을 확대해보면, 그 속에 또

**그림 4** 코흐 곡선은 무한한 반복 작업으로 얻어진다.

전체의 모양이 나온다. 이렇게 코흐 곡선을 100만 번 확대해도 역시 똑같은 구조가 보인다. 물론 완벽한 수학적 프랙탈일 때만 무한히 반복해서 확대해도 자기유사성을 유지하지만, 이런 그림은 종이 위에 그릴 수 없다. 코흐 곡선을 아무리 세밀하게 인쇄한다고 해도, 몇 번 확대하다 보면 이런 특성이 사라지게 되며, 그런 크기에서 이 곡선은 더 이상 프랙탈이 아니다. 그러므로 종이 위에 그린 코흐 곡선은 일정한 범위 안에서만 프랙탈이다.

  종이 위의 그림과 마찬가지로, 실제 세계에서는 어떤 것도 진정한 수학적 프랙탈이 될 수 없다. 예를 들어 앞에서 본 감자 부스러기는 100그램에서 1,000분의 1그램 정도까지만 멱함수 관계를 보인다. 하지만 이것만으로도 1만 배에 해당하는 아주 넓은 범위이고, 이 범위 안에서 감자 부스러기는 진정한 프랙탈이다. 실제 세계에서는 어떤 것도 완벽한 원이나 완벽한 직선이 될 수 없지만, 그렇다고 해서 원이나 직선이라는 개념들이 지구의 모양이나 빛의 경로를 제대로 설명하지 못하는 것은 아니다. 마찬가지로 프랙탈의 수학은 사물의 모든 국면에서 나타나는 (어느 정도의) 규모 불변성성을 설명하는 완벽한 언어를 제공한다.

이 '어느 정도'라는 말이 중요하다. 완벽한 프랙탈은 수학자들의 상상에서 나왔다고 할 수 있다. 그렇다면 실제 세계의 프랙탈은 어디에서 오는가? 무엇이 자연계에서 프랙탈을 만드는가? 망델브로의 프랙탈 기하학은 프랙탈이 무엇인지 말할 수 있고, 한 프랙탈은 다른 프랙탈과 어떻게 다른지 말할 수 있지만, 단순한 서술이 아무리 많아도 왜 자연계에서 그런 형태가 나타나는지 설명하지 못한다. 어떤 풍경이 프랙탈임을 알아보았다고 해도, 그것이 어떻게 또는 왜 그렇게 되었는지 설명한 것은 아니다. 요하네스 케플러Johannes Kepler가 행성의 궤도에 나타나는 규칙성을 확인하고 서술한 지 한참 뒤에야 뉴턴이 왜 그렇게 되는지를 설명했듯이, 망델브로의 발견에도 심오한 설명이 필요하다.

## 섬과 전자

그렇다면 실제 세계의 프랙탈은 어디에서 왔을까? 한 가지 대답은 카오스다. 카오스라는 말은 사람에 따라 다른 의미를 지닌다. 생태학자에게 카오스는 영국 남부 또는 어떤 지역에 생존하는 여우의 수가 완전히 예측 불가능한 방식으로 변하는 것을 말한다. 기상학자에게 카오스는 10일이나 20일 뒤의 날씨를 컴퓨터 시뮬레이션으로 예측해낼 가망이 없다는 뜻이다. 또 입자가속기를 설계하는 물리학자들에게 카오스는 가속기의 원형 고리 속에서 회전하는 전자들이 자꾸 궤도를 벗어나려는 바람직하지 않은 성질을 가진다는 뜻이다. 이 세 번째 경우에 카오스는 골치 아픈 문제를 일으킨다. 하지만 이 문제는 매우 아름답다.

가속기의 전자들은 한데 몰려서 빛의 속력에 가깝게 달리며, 원형의 관 속을 1초에 수십만 번 회전할 수 있다. 이런 전자의 궤적을 유지하려면 대단히 정밀한 기술과 장치가 있어야 한다. 물리학자들은 가속기 터널에 자석을 촘촘하게 설치해서 전자를 제어한다. 전자가 경로를 벗어나면 자기장으로 몰아서 자기 길을 가게 하는 것이다. 그러나 조정이 항상 잘 되지는 않는다. 전자가 원형 터널을 한 바퀴 돌아오면 아주 조금 옆으로 벗어날 수 있다. 때때로 그렇듯이, 옆으로 벗어나는 과정이 카오스적일 때가 문제다. 이때는 작은 변화가 빠르게 축적되어 전자들이 옆벽에 부딪친다.

1970년대 말에, 미국의 물리학자 브라이언 테일러<sup>Brian Taylor</sup>와 러시아의 물리학자 보리스 치리코프<sup>Boris Chirikov</sup>는 각기 독립적으로 이 과정의 가장 기본적인 특징을 흉내 내는 단순한 수학적 모델을 만들었다.[6] 그들의 모델은 아주 추상적이지만(사실 이것은 가속기 안의 전자

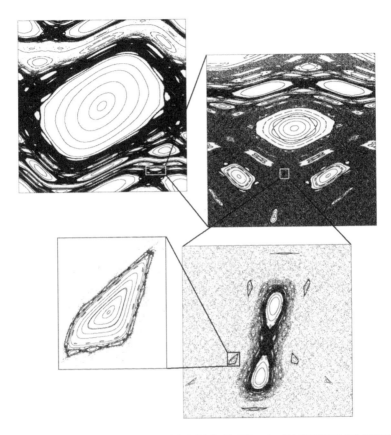

**그림 5** 치리코프–테일러 게임. 커다란 상자 안의 어딘가에 검은 점을 그리고, 단순한 규칙으로 다음 점의 위치를 정한다. 이 규칙은 전자가 입자가속기를 돌면서 옆으로 벗어나는 것을 거칠게나마 재현한다. 이 규칙을 계속해서 여러 번 적용하면 처음 시작 위치에 따라 다른 결과가 나온다. 타원형 덩어리 속에 점을 찍고 시작하면 계속되는 점들이 둥글게 뭉쳐서, 마치 태양을 도는 행성처럼 된다. 반면에 어두운 영역 속에서 첫 점을 찍고 시작하면 계속되는 점들은 카오스적으로 왔다 갔다 하며, 어두운 곳의 후미진 구석에도 갈 수 있다. 이런 들쭉날쭉한 운동은 카오스의 한 예다. 이 게임의 한 가지 놀라운 특징은, 안정된 궤적을 보여주는 섬들이 카오스의 바다에 섞여 있는 형태가 아주 독특하다는 것이다. 카오스의 바다, 즉 어두운 영역을 아무 데나 확대해보면, 그 속에는 두 가지 영역이 같이 있다는 것을 알 수 있다. 모든 규모에서 카오스와 규칙성은 자기유사성의 패턴으로 공존한다.

*자료 제공: 콜로라도대학 볼더 캠퍼스의 제임스 미스James Meiss.

뿐만 아니라 매우 다양한 사물에 적용된다), 이것으로 만든 이미지는 카오스에서 프랙탈이 어떻게 나오는지 잘 보여준다(그림5). 이 그림에서 불규칙한 모양의 작은 '섬'은 터널의 단면(안쪽에 서서 길이 방향으로 볼 때)에서 전자가 다른 곳으로 흩어지지 않고 계속 유지되는 곳이다. 이런 장소에서 출발한 전자는 가속기 속을 수백만 번 돌아도 계속 작은 섬처럼 제한된 영역에 머무른다. 물리학자들은 여기에 전자를 두고 싶어 한다. 반면에 전자가 이 섬을 벗어난 넓은 영역에서 출발하면, 문제가 생긴다. 이것은 카오스의 바다인데, 전자는 이 바다 속을 헤매다가 금방 벽에 부딪히게 된다.

이 그림이 흥미로운 이유는, 믿을 수 없을 정도로 복잡하기 때문이다. 카오스의 바다를 아무 데나 1,000배로 확대하면, 거기에는 여전히 많은 섬들과 카오스의 바다가 있다. 또다시 한 부분을 확대해도 많은 섬들이 떠 있고, 이렇게 끊임없이 계속된다. 카오스와 안정성은 프랙탈 패턴으로 뒤섞여 있어서 모든 규모에서 비슷한 구조를 가진다. 말할 것도 없이, 가속기에서 입자들을 몇 초 동안 유지하는 것조차 결코 쉬운 일이 아니다!

따라서 카오스는 프랙탈을 만든다. 비슷한 예가 수천 가지나 있다. 하지만 이것은 꽤 추상적이며, 잎사귀의 줄기나 햇볕에 마르는 진흙에 생기는 균열은 또 완전히 다른 프랙탈 패턴이다. 이런 패턴에는 어디에서도 카오스가 보이지 않는다. 따라서 우리의 질문에 또 다른 답이 필요하다. 무엇이 프랙탈을 만드는가?

## 역사 물리학

　다른 대답은 자연에 나타나는 대부분의 프랙탈에 적용되는 것으로, 프랙탈은 성장 또는 진화의 과정에서 자연스럽게 나타난다는 것이다. 이런 패턴에서는 역사가 중요한 역할을 한다. 따라서 프랙탈과 멱함수 법칙을 이해하는 데 필요한 물리학은 역사 물리학이다. 하지만 도서관에서 가서 〈역사 물리학 저널Journal of Historical Physics〉을 찾아봐야 헛수고일 뿐이고, 어떤 물리학 학술지에서 '역사'라는 말을 찾는다고 해도 쓸데없는 일이다. 물리학자들은 역사가 중요한 위치를 차지하는 물리학을 이야기할 때 전문적인 용어를 사용한다. 이 용어들을 이해하고 이것들이 역사와 어떻게 연관되어 있는지 보기 위해서, 따뜻한 물에 소금 몇 알을 집어넣고 휘젓는 것을 상상해보자. 소금은 녹는다. 물리학에서 역사의 의미는 녹은 소금을 되돌리려고 할 때 분명해진다.

　미시적으로 볼 때 소금 알은 염소 원자와 나트륨 원자가 완벽한 기하학적 배열로 서로 얽혀 있는 결정체다. 이 원자들은 에너지에 의해 묶여 있다. 그러나 물속에서는, 물 분자가 이 원자들을 거칠게 두들겨댄다. 물 분자가 얼마나 빨리 움직이는지는 물의 온도에 따라 결정된다. 물 분자가 빠르게 움직일수록 결정을 더 세게 때리고, 원자가 떨어져 나올 가능성이 더 크다. 물이 충분히 뜨거우면, 짧은 시간 안에 모든 원자가 결정에서 떨어져 나온다. 이제 물속에는 결정이 하나도 남아 있지 않을 것이다. 소금이 녹아서, 모든 원자는 고립되어 모든 방향에서 물에 둘러싸여 있다. 이것은 평형이고, 외부 조건이 변하지 않으면 모든 것이 이 상태로 영원히 지속된다. 평형상태에서는 역사라는 개념이 무의미해진다.

이제 물컵을 냉장고에 넣어서 차갑게 만들자. 온도가 어떤 문턱 값 아래로 내려가면, 소금은 다시 컵 속에서 결정으로 자라난다. 염소 원자와 나트륨 원자가 서로 뭉치기 시작하고, 물 분자는 빨리 움직이지 못해서, 원자를 잘 떼어내지 못한다.[7] 온도가 문턱 값 바로 아래로 유지되면, 물리학자들은 새로운 고체가 '평형상태에서' 자란다고 말하는데, 사실은 평형상태에 아주 가까운 조건에서 자란다는 뜻이다. 이 경우에 성장은 매우 느리지만, 완벽한 결정이 형성된다. 흠 하나 없는 다이아몬드처럼 완벽한 유클리드적인 형태가 이 과정에서 나타난다.

이렇게 되는 이유는, 물 분자가 아주 큰 에너지로 때리지만 성장을 멈출 정도에는 조금 못 미치기 때문이다. 원자가 어떤 자리에 일시적으로 붙었다고 해도, 물 분자의 포격으로 금방 떨어질 가능성이 크고, 이 원자는 결정 표면 근처를 계속 떠다니게 된다. 그러면서 이 원자는 붙었다가 또 떨어지고, 이렇게 계속하다가 마침내 가장 알맞은 지점에 붙으면, 이 원자는 물 분자가 어지간히 세게 때려도 떨어지지 않는다. 이렇게 해서 모든 원자가 가장 알맞은 자리에 붙으면서 결정이 성장한다. 이 경우에 역사는 별 의미가 없어서, 이런 실험을 100번 반복해도 항상 정확히 똑같은 결과를 얻게 된다.

온도가 문턱 값보다 훨씬 낮으면 어떻게 될까? 이때는 또 상황이 달라져서, 아주 재미있는 일이 벌어진다. 이 경우에는 원자들이 달라붙는 경향이 떨어지는 경향보다 커서, 결정이 비평형상태에서 자라난다. 원자들이 결정에 아무렇게나 일시적으로 달라붙어도, 그 자리에 계속 있을 수 있다. 물 분자가 이런 원자를 떼어낼 수 없기 때문이다. 따라서 성장이 매우 빠르게 진행되어 원자들이 마구 달라붙는다. 이것의 결과를 상상하기는 어렵지 않다. 말하자면 원자들의 교통 체증이 일어나서 고체가 규칙적인 형태로 자라지 못하고, 곁가지와 잔털이 덕지덕지 붙어 있는 복잡한 형태가 된다.

이런 결정들이 왜 그렇게 형성되는지 알기 위해, 물리학자들은 단순한 수학적 게임을 고안했다. 이 게임을 새로운 역사 물리학의 표본이라고 보아도 좋을 것이다. 확산 제한 집단 형성diffusion-limited aggregation이라는 복잡한 이름을 가진 이 과정은 실제로 매우 단순하며, 놀랍도록 아름다운 방식으로 동작한다. 1984년에 시카고대학의 톰 위튼Tom Witten과 레너드 샌더스Leonard Sanders가 발명한 이 집단 형성 게임은 우리가 방금 본 결정 성장을 순수한 수학으로 만든 게임이며, 여기에서 세부사항은 매우 단순하기 때문에 세밀한 과정을 쉽게 따라갈 수 있다.

이 게임은 빈 공간에 있는 한 입자에서 시작한다. 멀리에서 다른 입자가 거칠게 이리저리 돌아다닌다. 두 번째 입자가 첫 번째 입자를 놓치면, 이 입자는 계속 어디론가 돌아다닌다. 하지만 두 입자가 부딪치면, 서로 달라붙는다. 이번에는 세 번째 입자가 또 마구잡이로 돌아다니면서 덩어리 쪽으로 접근한다. 이 입자의 운명도 똑같은 방식으로 결정된다. 이 입자가 덩어리를 만나면, 그 자리에 달라붙는다. 입자가 덩어리를 놓치면, 그냥 지나간다. 이 게임은 입자를 아무렇게나 보내 덩어리에 달라붙거나 지나가게 하면서, 덩어리가 어떻게 되는지 보는 것이다. 입자는 염소 원자와 나트륨 원자라고 생각할 수 있고, 덩어리는 자라고 있는 소금 덩어리라고 볼 수 있다.

규칙은 그렇게 단순해도, 이 비평형 성장의 게임에서 형성되는 덩어리는 환상적인 모양이 되고(그림6), 평형상태에서 자라는 단순한 모습

그림6 집단 형성 게임. 끈끈한 입자가 마구잡이로 돌아다니다가 성장하는 덩어리를 만나면 그 자리에 달라붙는다. 긴 시간이 지나면 덩어리는 이 그림과 비슷하게 자란다. 이 게임은 100만 번 반복해도 (정확한 세부까지) 똑같은 구조는 결코 만들어지지 않는다. 그 결과는 전적으로 예측 불가능하다. 그러나 이렇게 만들어지는 덩어리는 항상 비슷한 모양이고, 정확하게 멱함수 법칙을 따른다.
*자료 제공: 오슬로대학의 폴 미킨Paul Meakin.

과는 전혀 비슷하지 않다. 그 이유를 알기는 어렵지 않다. 이 게임에서 입자가 덩어리를 때리면, 입자는 그 자리에 머문다. 이것이 역사에서 일어나는 일이다. 결과는 비가역적이며, 앞에 일어나는 일이 나중에 일어나는 모든 일에 영향을 준다. 입자 하나가 달라붙으면 덩어리의 모습이 바뀌며, 다른 입자가 같은 장소 부근에 붙을 가능성이 높아진다. 다른 입자가 가까운 곳에 또 붙으면, 이것 때문에 다시 더 많은 입자가 달라붙게 된다. 이러한 성장은 매우 불안정하고, 일어나는 모든 사소한 일에 민감하다. 바로 이러한 비평형적인 상황에서 역사와 같은 일이 일어난다. 우리에게는 이런 일이 특히 중요하다.

## 얼어붙은 우연

제임스 왓슨James watson과 함께 DNA를 발견한 프랜시스 크릭은 '얼어붙은 우연'이 진화 과정의 본질적인 요소라고 말했다. 생물에서 우연히 일어나는 돌연변이는 거의 항상 생물의 생존과 생식 능력을 저하시키고, 따라서 돌연변이를 일으킨 변종은 대개 멸종하고 만다. 하지만 어쩌다 드물게 돌연변이가 적응성을 높여서 집단 전체로 퍼질 수 있다. 이런 일이 일어나면 그 우연이 그 자리에 얼어붙어서, 그 뒤로 일어나는 그 종의 모든 진화는 이 새로운 도약대에서 시작하게 된다. 진화는 이러한 방식으로 누적된다. 모든 얼어붙은 우연은 과거의 얼어붙은 우연 위에 만들어져서, 시간이 지남에 따라 구불구불한 경로를 만든다. 역사는 이런 경로를 따라 진행되며, 이 얼어붙은 우연이 바로 역사적 우발성이 구체화된 것이다.

집단 형성 게임의 핵심에도 얼어붙은 우연이 나타난다. 결정 성장처럼 입자를 덧붙이는 규칙이 비가역적이기만 하면, 극심한 우발성과 함께 역사가 전면에 나타난다. 이렇게 되면 모든 사소한 우연이 성장하는 구조에 영원히 지울 수 없는 흔적을 남긴다. 그러므로 똑같은 게임을 두 번이 아니라 백 번을 반복해도, 정확히 똑같은 결과가 나오지 않는다. 그런데도 결과의 세부적인 구조는 항상 똑같은 특징을 가진다. 얼마나 많은 입자들이 중심에서 거리 R 안에 있는가? 모든 덩어리에서 대략 같다고 알려진 이 특징은 낯익은 멱함수 법칙을 따른다. R이 2배로 늘어날 때마다, 그 속에 있는 입자의 수는 대략 3.25배로 불어난다.

야바위처럼 단순한 멱함수 법칙의 규칙성은 여기에서도 심오한 함의를 가진다. 이 덩어리는 프랙탈이며, 여러 가지 부분, 즉 하위의 덩어리에는 전형적인 크기가 없다는 것이다. 이 그림의 일부를 크게 확대하면, 그 결과는 원래의 그림과 아주 비슷하다. 놀랍게도 덩어리는 언제나 이런 성질을 지닌다. 혼란스러운 우연의 폭풍 속에서 결정이 성장해도, 미래가 모든 순간에 무작위로 벌어지는 우연에 따라 달라져도, 여기에는 예측 가능한 성질이 있다. 그 정확한 모양보다는 덩어리의 통계적 형태에, 확정적인 법칙성이 있다.

그렇다면, 역사적이고 비평형적인 과정이 자연스럽게 프랙탈과 규모 불변성으로 연결되는 예가 여기에 있다. 집단 형성 게임은 피할 수 없는 우발성을 가진 역사에 물리학이 어떻게 대처할 수 있는지 보여주는 하나의 본보기다. 이제 물리학자들은 무시간적인 방정식에 호소해서는 결정 성장을 비롯한 역사적 과정을 이해할 수 없다는 교훈을 배웠다. 입자 하나하나의 역사를 세밀하게 추적해야만 결정 성장을 제대로 이해할 수 있다면, 방정식으로는 목표를 달성할 수 없다. 비평형과 역사 물리학은 게임을 통해서 접근할 수 있다. 집단 형성 게임이 그 좋은 예다.

물론 위튼과 샌더스의 집단 형성 게임은 한 가지 가능성일 뿐이고, 여러 가지 다른 것도 있다. 규칙을 바꾸면 다른 종류의 역사 게임이 되고, 다른 역사적 과정이 나온다. 집단 형성 게임이 결정화의 본질을 보여주듯이, 다른 게임은 실제 세계에 존재하는 다른 역사적 과정의 본질을 보여줄 것이다. 이런 가능성을 염두에 두고, 이제 지진으로 돌아가보자.

위대한 철학자 소크라테스는 우리가 아는 유일한 것은 우리가 아무것도 모른다는 것이라고 지적했다. 3장에서 보았듯이, 지진 전문가들도 여기에 동의할 것이다. 하지만 구텐베르크-리히터 법칙은 중요한 예외다. 지진의 통계에 적용되는 이 멱함수 법칙은 지진의 배후에 있는 물리적(그리고 역사적) 과정을 가리키는 수학적인 신호등이다. 이 신호등에는 설명이 필요하고, 과학자들은 이것을 설명하는 게임을 발견해냈다.

과학은 설명하려 들지 않으며, 해석도 거의 하지 않는다.
과학이 주로 하는 일은 모델을 만드는 것이다.
– 존 폰 노이만John von Neumann 1

"모든 진실은 단순하다" – 이것은 복합적인 거짓말인가?
– 프리드리히 니체 2

# 5장

# 운명의 돌쩌귀

산안드레아스 단층에 관한 진실은 그리 단순하지 않다. 이것은 미국이 베트남 전쟁에 개입한 것에 대한 진실이나, 존 F. 케네디 암살에 얽힌 진실이나, 현재 러시아의 정치 상황에 관한 진실과 꽤 비슷하다. 자세히 들여다보면 볼수록, 그것들은 더 복잡해 보인다. 산안드레아스 단층은 캘리포니아를 남북으로 가르는 한 선이다. 그런데 주 단층 근처의 양쪽 지각에는 수천 개의 작은 단층이 있고, 이 작은 단층에는 다시 더 작은 단층이 있으며, 이렇게 계속된다. 사실은 '단층'이라기보다 '단층계'라고 말해야 한다.

산안드레아스 단층은 길게 이어져서 로스앤젤레스 부근에서 끝난다. 그리고 여기에서 베닝과 샌재신토 단층계가 나타나서 캘리포니아 주를 쭉 남쪽으로 가르고 있다. 캘리포니아 주는 마치 닳아서 망

가진 콘크리트 포장 도로처럼 쩍쩍 갈라져 있다.

지구 상의 지진 다발 지역은 모두 같은 균열 특징을 보인다. 그러면서도 세부적인 것은 언제나 조금씩 다르다. 중국, 콜롬비아, 캘리포니아 또는 일본에서, 단층과 하위 단층과 더 작은 균열들은 제각기 독특한 그물망을 이룬다. 어떤 것도 비슷하지 않다. 그렇다면 지진이 예측 불가능한 것은 놀라운 일인가? 어떤 단층계들은 고지대의 산악을 자르고 있고, 또 어떤 것은 평원이나 구릉지에 있고, 또 어떤 것은 대양의 바닥을 가른다. 단층은 얼마나 깊은가? 이것도 다양하게 변한다. 깊이가 30킬로미터나 되는 단층이 있는가 하면 5킬로미터 정도인 것도 있다.

지진은 수천 가지 다른 상황에서 일어난다. 이렇게 혼란스럽고 복잡한데도 궁극적인 결과는 구텐베르크-리히터 법칙의 야수적인 단순함을 나타낸다. 1980년대 물리학자들은 카오스의 문제에 직면했다. 흔들리는 진자처럼 단순한 대상에서 어떻게 불규칙하고 카오스적인 운동이 나타날까? 우리가 여기에서 만나는 문제는 이것과 정반대다. 복잡다단하게 얽힌 지각에서 어떻게 이런 놀라운 단순성이 나오는가? 세부적인 복잡함은 왜 여기에 영향을 주지 않을까?

## 모래 옮기기

통속적인 견해에 따르면, 위대한 발견은 고독한 천재가 어둠 속에서 고투하다가 순수한 사고에 의해 만들어낸다. 많은 신화가 그렇듯이, 아인슈타인은 자기 선생들에 대한 인내심을 잃고, 스위스 베른의 특허국에 취직했으며, 혼자 힘으로 물리학의 방향을 바꿔놓았다. 그러나 실제로 위대한 아이디어는 이것보다 더 따분하게 시작되는 경우가 훨씬 더 많다. 알베르 카뮈의 말을 빌면 위대한 아이디어는 '레스토랑의 회전문에서 탄생'한다.3 이 말을 현대의 전문적인 과학에 적용하면, 서로 다른 분야의 과학자들이 의견을 교환할 때 위대한 아이디어가 나온다.

1988년 여름날 아침에, 뉴햄프셔의 작은 대학에서 프랙탈에 관한 작은 학회가 열렸다. 이 특별한 아침에, 한 지구물리학자가 지진에 관해 얼마간 판에 박힌 강연을 하고 있었다. 거기에 모인 대부분의 과학자들은 지구물리학자가 아니었으므로, 야코브 카간은 지진에 대해 일반적인 개관을 하고 있었다. 카간은 단순한 용어들로 아름다운 구텐베르크-리히터 법칙의 수수께끼를 설명했고, 그와 동료들이 저지른 참담한 실패담을 들려주었다. 그들은 온갖 노력을 다했지만, 지진을 예측하려는 노력은 계속 실패했다는 것이다. 카간은 한 가지 흥미로운 사실을 덧붙였다. 어떤 단층계에서든 단층들은 프랙탈 특성을 가진다. 이것은 단층의 길이도 멱함수 법칙의 규칙성을 띤다는 뜻이다. 단층의 길이를 반으로 줄일 때마다, 그런 길이의 단층은 7배 많아진다.4 다시 말해 짧은 단층들은 긴 것보다 규칙적인 방식으로 많아지고, 단층에는 전형적인 길이가 없다는 것이다.

우연히도 페르 박이 이 강연을 듣고 있었다. 카간이 계속 말을 이어가자 박은 점점 더 매혹되었고, 자신의 모래더미에 대해 생각하게 되었다. 이 게임을 다시 생각해보면 어떤 사태는 단지 모래알 하나만 구르고 말지만, 또 어떤 사태는 모래알 100만 개가 한꺼번에 무너지기도 한다. 모든 것은 모래알 하나가 무더기의 어딘가에 떨어지면서 시작된다. 경사가 아주 급한 곳에 떨어지면, 이 모래알은 아래로 구른다. 이것이 사건의 끝일 수도 있다.

하지만 박, 탕, 위젠필드가 알아낸 바에 따르면, 모래더미가 임계 상태로 진화한 다음부터는 무더기의 많은 부분이 무너지기 직전의 상태로 유지된다. 게다가 모래가 무너질 때 인접한 곳에 영향을 주는 범위도 천차만별이다. 어떤 경우는 짧게 끝나지만, 어떤 경우는 무더기의 이쪽 끝에서 저쪽 끝까지 영향을 줄 수 있다. 따라서 모래알 하나가 구르면서 시작되는 연쇄반응이 어떤 크기(작거나 큰)의 사태라도 일으킬 수 있다. 사태의 크기는 완벽한 멱함수 법칙을 따른다. 여러 가지 크기의 사태가 얼마나 자주 일어나는지 세어보면, 단 몇 알이 구르는 사태에서 수백만 알이 구르는 사태까지 규칙적인 패턴으로 일어난다. 무너지는 모래알의 수가 2배로 되면, 사태는 2배쯤 드물게 일어난다(더 정확하게 말하면 2배 큰 사태가 일어날 가능성은 2.14배 줄어든다).

박은 의문에 사로잡혔다. 지각에서도 비슷한 일이 일어날 수 있지 않을까? 카간의 아이디어는 엉터리 같기는 했지만 혹시나 하는 생각도 들었다. 새로운 호수를 만들고 도시 전체를 쑥대밭으로 만드는 거대한 지진에 대해 모래알 게임이 중요한 것을 보여줄 수 있을까?

모래알 게임이 어떻게 지각의 작용과 연관되는지는 전혀 명백하지 않다. 하지만 브룩헤이븐으로 돌아온 박과 탕은 연구에 착수했고, 이론지구물리학자들과 이야기를 하면서 연구 논문을 뒤졌다. 곧 그들은 지진 과학자들이 몇 년 전에 발명한 게임을 찾아냈다. 불행하게도 이것은 모래더미와는 별로 닮은 점이 없었다.

1967년에 캘리포니아대학 로스앤젤레스 캠퍼스의 R. 버리지R. Burridge와 리언 크노프Leon Knopoff는 지진의 원인에 대해 약간의 통찰을 얻기 위해, 복잡하고 혼란스러운 지진의 물리학을 단순화시켜보았다.5 지진은 어마어마한 단층과 하위 단층의 그물망에서 일어나며, 대개 많은 단층들이 한꺼번에 미끄러지면서 지진이 일어난다. 하지만 버리지와 크노프는 이런 점들을 무시하고 하나의 단층에만 주목했다. 산안드레아스 단층의 경우에 서쪽 판은 북쪽으로 이동하고, 동쪽 판은 남쪽으로 이동한다. 판이 이동하는데도 바위들이 서로 미끄러지지 않으면, 바위가 휘어서 내부에 스트레스가 생긴다. 스트레스가 점점 더 쌓이면 미끄러질 가능성도 점점 더 커진다. 지진은 스트레스의 축적과 방출에서 온다. 버리지와 크노프는 개념적으로 어떤 일이 일어나는지 그려보았다.

## 붙었다가 미끄러지기

거대한 나무 마루가 있고, 그 위에 똑같이 거대한 천장이 있다고 해보자. 그런데 이 천장이 조금씩 움직인다고 하자(그림7). 천장에는 유연한 막대기들이 붙어 있어서, 마루 위에 놓인 나무토막들에 연결되어 있다. 이 게임은 다음과 같이 동작한다. 나무토막은 마루와의 마찰 때문에 제자리에 있으려고 한다. 천장이 많이 움직이면 움직일수록, 막대는 더 많이 휜다. 결국 마찰력을 이기고 나무토막이 미끄러지는 때가 와서, 토막이 갑자기 미끄러진다.

나무토막들 사이에는 용수철이 붙어 있는데, 이것 때문에 게임이 아주 흥미로워진다. 용수철이 없으면 나무토막들은 서로 독립적으로 움직여서, 멈춰 있다가 미끄러졌다 하는 단조로운 일을 반복한다. 그러나 용수철이 있을 때는, 토막 하나가 미끄러지면 주위에 있는 토막

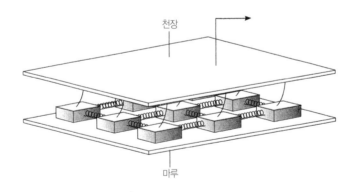

**그림7** 버리자-크노프의 지진 모델. 연속적이고 비보존적인 셀 오토마톤 지진 모델에서 자기조직화하는 임계성.
*자료 제공: 〈피지컬 리뷰 레터스Physical Review Letters〉.

들도 영향을 받는다. 따라서 토막 하나가 미끄러지면 앞의 것은 밀리고 뒤의 것은 끌리며, 양쪽 옆에 있는 것들도 밀리거나 끌리는 힘을 받는다. 이렇게 되면 토막을 미끄러지게 하는 힘은 위쪽에 붙은 막대뿐만 아니라 앞뒤와 양쪽 옆에 있는 용수철에 의해서도 온다. 용수철 때문에 나무토막의 운동이 다른 나무토막에게 영향을 주는 것이다.

이것이 지진과 무슨 관계가 있는가? 아이디어는 간단하다. 이 게임은 실제 세계의 모든 것을 제거하고 단층의 가장 기본적인 물리적 동작만을 나타낸 것이다. 마루와 천장은 두 개의 대륙판을 나타내고, 토막과 마루 사이의 표면은 대륙판들 사이의 거대한 표면을 나타낸다. 마찰 때문에 바위가 미끄러지지 않고 있으면, 바위는 휘면서 에너지를 저장한다. 유연한 막대는 이런 상황을 나타낸다. 그러면 토막 사이의 용수철은 무엇을 나타낼까? 바위는 매우 단단하다. 사람의 힘으로는 화강암을 용수철처럼 압축할 수 없다. 하지만 두 대륙이 서로 문질러댈 때는 사정이 다르다. 지진이 일어났다고 하자. 단층을 따라 바위의 어떤 부분은 많이 미끄러지고 어떤 부분은 조금만 미끄러졌다면, 이 바위의 어떤 부분은 압축되어서 다시 늘어나려고 할 것이다. 용수철은 (이번에도 개념적으로) 바위가 탄성적이라는 사실을 나타낸다.

이 게임은 천장이 움직일 때 어떤 일이 일어나는지 알아보려는 것이다. 어떤 일이 일어날까? 버리지와 크노프는 나무토막들이 2차원의 그물처럼 연결된 것이 아니라 1차원의 줄로 연결된 단순한 게임을 고안했다. 당시는 1967년이었고, 계산 능력의 한계 때문에 그들은 토막 수를 적게 유지할 수밖에 없었다. 그나마 게임을 여러 번 해보기도 어려웠다. 그러나 1988년에 이 연구를 한 박과 탕은 보통의 개인용 컴퓨터를 가지고 버리지와 크노프가 꿈만 꾸던 것을 발견할 수 있었다.

컴퓨터로 게임을 모사하기 위해서는 알아야 할 것이 한 가지 더 있다. 토막에 작용하는 힘이 어떤 문턱 값을 넘어서면 토막이 미끄러지기 시작한다고 가정해보자. 한번 미끄러지기 시작하면, 그다음에는 어떻게 되는가? 토막이 미끄러지는 거리는 토막과 마루 사이의 마찰력, 다시 말해 미끄러지는 두 바위 표면 사이의 마찰력에 달려 있다. 마찰력이 크면 덜 미끄러지고, 마찰력이 작으면 더 미끄러진다. 그런데 문제는 아무도 이 정보를 정확히 알 수 없다는 것이다. 그러나 박과 탕은 앞으로 나아가야 했고, 이 문제를 가장 단순한 방법으로 건너뛰었다. 이 정보를 모르는 채 남겨둬버린 것이다.

토막의 움직임은 뉴턴의 운동방정식으로 적절히 서술할 수 있을 것이다. 그러나 박과 탕은 이 게임을 속속들이 들여다보기 위해, 뉴턴 법칙을 몇 가지 단순한 규칙으로 바꿨다. 어떤 순간에 토막이 어떤 특정한 구성 속에 놓여 있다고 가정해보자. 다음 순간에 어떤 일이 일어날까? 물론 토막을 움직이기에 너무 적은 힘이 가해지면, 그 토막은 그 자리에서 꿈쩍도 하지 않는다. 힘이 더 커지면 토막이 움직이는데, 박과 탕은 토막이 움직이는 규칙을 임의로 정했다. 힘이 문턱 값을 넘으면, 토막은 한 걸음 앞으로 나아간다. 토막이 미끄러지면, 그 토막에 가해지는 힘이 한 단위만큼 낮아지고, 이웃에 있는 네 토막에 가해지는 힘이 각각 4분의 1 단위만큼 커진다. 다시 말해 토막이 미끄러지면 그 토막에 가해지던 힘의 일부가 이동해서 이웃들에게 균등하게 나누어진다. 이것은 뉴턴 법칙에서 끌어낼 수 있는 규칙이 아니다. 하지만 토막이 움직이면 대개 작용하는 힘이 줄어들고, 이웃에 작용하는 힘은 늘어나기 때문에, 이런 면에서는 옳다고 볼 수 있다.

## 낯익은 패턴

이 규칙의 장점은 수백만 개의 토막에 대한 모의실험을 빠르게 진행시킬 수 있다는 것이다. 그러나 어이없게도, 박과 탕은 이 게임을 해볼 필요조차 없었다. 그들은 시작도 하기 전에, 이것을 어디선가 본 적이 있다는 느낌이 들었다. 그들은 이 게임을 전에 본 적이 있었다. 일부러 그러려고 한 것은 아니었지만, 지진 게임에서 그들이 정한 임의적 규칙은 모래더미 게임과 수학적 논리가 똑같았다. 지진 게임은 표면에서 토막이 미끄러지는 것이고, 모래더미 게임은 모래알이 무너지는 것이다. 그러나 그 이면에는 단 한 가지 수학적 뼈대만이 있었다. 따라서 박과 탕은 이 새로운 게임을 해볼 필요도 없었다. 이것은 단순히 이전의 게임이 겉모습만 변한 것일 뿐이었다.

여기까지 결과를 얻은 박과 탕은 마침내 궁극적인 질문을 제기했다. 모래더미 게임에서 사태가 멱함수 법칙을 따른다면, 이것은 지진에 대해 무엇을 말하고 있는가? 최소한, 지진을 극도로 단순화한 '토막과 용수철'에 대해 무엇을 말하고 있는가? 구텐베르크-리히터 법칙은 일정한 에너지를 방출하는 지진의 수에 대해 말해준다. 지진 게임에서 이 법칙에 해당하는 것을 찾기는 쉽다. 박과 탕은 토막이 한 걸음 미끄러질 때마다 대략 같은 양의 에너지를 방출한다고 생각했다. 따라서 이 게임에서 지진의 '전체' 에너지는 단순히 처음의 사건에서 촉발되어 토막들이 미끄러진 전체 횟수다. 모래더미 게임으로 말하면, 이것은 무너진 모래알의 전체 숫자다. 달리 말하면 모래알 하나를 떨어뜨려서 일어난 사태의 크기다. 따라서 지진 게임의 지진은 모래더미 게임의 사태와 똑같이 멱함수 법칙을 따른다. 놀랍게도 진짜 지진도 똑같은 멱함수 법칙을 따르며, 이것이 구텐베르크-리히터 법칙이다.[6]

놀랍게도 이 단순한 게임은 지구과학의 기본 법칙 대부분을 설명하고 예측하는 것으로 보였다. 물론 사소하게 어긋나는 점도 있다. 모래더미 게임에서 사태의 크기를 2배로 하면, 그런 사태는 2.14배 드물게 일어난다. 그에 반해 구텐베르크-리히터 법칙은 지진의 크기가 2배로 되면, 그런 지진은 4배로 드물게 일어난다고 말한다. 따라서 멱함수 법칙의 숫자는 똑같지 않다. 하지만 이 작은 불일치는 박과 탕이 얻어낸 것에 비해 그리 중요하지 않아 보인다. 적어도 그들은 특수한 멱함수 형태가 어디에서 나오는지 설명한 것이다.[7]

이 게임을 실행했을 때 한 사건마다 미끄러진 토막 개수의 기록은, 아주 기괴해 보이지만 이상하게도 여전히 낯익은 패턴이 나온다. 이 기록은 진짜 지진 기록과 똑같이 들쭉날쭉하고 변덕스럽다. 이 기록에서도 거대한 지진이 사막의 삼나무처럼 우뚝 서 있다. 작은 지진이 한 토막이 미끄러진 것이라면, 큰 지진은 수백만 토막이 한꺼번에 미끄러진 것과 같다.

수백만 토막이 한꺼번에 미끄러졌다면, 그런 사건에 대해서는 특별한 설명이 필요할 것 같다. 마찬가지로 지구물리학자들도 큰 지진에 대해 특별한 설명을 찾으려고 한다. 그러나 모든 지진의 최초 원인은 어디에선가 나무토막 하나가 미끄러진 것이다. 그 토막의 위치가 그 지진의 크기를 결정한다. 토막과 용수철들은 임계상태에 있기 때문에 아주 불안하게 균형을 유지하고 있어서 어떤 일이든 일어날 수 있다. 토막 하나가 미끄러지면서 시스템 전체에 미끄러짐 사태를 일으킬 수 있다. 다시 말해 파국적인 대지진이 일어나는 것이다. 거대한 지진과 작은 지진의 차이는 최초 미끄러짐의 정확한 위치뿐이다. 이것이 지진이 예측 불가능한 이유고, 무시무시한 격변이 아무런 경고 없이 일어날 수 있는 이유다.

이 결과들은 진실이라 하기에는 너무 이상적이다. 그리고 진짜로 그러했다. 다른 연구자들은 즉각 박과 탕의 단순화된 게임을 공격했다. 그들의 임의적인 게임 규칙은 특히 맹렬히 비난을 받았다. 모래더미는 '보존성'이 있다. 다시 말해, 모래더미가 무너져도 모래알의 전체 숫자는 보존된다. 모래알은 결코 사라지지 않는다. 박과 탕은 지진 게임에서도 토막에 가해지는 힘을 같은 방식으로 만들었다. 토막 하나가 미끄러지기에 충분한 힘이 주어지면, 그들이 정한 임의의 규칙에 따라 이 힘은 이웃 토막들에 균등하게 나누어진다. 따라서 토막을 미끄러지게 하는 힘의 전체 양은 항상 똑같다. 이것은 모래더미 게임에서 모래알의 숫자가 항상 같은 것과 마찬가지다. 이것이 두 게임이 똑같이 행동하는 이유다.

불행하게도 실제의 단층에는 이 규칙과 비슷한 것이 없다. 미끄러지는 바위 표면의 마찰에 어떤 법칙이 적용되는지는 별로 알려지지 않았을지 모르지만, 거기에 마찰이 있다는 것은 분명한 사실이다. 그리고 마찰은 힘의 일부를 잡아먹는다. 따라서 박-탕 규칙은 거의 확실히 정당화될 수 없다. 이 반박에 대응하기 위해 박과 탕은 규칙을 바꿔 게임을 더 현실에 가깝게 만들었다. 하지만 이렇게 하자, 게임은 다른 어떤 것으로 변해버렸다.

이 게임은 더 이상 모래더미 게임과 동등하지 않았고, 멱함수 법칙은 사라져버렸다. 지진은 설명되지 않았다. 적어도 아직까지는 그렇다.


## 실수로 얻은 성과

1990년에 박과 또 다른 동료 칸 첸Kan Chen은 지진과 자기조직화하는 임계성에 대한 긴 논문의 초고를 여러 물리학자들에게 보냈다. 이 논문을 받은 노르웨이 오슬로의 젠스 페더Jens Feder는, 아들 한스 자콥 페더Hans Jacob Feder(아직 고등학생이었다)와 함께 이 결과를 재현하기 위해 컴퓨터 모의실험을 해보았다. 페더 부자는 논문에 나온 대로 프로그램을 작성했고, 게임을 시작했다. 그들은 여러 가지 크기의 지진이 얼마나 자주 일어나는지 기록했고, 충분한 데이터를 얻어서 그려보았다. 기대했던 대로, 그들은 멱함수 법칙을 발견했다. 그러나 이상하게도 여기에서 나온 것은 원래의 멱함수 법칙이 아니었다. 정확한 임계숫자가 달랐던 것이다.

페더 부자는 자신들의 컴퓨터 프로그램을 점검했다. 그러고 나서 모의실험을 더 많이 수행해보았는데, 그래도 여전히 바뀐 멱함수 법칙이 나왔다. 당혹스러워진 젠스 페더는 마침내 박에게 전화를 걸어 긴 토론을 한 끝에 문제의 원인을 찾아냈다. 이 논문에는 작지만 결정적인 오자誤字가 있었다. 게임의 규칙 중 하나가 잘못 쓰여 있었고, 때문에 페더 부자는 잘못된 규칙으로 게임을 했던 것이다. 즉 그들은 다른 게임을 하고 있었다. 그러나 기적처럼, 이 새로운 게임도 전혀 무의미하거나 따분하지 않았다. 위대한 아이디어가 '회전문'에서 탄생한다면, 중요한 발견은 타자의 오자에서 나오기도 한다. 이 새로운 게임은 보존성이라는 문제를 가지고 있지 않으면서도 구텐베르크-리히터 법칙과 아주 비슷한 것을 보여주었다.

다음 해 여름에 한스 자콥 페더는 브룩헤이븐에 있는 박의 동료들인 지프 올라미Zeev Olami와 킴 크리스텐슨Kim Christensen과 합류해서, 왜 이렇게 되는지 알아보려고 했다. 세 사람은 박과 탕의 연구를 거슬러 올라가 버리지와 크노프의 원래 게임을 분석했다. 그들은 게임을 단순화하면서도 배후에 있는 물리학을 충실히 반영하려고 노력했다. 그들은 곧 토막이 미끄러지기 시작한 뒤의 움직임을 지정하는 문제에까지 이르렀다. 박과 탕이 임의 규칙을 도입하여 문제가 된 바로 그 부분에서 올라미, 페더, 크리스텐슨은 물리학에 단단한 기반을 가진 다른 길을 발견했다.

바위가 다른 바위에 미끄러지면 열이 생긴다. 다시 말해, 스트레스를 받아서 바위에 저장된 에너지의 일부가 바위를 이동시키는 데 사용되지 않고, 열로 바뀐다. 게임에서도 이것과 비슷한 에너지를 흩뜨리는 메커니즘이 필요했다. 올라미, 페더, 크리스텐슨은 손쉽게 여기에 해당하는 새로운 규칙을 만들어냈다. 그들은 이렇게 생각했다. 토막이 미끄러지면 마루와의 마찰 때문에 에너지를 잃는다. 따라서 토막이 미끄러지면 에너지가 한 단위 줄지만, 이웃에 전달되는 힘은 이 양보다 적다. 이 새로 만든 규칙을 박과 첸의 게임에 적용해서 나온 것이 올라미-페더-크리스텐슨 게임이다.[8]

이 게임에는 다른 주목할 만한 특징들도 있었다. 물론 이것이 완벽하게 정확한 지진 모델이라는 뜻은 아니다. 이것은 정확한 지진 모델을 만들려는 것이 아니라, 지진의 가장 본질적인 면을 찾아내려는 시도였다. 게임의 규칙을 조금 바꿨는데 결과가 크게 달라진다면, 그런 게임이 지진의 본질을 잡아냈다고 말할 수 없게 된다. 이런 경우에는 사실과 같은 결과가 나오도록 게임을 '조작'했다고 의심할 수 있다. 그러나 올라미, 페더, 크리스텐슨이 만든 게임에서는, 토막이 미끄러질 때 에너지를 잃는 양을 바꿔도 지진 통계는 그대로였다. 그들은 이 값을 10퍼센트에서 20퍼센트로 바꿨고, 그다음에는 30퍼센트로 바꿨지만, 여전히 멱함수 법칙이 나타났다. 다시 말해서, 게임이 작동하는 방식은 놀라울 정도로 게임의 규칙 변화에 둔감했다. 같은 핵심 논리를 공유한 거의 모든 게임이 구텐베르크-리히터 법칙을 나타낼 것이다. 게다가 이 새로운 게임은 원래의 박과 탕 게임보다 실제 지진에 더 가까웠다. 올라미-페더-크리스텐슨 게임에서는, 지진 크기가 2배로 되면 그런 지진은 4배 드물게 일어난다. 이것은 실제의 지진에서 나타난 구텐베르크-리히터 법칙과 정확히 같은 값이다.

이 게임에서 더 많은 것이 밝혀졌다. 1995년에 일본의 고베대학 물리학자 이토 케이스케는 이 게임을 조금 바꾸어 방대한 모의실험을 하면서 지진이 일어나는 정확한 시간을 관찰했다.[9] 실제 세계의 지진에는 전진과 여진이 일어나는 경향이 있다. 이것은 큰 지진이 시간적으로 몰려서 일어난다는 것을 다르게 말하는 것이다. 따라서 대지진이 일어나지 않은 시간이 오래되면 될수록, 더 오래 기다려야 대지진이 일어난다는 것이다. 이 결과는 우리의 직관에 반대되지만, 이 게임에서 자연스럽게 나온 것이다.

이러한 사실을 수학적으로 확인하려면, 그다음 지진이 찾아올 때까지의 '대기 시간' 분포를 보아야 한다. 이 분포도 멱함수 법칙을 따른다. 예를 들어 지진이 일어난 지 1주일 안에 또 지진이 일어나는 빈도에 비해, 2주일 뒤에 지진이 일어날 빈도는 2.8분의 1이다. 한 달 만에 지진이 일어나는 빈도에 비해 두 달 만에 일어나는 빈도도 똑같은 비율로 줄어들고, 1년과 2년 사이의 빈도도 마찬가지다. 진짜 지진에서도 이런 분포가 나타나는데, 이것을 올라미 법칙이라고 한다. 실제의 지진에서 나타나는 임계숫자는 2.6이어서, 게임에서 얻은 값과 매우 가깝다.

## 어떻게 그렇게 될 수 있을까?

박과 탕의 아이디어를 발전시킨 올라미, 페더, 크리스텐슨을 비롯한 여러 연구자들에 의해, 마침내 지진은 이해되기 시작했다. 더 정확히 말해, 지진의 배후에 있는 과정은 이제 더 이상 심오한 수수께끼가 아니다. 미국의 물리학자 리처드 파인만은 양자론을 공부하는 학생들에게 "어떻게 그렇게 될 수 있을까?"라는 질문을 던짐으로써 지적인 심연에 빠져들지 말라고 조언했다. 양자 세계의 거주자들은 우리의 고전적인 선입관에 따라 움직이기를 강요당할 아무런 이유가 없다. 그러나 지진의 경우에 우리의 예측 능력은 양자적 대상의 경우에 못 미칠지 모르지만, 그래도 우리는 이제 다음 질문에 대답할 수 있다. 어떻게 그렇게 될 수 있을까?

그러나 이해한다는 것과 예측한다는 것은 다르다. 사실 과학자들이 이해한 지진의 과정은 꽤 단순하다. 그런데도 개별적인 지진의 예측은 불가능하다는 것이 결론이다. 지구 내부의 열에 의해 판은 이동하고 있고, 이 운동 때문에 지각은 항상 스트레스를 받고 있다. 바위에 축적되는 스트레스가 미끄럼의 문턱 값에 도달하면, 갑자기 미끄러지기 시작한다. 이렇게 해서 처음에 바위 하나가 겨우 1밀리미터쯤, 아니면 몇 마이크로미터쯤 미끄러질 수도 있다. 그러나 그 뒤에 얼마나 큰 일이 잇달아 일어날지는 알 수 없다. 최초 원인의 규모와 궁극적인 결과의 규모 사이에는 아무 관계도 없기 때문이다.

지각이 지진 게임처럼 작동한다면, 또는 그 가까운 사촌인 모래더미 게임처럼 작동한다면, 바위들이 받는 스트레스는 시간이 지나면서 임계상태로 조직된다. 이런 상황에서 바위 하나가 미끄러졌을 때 영향력이 파급되는 거리는 천차만별이다. 따라서 일단 바위 하나가 미끄러지고 나면, 말 그대로 무슨 일이든 벌어질 수 있다. 지진은 금방 끝날 수도 있고, 이웃의 바위에 스트레스를 증가시켜서 도미노처럼 계속 다른 바위들이 미끄러지게 할 수도 있다. 지진의 궁극적인 크기는 미세한 차이에도 크게 달라지기 때문에, 지진의 규모를 미리 알아내는 것은 어쩌면 영원히 불가능할 것이다.

이런 맥락에서, 파국적인 대지진은 아무 이유 없이 일어난다는 말이 중요한 의미를 가진다. 우선 왜 그런 지진이 일어나는가에 대한 설명은 있다. 지각이 임계상태로 조직되어 있기 때문이고, 격변의 가장자리에 있기 때문이다. 그러나 그다음에는 아무 설명이 없다. 단지 사실에 대한 서술만 있을 수 있다. 어떤 바위들이 어떤 순서로 미끄러지는지는 알 수 없고, 1811년에 일어난 뉴마드리드 지진이 왜 그렇게 컸는지는 설명되지 않는다. 처음 미끄러진 바위가 하필이면 멀리까지 영향을 주는 위치에 있었던 것이다. 이 연쇄반응의 고리는 모든 단층계를 누비고 다닌다. 이 고리를 건드리면 거대한 지진은 어느 때나 일어날 수 있다. 콜롬비아대학의 지진 전문가 크리스토퍼 숄츠Christopher Scholz에 따르면, 지진이 일어났을 때 "이것이 얼마나 커질지는 지진 자신도 모르는 것 같다." 지진 자신이 모른다면, 우리도 모른다.

물론 이렇게 생각해볼 수도 있다. 스트레스의 정확한 패턴을 알고, 모든 바위의 성질들을 세세히 알아내서, 바위들이 미끄러지지 않고 견딜 수 있는 스트레스의 크기 등을 알면, 각각의 바위가 미끄러졌을 때 영향력이 파급되는 거리를 표시한 지질도를 작성할 수 있을 것이다. 그러나 이렇게 하고 나서도, 큰 지진을 예측하는 일은 불가능에 가깝다. 스트레스가 한계에 달해서 언제라도 살짝 미끄러질 수 있는 바위들이 아마 수억 군데는 있을 테니 말이다. 이 모든 지점을 감시하고 있어야 얼마나 큰 지진이 일어날지 확실히 말할 수 있을 것이다.


## 균형이 무너진 세계

이 책은 지진에 관한 책이 아니다. 이 책은 세계의 모든 수준에서 도처에 나타나는 변화와 조직의 패턴에 관한 책이다. 이 책의 첫머리에서 지진을 꽤 상세하게 설명한 이유는, 다른 여러 곳에서 만나게 될 규칙성에 대한 사고방식을 설명하기 위한 것이다. 우리는 모두 지진, 자본시장의 끔찍한 파탄, 혁명이나 파국적인 전쟁 등이 일어나는 이유를 알아내 피하고 싶어 한다. 우리는 곧 이런 일들이 모두 프랙탈과 멱함수 법칙에 의해 작동한다는 것을 보게 될 것이다. 그 배후에는 임계상태가 있을 가능성이 크다. 우리의 세계가 언제나 변화의 가장자리로 조율되어 있다면, 우리는 여러 격변들을 피할 수도 없고 내다볼 수도 없다. 격변이 들이닥치기 직전까지도 우리는 그것을 알지 못할 것이다.

어쩌면 당신은 이미 마음속에서 내가 이제까지 말한 거의 모든 것에 대해 반감을 느끼고 있을지도 모른다. 당신은 이렇게 의심할 수 있다. 이 멍청하고 보잘것없는 게임이 지각 작용의 본질을 설명한다고 말할 이유가 어디에 있는가? 사실 박과 탕의 게임을 설명한 최초의 논문은 엄청난 비판을 받았다. 많은 지구물리학자들은 평생을 바쳐 어느 한 지역의 지진에 대해 세부적인 것을 이해하려고 애써왔다. 그들은 아무렇게나 수행한 수학적 연구를 거의 모욕으로 받아들였고, 크릭이 한때 수학자들에게 한, 다음과 같은 말이 이 경우에는 이론물리학자들에게도 해당된다고 여겼다. 크릭은 이렇게 말했다. "내 경험상, 대부분의 수학자들은 지적으로 게으르고 특히 실험 논문을 읽기 싫어한다."[10] 무엇보다, 대학 기초지구과학조차 수강하지 않은 이론가 몇 명이 나타나서, 실제 지진의 복잡한 물리적 상황과 거의 무관한 장난감 모델로 지진을 설명할 수 있다고 주장하고 있는 것이다.

예를 들어 버리지와 크노프의 모델은, 실제 문제를 끔찍할 정도로 단순화시킨 것이다. 이 모델은 실제 단층의 거의 모든 지질학적, 물리학적 세부사항을 무시해버렸다. 지진은 바위에서 일어난다. 그것은 실재하는 바위다. 그러나 이 게임은 바위의 성질에 대해서는 전혀 말하지 않는다. 단지 바위가 탄성적이라는 점만 고려하는데, 그것도 용수철이라는 형태로 나중에 추가된 것이다. 게다가 앞에서 보았듯이, 실제의 지진이 하나의 단층에서 일어나는 경우는 아주 드물다. 지진은 거의 언제나 아주 복잡한 단층의 그물망에서 일어나기 때문에 지진이 이 단층 또는 저 단층에서 일어났다고 말할 수 없다. 여러 단층과 하위 단층이 한꺼번에 미끄러지는 것이다. 그런데도 지진 게임에서는 한 단층만을 다룬다.

박과 탕이 만든 단순화된 게임은 더 심해서, 토막의 운동에서 물리법칙(마찰이라는 불가피한 효과)을 아예 무시해버린다. 올라미, 페더, 크리스텐슨의 게임은 이 문제에 조금 손대기는 했지만, 이것도 물리학을 제대로 읽고 만들었다고 하기 어렵다. 물리학에서 옳다고 알려진 것들을 의도적으로 무시한 게임에서 진짜 지진에 대해 가치 있는 통찰을 얻을 수 있을까? 지구물리학자들이 생각하기에 이 모든 것은 그저 깜찍한 게임일 뿐이었다. 흥미롭게도 이 게임에서 구텐베르크-리히터 법칙이 나오는 것은 단지 무의미한 우연의 일치일 뿐이라고 생각했다.

어떤 지구물리학자들은 오늘날까지도 여전히 여기에 반대한다. 이런 연구가 쓸모 있는지 판단하려면, 어떤 요인이 진짜로 중요한지 또 어떤 요인이 그렇지 않은지 알아내야 할 것이다. 이렇게 하려면 결국 특정한 지진의 세부사항을 세세히 들여다보아야 한다. 그러나 자세히 파고들면 들수록 지진에 얽힌 세부사항은 거의 무한히 복잡해 보인다. 다행스럽게도, 실재를 의도적으로 무시하는 연구 방식이 타당할 수 있음을 보여주는 다른 방법이 있다. 나는 이제까지 모래더미 게임과 지진의 배후에 있다고 보이는 임계상태를 박, 탕, 위젠펠드가 1987년에 발견한 것처럼 말해왔다. 사실 이것은 옳지 않다. 그들은 자신들이 고안한 게임에서 임계상태를 알아보았고, 여기에서 결론을 끌어낸 것뿐이다. 실제로 임계상태에 대한 연구는 수백 년 전으로 거슬러 올라간다.

임계상태는 겉보기에 아주 평범한 대상에 대한 연구에서 나왔다. 이것은 자석에 대한 연구에서 나왔고, 물이 가열되어 증기로 변하는 상황을 분자 단위로 세밀하게 연구할 때도 나타났다. 그리 주목할 것도 없어 보이는 이 결과가 현대물리학에서 가장 도발적이고 강력한 개념을 탄생시켰다. 하지만 이미 30년 전에 나온 이 성과가 물리학 바깥에는 거의 알려져 있지 않았다. 오늘날 물리학자들은 이 개념을 가지고 지진, 생리학, 진화생물학, 경제학처럼 물리학과는 동떨어져 있다고 생각되는 과학들에 영구적인 발판을 마련했다.

우리는 오늘날 시인과 역사가와 실무가들이 과학에 대해
뭐든 배우려는 생각조차 하지 않는 것을 자랑스러워하는 시대에 살고 있다.
그만큼 과학은 너무나 긴 터널이어서, 현명한 사람이라면
머리를 집어넣지 않는 것이 좋다고 여겨진다.
– 로버트 오펜하이머Julius Robert Oppenheimer [1]

기초 연구란 공중에 화살을 쏜 다음, 떨어진 지점에 가서
과녁을 그려넣는 것과 같다.
– 호머 앳킨스Homer Atkins [2]

# 6장

# 자석

모스크바 물리문제연구소의 소장으로 30년 동안 있었던 러시아의 물리학자 표트르 카피차Pyotr Leonidovich Kapitsa는 영국을 방문했다가, 왕립학회 연구실 한쪽 벽에 누군가가 그려놓은 악어 그림의 의미에 대해 질문을 받았다. 그는 이 그림을 유심히 들여다본 뒤에, 이것은 과학의 본질에 대한 진술이라고 해야 적절한 해석이 될 것이라고 말했다. 그는 이렇게 지적했다. "악어는 머리를 돌리지 못한다. 과학과 마찬가지로, 악어는 모든 것을 잡아먹는 아가리를 가지고 언제나 앞으로만 나아간다."3

1938년에 카피차는 자기 연구실에서 헬륨 기체를 섭씨 영하 271도라는 놀라운 온도까지 내렸다. 절대영도absolute zero point(섭씨 영하 273.15도)보다 겨우 2도 높은 이 온도는 도달할 수 있는 가장 낮은 온도였다. 카피차는 이 냉랭한 영역에서 뭔가 흥미로운 것을 보기를 원했는데, 다행히도 그의 희망은 빗나가지 않았다. 헬륨 기체를 이만큼 차갑게 만들자 처음에는 보통의 액체가 되었고, 그다음에는 초유체가 되었다. 이 초유체는 우주에서 가장 이상한 물질이라고 할 수 있다. 이것을 보통의 액체처럼 그릇에 담아둘 수 있다. 하지만 그릇 속에 든 이 물질을 휘저으면, 이 유체는 영원히 소용돌이친다. 이처럼 초유체는 보통의 액체와는 크게 다르다. 점성은 일종의 내부적인 마찰이며, 이것이 궁극적으로 모든 운동을 멈추게 한다. 꿀은 점성이 매우 크고, 물은 점성이 그렇게 크지 않다. 그러나 초유체는 점성이 전혀 없다.4

카피차가 발견한 이 기괴하고 당혹스러운 성질을 가진 물질도, 모든 것을 삼켜버리는 아가리에는 당해낼 수 없었다. 몇 년 만에 초유체 헬륨을 설명하는 좋은 이론이 나왔고, 1950년에는 이것은 더 이상 수수께끼가 아니었다.

1600년에 영국의 의사이자 과학자인 윌리엄 길버트William Gilbert는 〈자석에 대하여De Magnete〉라는 기념비적인 논문을 발표했다. 이것은 당시까지 자석의 성질에 관한 가장 방대하고 이해하기 쉬운 연구였다. 길버트의 자석은 못을 잡고 칼과 말편자를 잡아당겼으며, 방향에 따라 자석들끼리 끌어당기거나 밀쳤다. 길버트는 이 책에서 그리 잘 알려지지 않은 자석의 성질에 대해서도 썼다. 자석을 도가니에 집어넣고 오렌지색으로 빛날 정도로 뜨겁게 달군 다음에 꺼내면, 놀랍게도 이 자석은 못을 당기는 능력을 잃어버렸다. 극단적인 열은 자석의 힘을 없애는 것으로 보였다.

　모든 것을 삼켜버리는 아가리는 자석까지 꿀꺽 삼켜서, 높은 온도에서 자성이 없어지는 수수께끼가 금방 풀렸을까? 사실은 그렇지 않았다. 이 수수께끼는 300년 동안이나 풀리지 않다가 1907년이 되어서야 처음으로 그럴듯한 설명이 나왔다. 하지만 이 최초의 이론도 실제로는 잘 맞지 않았는데, 그 이유는 40년 뒤에야 밝혀졌다. 그 뒤 30년이 더 지나서야 최초의 이론을 수정한 더 좋은 이론이 나왔다. 이렇게 해서 과학은 자석의 수수께끼를 삼키는 데 도합 400년이나 걸렸다. 그러나 이 수수께끼를 풀면서 물리학자들은 심오한 교훈을 얻었다. 세계는 보는 것보다 단순하다. 우리가 어떤 것을 이해할 때, 세부적인 것이 거의 문제가 되지 않는 경우도 있다.

## 질서 잡기

　쇳덩어리를 이루는 모든 철 원자는 그 자체가 작은 자석이다. 이 원자 자석은 위, 아래, 왼쪽, 오른쪽 등 어떤 방향이든 가리킬 수 있다. 우리가 보는 보통의 자석은 화살표의 군대라고 볼 수 있다. 물론 이 화살표는 원자 자석이며, 화살표의 방향은 원자 자석이 가리키는 방향이다. 물리학자들은 한 세기 전에도 이 화살표 군대의 조직에 의해 쇳조각이 자석인지 아닌지 결정된다는 것을 알고 있었다. 쇳조각은 보통의 온도로 탁자 위에 놓여 있을 수도 있고, 도가니 속에서 뜨겁게 단 채로 있을 수도 있다. 여기에서 중요한 것은, 화살들이 가리키는 방향이다.

자석들은 서로 영향을 미치면서 정렬하는 경향이 있다. 원자 자석도 마찬가지다. 따라서 원자 자석들이 모여 있으면, 잘 훈련된 군대처럼 재빨리 줄을 선다. 그러나 이 화살들을 혼란에 빠뜨리는 적敵이 있다. 그것은 열이다. 온도란 물질 속에 조직화되지 않은 에너지가 얼마나 많이 있는지 보여주는 척도다. 따뜻한 공기 속에서 분자는 차가운 공기에서보다 더 빨리 날아다닌다. 철은 고체이기 때문에, 철

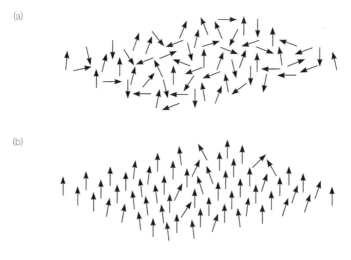

**그림 8** 고온(a)에서는 철 속에 있는 원자 자석들이 한 방향으로 정렬하지 못한다. 열에 의해 원자들이 너무 심하게 요동하기 때문이다. 그러나 온도가 어떤 결정적인 수준 아래로 내려오면(b), 전투의 양상은 역전된다. 요동은 잦아들고 자석들은 조직화되어, 철이 자성을 띤다.

을 구성하는 원자들은 날아다니지 않는다. 대신에 철 원자는 고정된 위치에서 진동한다. 이 진동은 쇠가 뜨거워질수록 점점 더 격렬해진다. 따라서 철 원자들은 서로 자기력을 주고받으면서 정렬하려고 하고, 한편으로 열은 원자들을 혼란스럽게 흩어놓으려고 한다. 질서의 힘과 카오스의 힘 사이에 전쟁이 일어나는 것이다. 이 전쟁의 결과에 따라 쇳조각이 자석인지 아닌지 결정된다.

철이 보통의 온도로 탁자 위에 있으면 원자 자석을 흔드는 열의 교란은 꽤 약해서, 자석들은 모두 한 방향으로 늘어설 수 있다. 물론 원자 자석 하나의 세기는 극단적으로 작다. 하지만 작은 쇳조각 속에 든 원자 자석의 수는 $10^{24}$개를 훨씬 넘는다. 이 원자들의 효과를 모두 합치면 상당한 힘을 발휘하고, 자석은 못을 끌어당길 수 있다. 반면에 철이 뜨거운 도가니 안에 있으면, 열의 교란은 질서의 힘을 능가한다. 이때 원자 자석들은 대오隊五가 흐트러진 군대와 같은 모습이 된다. 이 경우에 모든 작은 자석들의 효과는 상쇄되어서, 자석이 아니라 보통의 쇳조각이 된다. 물론 이 쇳조각은 못을 끌어당기지 못한다(그림8).

이것은 물리학자들이 '상전이Phase transition'라고 부르는 것의 한 가지 예일 뿐이다. 진토닉 속에서 얼음이 녹는 것, 웅덩이의 물이 증발해서 공기 중으로 퍼져가는 것 등도 일종의 상전이다. 이것들은 모두 어떤 물질이 한 형태에서 다른 형태로 변하는 것이다. 다시 말해 '상相'이 변하는 것이다. 상전이는 물질의 내부 작용이 달라져서, 원자나 분자가 다르게 조직화하면서 일어난다. 카피차가 헬륨이 보통의 액체에서 갑자기 초유체로 변하는 것을 보았을 때, 그는 또 다른 상전이를 발견한 것이다.

그렇다면 자석의 경우, 이야기는 꽤 간단해 보인다. 차가우면 질서가 이기고, 뜨거우면 무질서가 이긴다. 그러나 이것이 전부는 아니다. 그 중간쯤에 아주 흥미로운 영역이 있다. 어떤 중간쯤의 온도에서 질서의 힘과 무질서의 힘이 아주 비슷해서 어느 쪽도 상대방을 압도하지 못하는 상황이 있다. 이것을 '임계점'이라고 하며, 철의 경우 섭씨 770도에서 일어난다. 임계점에서 화살의 군대는 어떻게 될까? 조직화된 것도 아니고 무질서한 것도 아닌, 둘 사이의 경계에서 미묘한 균형을 이룬다는 것은 무슨 뜻일까? 이 물음에 대한 대답은 꽤 이해하기 어렵다. 사실 1940년대의 한 물리학자는 이 물음에 대한 연구를 시작하자마자 평면만으로 이루어진 2차원 세계flatland(뒤에서는 '평면세계'로 표기함. - 옮긴이)를 탐구해야 했다.

## O 이야기

1941년 가을에는 독일군이 핀란드, 덴마크, 노르웨이를 포함해서 서유럽과 북유럽의 대부분을 장악하고 있었다. 하지만 노르웨이의 물리학자 라르스 온사거Lars Onsager는 운이 좋은 사람이었다. 온사거는 이때 미국에 살고 있었고, 코네티컷 주 뉴헤븐의 예일대학에서 거의 10년째 연구를 하고 있었다. 그 이유는 그가 자기 나라의 끔찍한 현실을 잊기 위해서였거나, 아니면 지칠 줄 모르는 호기심에 이끌렸기 때문이었던 것 같다. 어떤 이유든, 온사거는 인간이 수행한 것 중에서 가장 복잡한 계산에 몰두했다. 모든 쇳덩어리 속에서, 원자 자석의 방향은 열의 교란에 의해 끊임없이 이쪽저쪽으로 뒤집힌다. 작은 쇳조각에도 천문학적인 수의 원자가 들어 있기 때문에, 이 모든 운동을 완벽하게 세부적으로 예측하기는 확실히 불가능하다. 하지만 다행히도 온사거는 얼마간 현실적인 목표를 잡을 수 있었다.

예컨대 축구 팬 10만 명이 경기장으로 쏟아져 들어가는 것을 통제한다고 생각해보자. 이때는 조 블록스, 지미 스미스 또는 다른 어떤 개인이 어떤 경로로 자기 자리를 찾아가는지에 일일이 신경 쓸 수 없다. 그것보다는 북문으로 얼마나 많은 사람들이 들어가고 동문으로는 얼마나 많이 들어가는지 등을 알아야 할 것이다. 온사거는 원자라는 군중들에서 이와 비슷한 정보를 알고 싶어 했다. 특정한 원자 하나하나에 대해서는 잊어버리자. 임계점에서 화살들의 패턴은 평균적으로 어떻게 될까?

경기장의 관리자는 자신들의 답을 계산할 방법이 없다. 그들은 손톱을 깨물면서 경험에서 배워야 한다. 하지만 온사거는 이론상으로 경기장 관리자보다는 나은 위치에 있었다. 물리학자들에게는 이러한 평균을 얻는 강력한 도구가 있기 때문이다. 물리학에서 통계역학이라고 알려진 분야는 원자들이나 분자들처럼 어마어마하게 많은 것들로 이루어진 무리의 평균적 행동을 다룬다. 통계역학의 중심적인 처방은 깁스 공식이라고 알려져 있는데, 1902년에 이것을 발명한 미국 물리학자 조시아 윌러드 깁스Josiah Willard Gibbs의 이름을 딴 것이다. 이 공식은 뉴턴 법칙을 조금 닮은 몇 개의 방정식으로, 오로지 평균에만 적용되며, 행성과 같은 개별적인 것들의 운동에는 적용되지 않는다. 그러나 자석의 경우에 온사거는 이 처방조차 도움이 되지 않는다는 것을 알았다. 모든 원자 자석들은 쇳조각 전체의 모든 원자 자석들과 영향을 주고받기 때문에, 이 처방을 따른다는 것은 헤어날 수 없는 수학의 밀림 속으로 뛰어든다는 것을 뜻했다. 온사거는 어찌할 바를 몰랐다.

어쨌든 이 처방을 써야 한다고 생각한 온사거는 결정적인 조치를 취했다. 현실은 너무 복잡했기 때문에, 그는 이것을 단순화하기로 했다. 우선 온사거는 원자 자석의 화살이 아무 방향이나 가리키지는 못하고, 위나 아래만 가리킨다고 보았다. 그다음에는 각각의 자석들이, 다른 원자 자석들 전부에 영향을 주는 것이 아니라 바로 근처에 있는 몇 개에만 영향을 준다고 생각했다. 이것은 좋은 출발이었다. 하지만 이렇게 해놓고도 깁스의 처방을 그대로 적용할 수는 없었다. 그래서 온사거는 현실을 훨씬 더 단순화하기로 작정했다. 현실의 자석은 명백히 우리들처럼 보통의 3차원 공간에서 존재한다. 온사거는 가상의 자석이 2차원에 존재한다고 생각했다. 이 자석은 겹쳐 있는 두 유리창 속의 얇은 틈새에 갇힌 곤충처럼 '평면세계'에서 살고 있는 것이다.

이렇게 해서 온사거가 그린 자석은 정방형 체스판에 원자 자석들이 배열되어 있는 것과 같다. 체스판의 칸마다 붙어 있는 화살은 가장 가까이 있는 네 화살에만 영향을 준다. 이 장난감 자석은 진짜 자석을 서투르게 흉내 낸 것에 불과하다. 하지만 이렇게 극단적으로 단순화된 상황에서조차 온사거가 수행하려던 계산은 대단히 어려웠다. 통계역학의 처방에서는 화살들이 만들 수 있는 수많은 패턴을 일일이 고려해야 했다. 가로, 세로에 자석이 각각 100개 들어가는 작은 체스판에서도 이런 패턴의 수는 $2^{10000}$이나 된다. 이것은 십진수로 수천 자리나 되는 숫자이고, 이런 정도의 숫자는 상상조차 하기 어렵다. 당신이 이 모든 패턴들을 종이에 그린다면, 다 그리기도 훨씬 전에 죽을 것이다. 당신이 영원히 산다고 해도, 종이가 우주를 가득 채워서 움직일 공간도 없게 될 것이다. 그리고 나서도 그려야 할 그림은 아득히 많이 남아 있을 것이다.

그런데도 온사거는 어떤 기적적인 패턴이 나올 것을 희망하면서 1940년 겨울에 계산을 시작했다. 그는 여러 해 뒤에 이렇게 회상했다. "이 연구는 잘 되어가고 있었고, 확실히 이것을 계속 따라가야 하는데, 끝에 도달하기도 전에 (…) 다른 것이 나온다. 이것을 따라가다 보면 또 다른 것이 나온다. 모든 것이 너무 좋아서 그만둘 수 없었다."[5] 그렇게 많은 배열이 있는데도, 온사거는 약간의 수학적 기교를 써서 모든 패턴들을 여러 개의 그룹으로 나눌 수 있었다. 이것으로 그는 엄청난 수를 다룰 수 있게 되었다.

이렇게 1년 가까이 연구한 뒤에 온사거는 마침내 이 처방을 완성했

**133**
6장_ 자석

다. 그러나 결과는 실망스러웠다. 고생 끝에 수학적 금고를 열었더니 그 속에 또 금고가 들어 있었던 것이다. 2차원 장난감 자석의 평균적 행동에 관해 그가 얻은 수학적인 해답에서는 여전히 임계상태의 선명한 그림을 얻을 수 없었다. 그는 6년이나 더 고투를 해야 했다. 이번에는 재능 있는 젊은 학생 브루리아 코프먼<sup>Bruria Kaufman</sup>의 도움을 받아, 마침내 화살들의 패턴에서 좀 더 흥미로운 특징을 알아냈다.

수많은 원자 자석 사이에서 어떤 원자 자석 X가 위쪽을 가리킨다고 하자. 이 자석은 주위에 있는 다른 자석에 어떤 영향을 주는가? 물리학에서는 이것을 자석들 사이의 '상관관계'라고 한다. 온사거와 코프먼은 임계점에 있는 장난감 자석의 상관관계에서 흥미로운 결과를 보았다. 원자 자석들이 위나 아래를 가리키는 경향이 완전히 마구잡이라면, 아무 자석이나 두 개를 잡았을 때 같은 방향으로 있을 확률은 정확히 절반이 된다. 그런데 단순화된 장난감 자석에서 계산했을 때, 두 원자 자석은 가까이 있을수록 같은 방향으로 서 있을 가능성이 높아진다는 결과가 나왔다.

이것은 합당해 보이며, 그리 심오하지도 않다. 두 원자 자석의 거리가 2배로 되면, 두 자석이 같은 방향으로 있을 가능성은 1.19배로 줄어들었다. 이런 경향은 체스판에서 두 자석이 10칸, 100칸, 또는 1,000칸 떨어져 있어도 그대로였고, 10만 칸이나 1억 칸이 떨어져 있어도 마찬가지였다. 이것은 심오한 결과다. 정확히 멱함수 법칙을 나타내기 때문이다.

## 파벌의 출현

디지털 컴퓨터가 "시간을 정확히 재는 장치 발명 이후로 과학적 방법에서 가장 중요한 인식론적인 진보"[6]라고 할 만한 좋은 이유가 있다. 온사거와 코프먼은 컴퓨터를 이용할 수 없었지만, 우리는 할 수 있다. 컴퓨터는 장난감 자석에서 나타나는 멱함수 법칙의 의미를 알아내는 가장 쉬운 방법이다. 빠른 컴퓨터를 이용하면 원자 자석 25만 개를 격자에 배열해놓고 계산하는 것은 어렵지 않다. 여러 온도에서 계산을 하고, '위'를 향한 자석을 흰색으로, '아래'를 향한 자석을 검은색으로 결과를 표시해보자. 몇 가지 전형적인 결과가 그림9 에 나와 있다.[7]

첫 번째 그림(a)는 온도가 임계점보다 낮을 때고, 두 번째 그림(b)는 임계점보다 높을 때다. 온도가 임계점보다 높을 때는 열 교란이

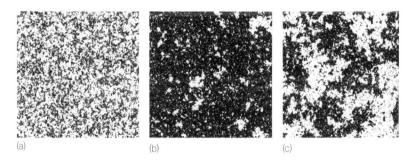

(a)　　　　　　　(b)　　　　　　　(c)

그림 9 임계점 위의 온도일 때(a), 평면계는 무질서에 빠져 있다. 원자 자석들은 똑같은 확률로 위(흰색)와 아래(검은색)를 가리키며, 자석의 방향은 이웃 자석의 방향에 아무 관계가 없다. 임계점 아래의 온도(b)에서는 질서가 지배해서, 거의 모든 자석이 함께 정렬한다. 임계점(c)에서는 질서와 무질서 사이의 독특한 모양이 된다. 여기에서는 흰색과 검은색 자석들이 여러 가지 크기로 정렬하고, 이 파벌들은 계속해서 뒤집어진다.

질서의 힘을 압도하기 때문에, 원자 자석들은 정렬하지 못하고 마구잡이로 분포한다. 이 상황에서는 원자 자석들이 매우 빠르게 아래위로 방향을 바꾼다. 이것은 완전한 무질서의 영역이며, 그림은 마치 텔레비전에서 방송이 없는 채널에서 나오는 화면과 같다. 반면에 임계온도 이하의 온도에서는, 거의 모든 자석들이 한 방향으로 정렬한다. 그림에서는 원자 자석들이 거의 모두 '아래' 방향으로 늘어서서, 검은색이 압도적으로 많다. 이것은 질서가 지배하는 영역이다.8 여기까지는 하나도 놀랄 것이 없다.

　이제 두 번째 그림에서 온도를 조금 올려서, 임계점 쪽으로 가보자. 사건은 좀 더 흥미로워진다. 대부분의 자석들이 전처럼 검은색으로 정렬되어 있지만, 흰색 영역의 반란군이 조금씩 침범하기 시작한다. 온도를 조금 더 올리면 흰색 영역이 점점 더 커진다. 마침내 임계온도에 가까이 다가가면(그림9 c), 흰색의 반란군은 검은색과 거의 같은 정도로 커진다. 이제는 흰색을 떠나지 않고 모든 흰색 영역을 걸어 다닐 수 있게 되고, 마찬가지로 검은색을 떠나지 않고 모든 검은색을 걸어 다닐 수도 있다. 이것이 임계상태다. 이때 자석은 자성과 비자성 상태의 정확히 중간에서 균형을 이룬다. 이 그림은 멱함수 법칙의 의미를 드러내준다.

　임계점에서 원자 자석들이 만드는 파벌의 크기는 천차만별이다. 달랑 한 개만 고립된 채 주위와 반대 방향으로 선 원자 자석도 있고, 전체에 뻗어 있는 거대한 덩어리도 있다. 자석을 더 크게 해서 아메리카 대륙만 한 배열을 만들어도 같은 일이 일어날 것이다. 작은 덩어리에서 대륙을 횡단할 정도로 거대한 덩어리까지 여러 가지 크기의 파벌이 나타난다. 3장과 4장에서 보았듯이, 멱함수 법칙이 나왔다 하면 그것은 전형적인 크기가 없다는 뜻이다. 임계점의 그림이 바로 이런 특징을 잘 보여주며, 이것이 프랙탈이다. 그러나 사진 한 장만으로는 임계상태의 특성을 바르게 말할 수 없다. 이것은 끊임없이 변하기 때문이다.

스냅 사진을 여러 번 찍어보면, 파벌들이 계속 변하며 어떤 것은 사라지고 어떤 것은 나타나는 것을 볼 수 있다. 임계상태는 어마어마한 변이를 하고 있어서, 언제나 갑작스럽고 격심한 변화가 일어난다. '초민감성hypersensitive'이라는 말조차 임계상태에 대한 표현으로는 부족하다. 화살의 군대는 두 상相 사이에서 아슬아슬하게 균형을 잡고 있으므로, 언제나 정렬되기 직전의 상태이고, 가장 작은 영향도 상황을 완전히 역전시킬 수 있다. 원자 자석이 단 하나만 뒤집어져도 연쇄반응을 일으켜서, 이쪽 끝에서 저쪽 끝까지 같은 방향으로 늘어서게 할 수 있다.

그러나 잠시만 기다리자. 벌써 떠나서는 안 된다. 온사거는 스스로 엉터리 모델이라고 인정한 것에서 출발했다. 방금 본 컴퓨터가 만들어낸 그림은 똑같은 멍청한 장난감 모의실험에서 나왔다. 이것은 납작한 나라의 찌그러진 자석에서 나온 것이다. 이 그림에 현실의 성질을 많이 되돌려주면 어떤 일이 일어날까? 진짜 쇠 자석은 어떨까? 물이나 카피차의 헬륨은 어떨까? 이 물음에 대답하려면, 여러 가지 임계숫자를 보아야 한다.

## 임계상태의 보편성

온사거와 코프먼의 먹함수 법칙에서 나온 숫자 1.19는 이 특정한 임계상태의 수학적 표찰이다. 앞의 장들에서 나온 먹함수 법칙 패턴들을 보면, 모든 경우에 규모를 바꿔도 똑같이 규칙적인 패턴이 나오지만, 정확한 숫자는 경우마다 달랐다. 지진에 적용되는 먹함수 법칙이 바로 구텐베르크-리히터 법칙이다. 이 법칙에 따르면 어떤 크기의 지진에 비해 두 배로 큰 지진이 일어나는 빈도는 원래 지진의 빈도에 비해 4배로 줄어든다. 감자 파편에 적용되는 먹함수 법칙에 따르면, 파편의 크기가 2배로 되면 파편의 숫자는 6배로 줄어든다. 이렇게 자기유사성을 가진 프랙탈 패턴마다 고유한 숫자가 있다. 따라서 임계상태의 특성을 좀 더 정확히 하기 위해서는 어떤 것의 분포가 먹함수 형태를 띤다는 것뿐만 아니라 그 먹함수에 대응되는 숫자에도 주의를 기울여야 한다.

임계상태에도 여러 종류가 있어서, 각각의 임계상태마다 다른 임계숫자가 대응된다.[9] 여러 가지 물질들이 상전이를 할 때 이런 임계상태가 나올 것으로 기대된다. 이때의 물질은 실재하는 것일 수도 있고, 온사거의 자석처럼 가상의 존재일 수도 있다. 온사거의 장난감 자석에서는 1.19의 값이 나왔으므로, 진짜 쇠 자석에서는 다른 값이 나올 것으로 기대된다. 무엇보다도 온사거는 모델을 만들 때 현실을 철저히 무시했다. 다른 물질의 상전이에서 나타나는 임계상태에서는 다른 임계숫자가 나올 것으로 기대된다. 기체나 액체에서 원자들 사이의 상호작용은 원자 자석들의 상호작용과 전혀 닮지 않았다. 원자나 분자들은 서로 다가가서 충돌하지만, 원자 자석들은 그 자리에 고정된 채 단순히 방향만 바꾼다. 초유체 헬륨에서는 양자 규칙이 중요한 역할을 하는데, 여기에서 작용하는 힘은 우리가 알고 있는 보통의 힘과 같지 않다.

그러나 1960년대에 이루어진 연구에 따르면 산소, 네온, 일산화탄소 같은 다양한 물질들이 기체에서 액체로 상전이할 때의 임계숫자가 모두 똑같았다. 물리학자들은 이것을 보고 어리둥절해졌다. 게다가 화학물질을 혼합할 때 생기는 상전이에서도 똑같은 임계숫자가 나오자 물리학자들은 더욱더 당혹스러워졌다. 화학물질을 섞는 것은 기체가 액체로 바뀌는 것과 완전히 다른 상황이었기 때문이다. 가장 놀라운 것은, 온사거가 연구한 장난감 자석을 3차원으로 확장했을 때도 똑같은 임계숫자가 나왔다는 것이다. 이것은 매우 조악한 자석의 모델이고, 화학물질의 혼합이나 액체의 응축과는 정말로 아무 관계가 없는 상황이었다.

1965년에는 물리학자들이 거의 믿을 수 없는 가능성에 직면하고 있었다. 임계상태와 파벌 출현이 모든 상전이에서 나타날 뿐만 아니라, 임계상태의 정확한 수학적 특성이 거기에 나오는 물질의 세부사항과 거의 아무 관계도 없다는 것이었다. 이 아이디어는 흥미롭지만 미완성으로 남아 있었다. 그러다가 1970년에 시카고대학의 젊은 물리학자 리오 카다노프Leo P. Kadanoff가 이것을 더 단단한 지반 위에 올려놓았다. 이 문제에 영향을 주는 세부사항이 몇 가지 안 되기 때문에, 카다노프는 이것을 자기 손으로 알아낼 수 있었다.

임계상태에서는 언제 어디서나 질서 잡힌 영역이 생겼다가 사라지고, 파벌이 끊임없이 성장하고 부서진다. 파벌은 얼마나 크게 자라나는가? 그것들은 얼마나 빨리 사라지는가? 이 물음은 한 영역에서 형성된 질서가 인접한 영역에 얼마나 영향을 미치는가에 달려 있다. 이것은 물리학의 문제가 아니라, 기본적으로 기하학의 문제다. 3차원에 존재하는 보통 자석에서, 원자 자석 하나는 세 개의 독립적인 차원을 통해 이웃에 영향을 줄 수 있다. 반면에 평면세계의 자석은 그중에서 한 차원을 없애버린 경우다.

카다노프는 여러 가지 상전이의 임계상태에서 나오는 임계숫자를 연구했다. 여기에서 그는 임계상태가 물리적으로 몇 차원에 존재하는지가 임계숫자를 결정하는 한 가지 요인임을 알아냈다. 그는 계를 구성하는 개별 요소의 형태도 또 다른 요인임을 알아냈다. 예를 들어 크세논Xenon 기체는 각 원자가 작은 당구공과 같다. 이것은 돌아다닐 수는 있지만, 방향을 가리킬 수는 없다. 자석을 구성하는 원자는 화살표와 같다. 이 경우에 원자는 여러 방향을 가리킬 수 있으므로, 잠재적으로 더 많은 일을 할 수 있다. 이렇게 개별 요소가 할 수 있는 일이 더 많으면, 질서가 한 곳에서 다른 곳으로 전파되기가 더 어렵다고 상상할 수 있다. 또 이러한 세부사항들은 임계상태에서 나타나는 자기유사성의 정확한 형태에 분명히 영향을 준다.

그러나 놀랍게도 카다노프는 이런 요인들 말고는 다른 어떤 요인도 상관이 없다는 것을 알아냈다.10 따라서 입자의 원자량과 전하량을 무시해도 좋다. 입자가 산소인지, 질소인지, 크립톤인지, 철 원자인지도 무시할 수 있다. 기본 구성 단위가 원자 하나인지 여러 개 또는 100개의 원자들로 이루어진 복잡한 분자인지도 무시하자. 입자가 어떤 종류인지, 그 입자들이 얼마나 강하게 또는 약하게 영향을 주고받는지 따위도 깡그리 무시하자. 이 모든 세부사항들 중 어떤 것도 임계상태의 조직화에 영향을 주지 않는다. 물리학자들은 이 놀라운 기적을 임계상태 보편성이라고 부른다. 현재 이것은 수천 번의 실험과 컴퓨터 모의실험으로 입증되었다.

임계상태에서는 질서의 힘과 무질서의 힘이 불편한 균형을 이루면서 전투를 벌이고 있다. 이 전투는 어느 쪽도 완전히 이기거나 지는 법이 없어서, 영원히 끝나지 않는다. 영원토록 끝나지 않으면서 계속 변한다는 이 전투의 특성은, 그 대상이 가진 거의 모든 성질들과 무관하다. 기본 구성 요소의 형태가 점인지 화살인지, 그리고 구성 요소가 몇 차원으로 배열되어 있는지만이 이 전투의 특성을 결정한다.

이제는 추상화를 향해 작지만 중요한 한 걸음을 내딛자. 그리하여

인지할 수 있는 모든 대상들의 세계를 상상해보자. 이 세계는 자연스럽게 몇 가지 나라들로 나뉜다. 여기에는 '3차원에 사는 화살표들'의 나라가 있고, '1차원에 사는 점들'의 나라가 있으며, 다른 나라도 있다. 물리학자들은 이 나라들을 '보편성 부류'[11]라고 부른다. 어떤 대상이건, 같은 부류에 들어가기만 하면 필연적으로 정확히 똑같은 임계상태로 조직화된다. 대상이 실재이든 가상이든 아무 관계가 없다. 같은 보편성 부류에 들어간다는 점만 제외하면 어떤 차이가 있어도 상관없다. 단지 같은 보편성 부류에 포함되기만 하면 두 대상에서 완전히 똑같은 임계상태가 나온다. 이것은 보편성의 기적이다.

## 보편성 부류

우리는 지금까지 임계상태의 독특한 성질을 알아보기 위해 잠시 다른 주제를 살펴보았다. 이제는 임계상태가 주는 심오한 의미를 받아들일 수 있게 되었다. 자연은 과학자들에게 임계상태의 보편성이라는 놀라운 선물을 주었다.

모든 물리계는 각각 여러 가지 보편성 부류에 들어가기 때문에, 어떤 보편성 부류에서 한 가지 임계상태만 이해하면, 즉 그 부류에 소속된 모든 계를 이해할 수 있다. 그런데 온사거의 것처럼 가장 조잡한 장난감 모델도 똑같은 보편성 부류에 소속된다. 따라서 임계점에 있는 진짜 물리계를 이해하기 위해서 그 계의 모든 세부적인 성질을 일일이 고려할 필요는 없다. 단지 그 계와 같은 보편성 부류로 분류된 가장 단순한 수학적 게임을 살펴보기만 하면 된다. 이러한 수학적 게임은 아주 조잡하고, 심지어 엉터리처럼 보일 수도 있다. 이런 게임은 물리 법칙을 어기고, 진짜 물리계의 거의 모든 성질들을 무시한다. 그런데도 여기에서 나타나는 임계상태가 진짜 물리계에서 나타나는 것과 정확히 똑같다고 보장할 수 있다. 단지 앞에서 말한 두 가지 특징(계의 물리적 차원과 기본 요소의 형태)만 같으면 그만이다. 이것만 같으면, 추악할 정도로 조잡한 모델도 진짜 물리계와 정확히 똑같이 작동한다.[12]

이제 지진 게임에 대한 비난으로 되돌아가보자. 5장에서 보았던 토막과 용수철 모델은 진짜 지각과 거의 아무 관계도 없다. 이 모델에는 진짜 바위의 어떤 성질도 고려되지 않았으며, 하나의 단층이 아니라 단층의 네트워크에서 일어나는 진짜 지진의 성질도 전혀 고려되지 않았다. 앞에서 물었던 질문을 다시 살펴보자. 물리학에서 옳다고 알려진 것을 의도적으로 무시한 모델로 어떻게 진짜 지진에 대해 쓸 만한 통찰을 얻을 수 있는가? 이런 장난감 모델에서 구텐베르크-리히터 법칙이 나왔다면, 이것은 무의미한 우연의 일치 이상의 그 무엇일 수 있는가?

이제 우리는 좀 더 정교한 전망을 얻었다. 임계상태에 대해서는, 계의 세부적인 성질들을 거의 모두 무시하면서도 본질적인 구조를 이해할 수 있다. 단지 진짜로 결정적인 성질 몇 가지만을 고려하면 된다. 구텐베르크-리히터 법칙과, 지진의 시간 분포에서 나타나는 자기유사성(큰 지진이 몰려서 일어나는 것)을 볼 때, 지각은 임계상태에 놓여 있는 것으로 보인다. 따라서 지진은 시간적으로든 공간적으로든 전형적인 크기를 갖지 않는다. 이런 사실은 현실을 너무 단순화시켰다는 반박을 잠재울 수 있다. 진정으로, 지각의 본질적인 작용은 끔찍할 정도로 조잡한 모델로도 이해할 수 있다. 버리지와 크노프의 토막과 용수철 모델, 이것보다 나중에 나온 박과 탕의 모델, 올라미, 페더, 크리스텐슨의 모델로 지각을 이해할 수 있는 것이다.[13]

이제까지 알아본 것을 임계적 사고라고 부를 수 있다. 임계상태에 사는 것들은 엇비슷하게 조직되는 경향이 있고, 이 조직은 계의 세부적인 성질에서 오는 것이 아니다. 그것은 단지 계의 기하학적 구조에만 관계된다. 따라서 어떤 것이 임계상태라면, 계의 세부적인 성질들을 거의 무시하면서도 본질적인 특성을 이해할 수 있다.

이 책을 계속 읽어나가다 보면, 경제와 생태계는 물론 과학 발전의 과정에서도 임계상태의 특성이 나타난다는 것을 알게 된다. 상전이에 대해서는 이 정도로 마치고, 이제 세계에 나타나는 다양한 계를 살펴보자. 임계상태의 종류는 그리 많지 않으므로, 세계에 존재할 수 있는 조직의 종류도 몇 가지뿐일 수 있다. 겉으로는 아주 달라 보이는 사물들이 속으로 파고들면 구조가 비슷할 수도 있다.

과학적 사고의 목표는 특수한 것에서 일반적인 것을 보고,
일시적인 것에서 영원을 보는 것이다.

– 알프레드 화이트헤드Alfred North Whitehead1

모델의 목적은 데이터에 맞추는 것이 아니라,
질문을 날카롭게 다듬는 것이다.

– 새뮤얼 칼린Samuel Karlin2

# 7장

# 임계적 사고

1942년 12월 2일 이른 오후에, 일군의 물리학자들이 시카고대학 축구장 지하의 스쿼시 코트로 통하는 계단을 내려가고 있었다. 이것은 역사적인 실험이었다. 이 물리학자들은 스쿼시 코트에 꾸민 임시 실험실에서 세계 최초의 핵반응로를 만들었다. 그들은 거대한 흑연 덩어리에 구멍을 뚫었고, 구멍에 긴 농축 우라늄 봉을 집어넣었다. 이 실험을 지휘한 엔리코 페르미Enrico Fermi는 6년 전에 우라늄 핵을 중성자로 때리면 핵이 쪼개지면서 더 많은 중성자가 나온다는 것을 알아냈다. 이 중성자들이 다른 우라늄 핵들을 쪼개서 중성자의 사태를 일으킬 수 있다. 이것은 스스로 유지되는 핵반응이다.

우라늄 핵은 자연 상태에서도 가끔씩 붕괴해서 중성자를 내뿜는다. 조건만 맞으면 단 하나의 중성자로도 연쇄반응을 일으킬 수 있다. 다시 말해, 섣불리 이런 실험을 하다가는 준비 과정에서 핵폭발이 일어날 수도 있다. 페르미는 준비가 끝나기 전에 핵반응로에서 저절로 연쇄반응이 일어나는 것을 막기 위해, 우라늄 연료봉 속에 카드뮴으로 된 '제어봉'을 집어넣었다. 카드뮴은 중성자를 흡수하기 때문에 핵반응의 브레이크 역할을 한다. 이것이 있으면 어쩌다 중성자 하나가 연쇄반응 비슷한 것을 일으켜도 금방 반응을 잠재울 수 있다. 모든 준비가 끝나자, 이제 페르미는 브레이크를 떼고 무슨 일이 일어나는지 보려고 했다.

오후 3시가 조금 지나자 페르미는 로프의 손잡이를 잡고 장치에서 카드뮴 제어봉을 서서히 끌어냈다. 모든 사람들이 숨을 죽이고 이 광경을 지켜보고 있었다. 축하용 포도주 병을 손에 든 물리학자 유진 위그너Eugene P. Wigner도 근처에 서 있었다. 그는 가슴이 조마조마했지만 희망에 차 있었다. 봉이 조금씩 끌려 나오면서, 가이거 계수기Geiger Counter 하나가 가끔씩 딸깍 소리를 냈다. 딸깍 소리는 점점 더 잦아졌고, 금방 기관총 같은 소리가 났다. 페르미는 얼마나 가면 연쇄반응이 걷잡을 수 없게 되는지 미리 계산해두었다. 오후 3시 36분쯤 그는 이 점에 접근했고, 가이거 계수기는 미친 듯한 소리를 냈다. 페르미는 제어봉을 끌어내기를 멈췄다. 그는 핵반응로를 임계점으로 정확하게 조율한 것이다. 이런 상황에서는 중성자 하나가 어떤 크기의 사태도 일으킬 수 있다.

이 이야기에서 얻을 수 있는 메시지는, 그 무엇도 저절로 임계상태에 도달하지는 않는다는 것이다. 여기에는 조율이 필요하다. 핵반응로든 자석이든, 어떤 작은 사건이든 지속적으로 거대한 격변이 일어나는 임계상태로 만들기 위해서는 노력이 필요하다. 고철 조각을 도가니 속에 던져 넣으면, 이것은 가열되어 임계상태를 지나갈 것이다. 그러나 온도를 정확히 섭씨 770도로 맞추면 임계상태로 조율된다. 여기에서 1, 2도만 차이가 나도 파벌의 발흥을 볼 수 없다.

이런 이유로 1987년에 박, 탕, 위젠필드는 자기들이 얻은 결과를 선뜻 받아들이기 어려웠다. 그들이 수행한 단순한 모래더미 게임에서는 저절로 임계상태가 나왔던 것이다. 그들은 컴퓨터 속에서 다음과 같은 게임을 수행했다. 평평한 표면 위에 모래알을 천천히 마구잡이로 떨어뜨린다. 더미가 쌓이면서 사면이 점점 가팔라지고, 그다음에는 사태가 시작되었다. 처음에는 모래알이 몇 개씩만 무너진다. 더미가 커지면서 사태의 전형적인 크기도 함께 커진다. 결국 모래더미는 임계상태가 되어서, 모든 크기의 사태가 일어난다. 페르미가 핵반응로를 적절히 운전했을 때와 똑같은 임계상태가 된 것이다. 하지만박, 탕, 위젠필드는 이 게임에서 어떤 조절도 하지 않았다. 임계상태가 저절로 솟아난 것이었다.

그런 기적 같은 일을 본 그들은 여기에 '자기조직화하는 임계성'이라는 이름을 붙였다. 역사상 처음으로 물리학자들은 조율 없이 저절로 생겨난 임계상태를 보았다. 게다가 이 임계상태에는 복원성이 있었다. 손으로 모래더미의 절반을 쓸어버려도, 모래알이 계속 떨어지면 다시 임계상태로 돌아간다. 자석의 경우에 임계상태는 아주 특별한 것이다. 어떤 쇳덩이도 우연히 임계상태가 되지는 않는다. 하지만 모래더미에서 임계상태가 자연스럽게 나온다면, 이런 놀라운 성질을 가진 것이 또 있다고 추측해볼 수도 있다.

아이작 뉴턴은 행성의 운동에 관한 법칙을 발견했다. 이 법칙은 혜성, 떨어지는 빗방울, 떨어지는 사과, 비행기, 인공위성에 적용되며, 궁극적으로 지구의 거의 모든 것뿐만 아니라 지구 밖에서도 적용된다. 막스 플랑크Max Planck는 뜨거운 물체에서 나오는 빛의 색깔을 설명하기 위해 노력하다가 양자론의 단초를 발견했다. 그의 발견은 곧 물리학의 모든 구석까지 넘쳐흘렀다. 위대한 발견이 나오면, 과학자들은 갑자기 도처에서 이전까지는 결코 보이지 않던 새로운 것들을 보게 된다.

앞에서 우리는 규칙도 없고 예측도 불가능한 지각의 활동에서도 자기조직화하는 임계성이 나타나는 것을 보았다. 지각도 임계상태에 있는 것으로 보인다. 느리지만 꾸준히 일어나고 있는 대류판의 이동은 모래알이 떨어지는 것과 비슷해서, 지각에서 일어나는 사태(단층의 그물망에서 바위들이 미끄러지는 것)가 모든 크기로 일어나게 한다. 그렇다면 자연에는 모래더미 게임과 똑같은 논리를 공유하는 사물이 또 존재할까? 이 물음을 둘러싸고 10년 이상 열띤 논쟁이 벌어졌다.3 물리학자들은 아직 완전한 답을 얻지 못했지만, 그들은 매혹적이고 난해한 것들을 찾아냈다.

## 산불 게임

1988년에 옐로스톤 국립공원에서 일어난 산불이 왜 그렇게 커졌는지 이해하기란 쉽지 않다. 산불이 진행되는 방식과 규모는 나무의 종류, 빽빽한 정도, 숲과 초지가 어떻게 섞여있는가에 따라 크게 달라진다. 바람은 불을 퍼뜨리고, 비는 불을 지연시킨다. 오래된 숲은 불에 잘 타고, 생긴 지 얼마 안 된 숲은 그렇지 않은데, 이런 숲들이 지역에 따라 복잡하게 얽혀 있다. 또 강과 같은 천연의 장벽은 산불을 지연시킬 수 있다. 하지만 불티가 강을 건너가서 1킬로미터 밖에서 새로운 불이 시작될 수도 있다.

이런 요인들이 복잡하게 뒤얽혀 있기 때문에, 지진과 마찬가지로 산불의 규모를 예측하기 어려운 것은 당연한 일인지도 모른다. 미국 산림청이 옐로스톤 국립공원의 산불에 제대로 대처하지 못한 것은, 단순히 고려해야 할 것들이 너무 많았기 때문일 것이다. 그러나 여기에도 더 깊은 이유가 있을 수 있다. 코넬대학의 브루스 맬러머드Bruce Malamud, 글렙 모레인Gleb Morein, 도널드 터콧Donald Turcotte은 미국과 오스트레일리아에서 지난 세기에 일어난 산불의 방대한 자료를 모았다. 그들은 불에 탄 나무의 숫자와 피해 면적을 기준으로 산불들의 크기를 조사했다. 전형적인 산불의 크기는 과연 얼마인가?

산불의 기록에는 자연의 파괴력과 인간의 보존 노력의 투쟁이 나타난다고 생각할 수도 있다. 이런 점을 확인하기 위해, 맬러머드와 동료들은 미국 어류 및 야생생물 관리국에서 집계한 1986년에서

1995년까지의 자료를 통해 산불의 규모와 빈도를 조사했다. 피해 면적이 1제곱킬로미터인 산불은 얼마나 자주 일어났는지, 10제곱킬로미터를 태운 산불은 얼마나 자주 일어났는지 등을 그래프로 그린 것이다. 놀랍게도 이 그래프에서는 산불의 전형적인 크기가 나타나지 않았다. 그들이 찾아낸 것은, 산불의 규모와 빈도가 보여주는 매우 뚜렷한 멱함수 관계였다. 우리는 여기에서도 또다시 똑같은 기하학적 규칙성을 발견한다. 산불의 피해 면적이 2배면, 그런 산불은 2.48배로 드물어진다. 이러한 규칙성은 아주 작은 산불에서 시작해서 100만 배 크기의 산불에까지 계속 유지되었다. 산불이 번지는 방식은 엄청나게 복잡한데도, 얼마나 큰 산불이 얼마나 자주 일어나는지를 보여주는 분포에서는 놀랍도록 단순한 규칙성이 나타나는 것이다. 이것은 생태적 재난에 대한 구텐베르크-리히터 법칙이다.

멱함수 법칙은 규모 불변성 형태이고, 큰 사건이 작은 사건과 다르지 않음을 함의한다는 것을 앞에서 보았다. 멱함수 법칙이 나온다는 것은 큰 사건과 작은 사건이 똑같은 원인에 의해 일어난다는 뜻이다. 대지진이라고 해서 특별한 원인이 있는 것이 아니고, 단지 지각이 전체적으로 임계상태로 조직되어 있어서 연쇄반응이 멀리까지 전파될 수 있기 때문에 가끔씩 일어나는 자연스러운 현상일 뿐이다. 코넬대학의 연구자들은 산불도 마찬가지임을 알아냈다. 미국과 오스트레일리아뿐만 아니라 지구 상의 모든 지역에서 산불의 분포는 똑같다. 불이 나면, "불 자신도 처음에는 자기가 얼마나 커질지 모른다." 모든 숲이 임계상태로 조직되어 있기 때문에 산불이 그런 방식으로 번지며, 어떤 특정한 산불이 얼마나 멀리 번질지는 크게 보아 우연의 문제다.

적어도 이것이 자료 분석으로 얻은 결과다. 물론 멱함수 관계 자체는 단지 데이터일 뿐이다. 이것은 작은 지진과 큰 지진의 원인에 차이가 없다는 암시겠지만, 회의론자들은 여전히 의심을 거두지 않는다. 멱함수 법칙이 어떻게 나타나는지에 대해 더 깊은 통찰을 얻기 위해, 맬러머드와 동료들은 한 단계 더 나아갔다. 앞 장에서 우리는 보편성 원리를 보았다. 이 원리에 따르면, 임계상태에 있는 어떤 사물과 본질적으로 똑같은 방식으로 작동하는 모델을 만드는 것은 어렵지 않다. 세세한 성질들을 모두 무시하고, 활동이 한 곳에서 다른 곳으로 퍼져나가는 과정의 핵심 논리만을 잡아내면 된다. 그러면 산불에서 가장 본질적인 점은 무엇인가?

코넬대학의 연구자들은 산불의 전파에서 본질적인 요소 세 가지를 찾아냈다. 첫째 숲은 나무로 되어 있고, 자연상태에서 시간이 지나면 나무가 점점 많아진다. 둘째 가끔씩 어떤 곳에 있는 나무에 불이 붙는다. 셋째 이 불이 근처에 있는 다른 나무에 옮겨 붙는다. 산림 관리자들이 보기에 이 밑그림은 실제의 숲을 너무 심하게 단순화시킨 것이다. 하지만 맬러머드와 그의 동료들은 이 요소들을 수학적인 게임에 적용했고, 컴퓨터를 이용해서 이것이 어떻게 작동하는지 보았다.

모래더미 게임과 마찬가지로 산불 게임도 격자에서 실행했다. 컴퓨터는 일정한 시간이 지날 때마다 무작위로 정사각형 격자에 나무를 심는다. 시간이 흐름에 따라 나무의 수가 점점 늘어나서 온 숲을 채운다. 나무가 심어진 다음에 컴퓨터는 아무 격자에나 마구잡이로 성냥을 떨어뜨린다. 따라서 일정한 시간 간격마다 나무가 균일한 빈도로 나타나고, 더 낮은 빈도로 성냥이 가끔씩 떨어진다. 예를 들어 나무가 200~400그루 생길 때마다 성냥 하나가 떨어진다. 성냥이 나무가 없는 곳에 떨어지면 아무 일도 일어나지 않는다. 성냥이 나무에 떨어지면, 그 나무에 불이 붙는다. 불이 붙은 나무 옆의 네 칸에 우연히 나무가 있으면, 다음 시간 간격 때 그 나무에 불이 옮겨 붙는다. 이것이 전부다. 이 게임은 나무를 무작위로 자라게 하고, 때때로 나무 하나를 태우고, 조건이 맞으면 이웃 나무에 불이 번지게 한다.

이 모델에서는 강이나 도로 같은 산불에 대한 장벽은 고려하지 않는다. 숲에 나무가 없는 빈터가 있으면 그것이 자연스럽게 장벽이 된다. 또 이 모델에서 나무는 모두 한 종류라고 가정한다. 모든 나무들이 똑같은 정도로 불이 잘 붙고, 똑같은 속도로 탄다. 소방대와 날씨도 이 게임에서는 무시된다. 이렇게 했는데도 보편성 원리는 그대로 적용되어, 게임은 진짜 산불의 데이터와 아주 잘 일치했다. 맬러머드와 동료들은 모의실험을 여러 번 실행하면서 격자에서 얼마나 큰 산불이 얼마나 자주 일어나는지 셌다. 이 게임에서도 진짜 산불처럼 큰 불보다 작은 불이 많이 일어났다. 단순히 정성적으로 비슷한 정도를 넘어서, 이 모델에서도 거의 완벽한 멱함수 관계가 나타났다.[4] 가상의 격자에 심어진 나무들은 자연적으로 임계상태로 조율되어, 성냥이 떨어지면 어떤 크기의 산불로도 번질 수 있고, 숲 전체가 파괴되는 산불이 될 수도 있었다.

이 단순한 게임이 진짜 산불과 놀랍도록 비슷한 것을 보고, 맬러머드와 동료들은 자연에는 지각地殼 말고도 스스로 임계상태로 조직되는 것이 또 있다고 결론을 내렸다. 숲에서도 이런 일이 일어나며, 최소한 얼마간은 저절로 그렇게 된다. 이것은 피할 수 없는 결론이었다. 이 게임에는 흥미로운 것이 더 있는데, 이는 큰 산불의 참화를 막으려는 미국 산림청에게도 도움이 될 것이다.


## 초임계

옐로스톤 국립공원에서 1988년에 일어난 산불은 150만 에이커를 태웠다. 물론 임계상태에서는 이렇게 끔찍한 사건에 대해서도 특별한 원인이 없다. 임계상태라는 것만으로 별 이유 없이 가끔씩 엄청난 산불이 일어난다는 것을 의미한다. 숲은 페르미의 핵반응로처럼 끔찍한 참사의 가장자리에 놓여 있는 것이다. 그러나 옐로스톤을 비롯해서 미국의 국립공원에 있는 숲은 어쩌면 더 나쁜 상황에 있는 것 같다. 페르미가 제어봉을 끄집어내기를 멈추지 않았다면, 중성자가 훨씬 더 많은 중성자를 내뿜어서 핵반응로는 무시무시한 폭발을 일으켰을 것이다. 그랬다면 아무도 그날 위그너의 포도주로 축배를 들지 못했을 것이다. 불행하게도, 지난 세기의 미국의 산림관리 정책은 생태적으로 제어봉을 한꺼번에 뽑는 것과 같은 일을 했는지도 모른다. 그 결과로 숲은 참사의 가장자리에 있었던 정도가 아니라, 거의 확실하게 참사로 가는 길에 들어서 있었는지도 모른다. 앞에서 본 게임이 왜 그런지 알려준다.

컴퓨터는 성냥을 자주 떨어뜨린다는 것을 상기하자. 맬러머드와 동료들은 성냥을 얼마나 자주 떨어뜨릴지를 변경할 수 있었고, 여러 가지를 시험해보았다. 나무 100그루가 난 뒤에 성냥 하나를 떨어뜨려보기도 했고, 2,000그루마다 하나씩 떨어뜨려 보기도 했다. 첫째 경우에 성냥은 꽤 자주 떨어져서, 많은 산불이 있었다. 둘째 경우에는 성냥이 드물게 떨어져서, 산불은 자주 일어나지 않았다. 그런데 이 둘째 경우가 흥미롭다. 산불이 잦지 않았기 때문에 나무가 점점 더 빽빽하게 자라났고, 이런 경향을 막는 것은 아무것도 없었다. 나무 2,000그루가 심어질 때까지 성냥이 떨어지지 않자, 이 게임에서 격자는 거의 모두 나무로 가득 차버렸다. 마침내 성냥이 떨어지자, 그 결과는 참혹했다. 나무 한 그루에 붙은 불은 숲 전체로 번졌다. 다시 말해 이 게임에서 산불이 시작되는 빈도가 아주 낮으면, 모든 것을 태우는 대참사가 일어나는 경향을 보여주었다.

맬러머드와 동료들은 여기에 '옐로스톤 효과'라는 이름을 붙였다. 미국 토지관리사무소는 자연적으로 일어나는 산불을 억제하려고 안간힘을 썼지만 산불이 과거보다 더 자주 일어났으며, 훨씬 더 심각하고 통제하기 어려웠다고 인정했다. 위에서 본 게임의 결과가 이 사실을 설명할지도 모른다. 1890년 이후로 미국 산림청은 산불을 단 한 건도 허용하지 않겠다는 태도를 취했다. 그래서 산림청은 자연적인 이유로 일어난 것을 포함한 모든 산불을 필사적으로 잡으려고 했다. 이것은 게임에서 성냥을 훨씬 드물게 떨어뜨리는 것과 같았고, 현실에서도 비슷한 결과를 가져왔다.

산불에 적극적으로 대처하다 보니 의도하지 않은 효과가 생겼다. 숲이 노령화된 것이다.5 늙은 나무들은 젊은 나무로 대치되지 않아서 숲의 자연적인 변화가 방해를 받았다. 죽은 나무, 풀, 잔가지, 관목, 나무껍질, 나뭇잎들이 축적되었고, 그 결과로 숲은 자연적인 임계상태에서 벗어났다. 숲이 임계상태로 유지되는 데는 산불도 일정한 역할을 하는데, 산불을 인위적으로 억제했기 때문에 잘 타는 물질이 모든 곳에 높은 밀도로 쌓여서 초임계상태가 된 것이다. 어떤 작가가 말했듯이, 대자연은 숲 속에 "최후의 심판을 준비해두고 있다. 보호된 숲에는 엄청난 연료가 밑에 쌓여 있고, 그 위에 죽은 나무와 큰 가지가 서 있다. 불에 잘 타는 덤불과 풀 (…) 번갯불 한 번이나 담배꽁초 하나로도 엄청난 불이 타오를 수 있다."6

이제 미국 연방의 산불 정책은 이런 상황을 잘 인지하고 있다.

파국적인 산불이 수백만 에이커의 숲을 위협하고 있다. 이런 경향은 과거의 토지 사용 관행과 한 세기에 걸친 산불 방지 정책에 의해 식생이 변경된 지역에서 더 심하다. 역사상 유래가 없을 정도로 잘 타는 물질이 많이 쌓여 있는 곳에서는 생태계에 돌이킬 수 없는 심각한 손상이 일어날 수 있다.[7]

결과적으로 산림 관리자들은 중간 규모 이하의 산불을 막을 필요가 없다. 이제 그들은 잘 타는 물질이 많이 쌓이는 것을 막기 위해 계획적으로 불을 내기도 한다. 중간 규모의 산불은 위험한 죽은 나무를 태워 없애서, 산불이 퍼질 수 있는 경로를 차단한다. 이렇게 되면 작은 교란이 쉽사리 거대한 참사로 번지지는 않는다.

미국 연방의 산불 정책은 다음과 같이 정곡을 찔렀다. "산불은 매우 중요한 자연적인 과정이므로, 생태계에 다시 도입되어야 한다." 잃어버린 균형을 회복하는 데는 여러 해가 걸릴 것이다. 균형을 회복한 다음에도 여전히 큰 산불은 꽤 자주 일어날 것이다. 임계상태에서는 이런 일을 피할 수 없다. 그러나 적어도 끔찍한 대참사는 초임계상태에 있을 때보다 훨씬 적게 일어날 것이다.

산불 모델은 보편성 원리를 또 한 번 보여준다. 산불에 연관된 수많은 세세한 변수들은 산불이 번지는 본질적인 방식에 거의 영향을 주지 않는다는 것이다. 숲은 자기조직화하는 임계성의 뛰어난 예로 보인다. 임계상태에서 중요한 것은 복잡한 세부적인 성질이 아니라, 영향이 전파되는 방식의 배후에 있는 단순한 기하학적 특성이다.

## 상대적인 임계

20세기 초에 아인슈타인이 상대성이론을 발표하자, 수많은 사상가들이 이제 모든 진실은 관점에 따라 달라진다는 것이 입증되었다고 떠들었다. 하지만 아인슈타인이 보기에 이런 반응은 참으로 어리둥절한 것이었다. 그의 이론은 정반대의 메시지를 주기 때문이다. 상대성이론은 불변성 개념을 바탕으로 한다. 이 이론은 관점이 변했을 때도 변치 않고 남아 있는 사물의 심오한 성질을 밝혀낸 것이다. 자기조직화하는 임계성이라는 개념도 이런 정신을 공유하며, 여기에 이 개념의 힘이 있다. 이것은 많은 사물을 한 가지 처방으로 설명한다. 그 사물의 구성 요소가 분자든 나무든, 온갖 복잡한 세부적인 성질들이 어떻든 아무 관계가 없다.

북아메리카 서부에는 300종의 메뚜기들이 넓은 초원에서 풀을 뜯고 있었다. 땅 위에 사는 어떤 생물도 메뚜기보다 더 많은 식물을 먹어치우지 못한다. 메뚜기는 해마다 모든 식물의 잎을 20퍼센트쯤 먹어치워 초원 생태에 큰 영향을 준다. 이것은 영양분을 토양으로 순환시켜서 식물 군락의 안정성을 유지하는 데 도움을 준다. 그러나 메뚜기의 수는 때때로 통제를 벗어나 엄청나게 불어난다.

1983년과 1984년에 와이오밍 주의 블랙힐 지역에서 메뚜기 수가 엄청나게 불어나서, 초원은 거의 메뚜기로 뒤덮였다. 이렇게 되면 목장에서 가축들에게 먹일 풀까지 모두 없어지기 때문에, 당국은 미국 서부에서 100년이 넘게 메뚜기의 창궐을 예측하고 통제하려고 노력했다. 그러나 왜 메뚜기가 갑자기 많아지는지 이해하기란 전혀 쉽지 않았다. 생태학자들은 계절별 기온, 강수량, 여러 가지 메뚜기 포식자와 기생충의 수 등을 포함해서 2만 가지 이상의 요인을 평가했고, 이 자료를 바탕으로 매년 메뚜기 집단의 크기를 예측하려고 했다.

1994년에 생태학자 데일 록우드Dale Lockwood와 그의 형제 제프리 록우드Jeffrey Lockwood는 이제까지보다 훨씬 더 세밀하게 메뚜기의 창궐을 수학적으로 분석했다. 그들이 발견한 것은 이제 더 이상 독자들을 놀라게 하지 않을 것이다. 미국 농무부는 50년 이상 동안 매년 아이다호, 몬태나, 와이오밍 주의 여러 지역에서 메뚜기 피해 면적을 기록했다. 전체 면적에 대해 메뚜기의 밀도가 어떤 문턱 값을 넘어서면 피해 면적으로 기록되었다. 문턱 값은 1제곱미터당 여덟 마리로, 메뚜기 밀도가 이 값을 넘어선 곳의 피해는 몇 년이 지나도 회복되지 않는다. 메뚜기가 문턱 값 이상으로 덮인 면적은 메뚜기 피해가 얼마나 큰지 잘 보여준다.

이 연구자들은 여러 지역의 메뚜기 창궐 기록을 분석해서, 피해 면적의 분포가 멱함수 법칙을 따른다는 것을 알아냈다. 작은 피해는 흔했고, 큰 피해는 그렇지 않았다. 그러나 여기에서 중요한 점은, 피해가 크거나 작거나 그 원인에는 아무런 차이가 없다는 것이다. 멱함수 법칙은, 작은 피해를 일으키는 사소한 원인이 절망적인 창궐을 일으키기도 한다는 것을 의미한다. 창궐이 시작된 지점을 세밀하게 분석하는 것은 궁극적인 피해 면적을 알아내는 데 충분하지 않다.[8]

숲에서 배운 교훈은 전염병 예방에도 도움을 준다. 이 교훈에 따르면, 생태학자들이 2만 가지 요인을 모두 다룰 수 있다고 해도 피해 규모를 예측하기는 어렵다. 생물들의 상호 접촉이 두터운 그물망을 이루어 임계상태와 비슷하게 되면, 어쩔 수 없이 그 생태계는 극심한 변화의 가장자리에 놓인다. 따라서 참사가 언제쯤 일어날지 예측하는 노력은 거의 무의미하다. 반대로 모든 피해를 방지하려던 과거의 노력이 잘못되었고, 그러한 노력이 도리어 거대한 피해를 부추겼을 수도 있다.

다른 상황에서도 비슷한 규칙성이 나타난다. 1996년에 옥스퍼드 대학의 로이 앤더슨Roy Anderson과 크리스 로데스Chris Rhodes는 1912년에서 1969년까지 북대서양의 아이슬랜드와 노르웨이 사이에 있는 페로 제도Faeroe Islands의 고립된 인구 집단에 대해 홍역의 유행을 연구했다. 그들은 홍역 유행의 크기(감염자 수) 분포가 지진이나 산불처럼 아름다운 멱함수 법칙을 따른다는 것을 알아냈다. 산불 모델을 이용한 모의실험(나무는 사람에 해당되고 불은 감염에 해당된다)에서도 이 관찰과 똑같은 결과가 나왔다.[9] 산불의 전파를 잘 설명한 모델이 사람들 사이의 전염병 전파도 훌륭하게 설명했다. 나무가 사람이고 불이 전염병이라고 하면, 교란은 똑같은 방식으로 번진다. 이렇게 해서 세부적인 성질은 중요하지 않다는 사실이 또 한 번 입증되었다. 이 결론을 받아들이지 못하는 사람은 다른 어떤 것도 받아들일 수 없을 것이다.

임계상태는 우주에 있는 더 기묘한 대상에도 적용된다. 펄서<sup>pulsar</sup>라고 부르는 별은 완전히 중성자로 되어 있다. 이 별은 밀도가 극단적으로 높아서, 이 별의 물질을 한 숟가락만도 퍼도 지구에서 가장 큰 건물보다 무겁다. 이 별은 자전하면서 우주로 빛을 내뿜는다. 그런데 이 펄서의 주기가 갑자기 빨라지는 일이 가끔씩 있다. 이것은 이 별의 자전이 갑자기 빨라지기 때문이라고 생각된다.

펄서의 주기 변이가 어쩌다가 굉장히 커지는 일이 있다. 다시 말해 별의 자전이 훨씬 빨라지는 것이다. 1993년에 텍사스대학 오스틴 캠퍼스의 두 물리학자가 20년에 걸친 데이터로 펄서의 주기 변이를 분석했다. 그들은 변이의 분포가 규모 불변성의 멱함수 법칙을 완벽하게 따른다는 것을 알아냈다. 작은 변이는 자주 일어나고, 큰 변이는 드물게 일어난다. 작은 변이와 큰 변이의 빈도는 정확하게 멱함수 법칙을 따른다.[10] 어떻게 해서 이렇게 될까? 이는 다음과 같이 설명된다.

위에서 말한 것처럼 펄서는 매우 밀도가 높기 때문에 별의 표면에 엄청난 중력이 작용한다. 중력은 표면에 있는 물질을 중심부 쪽으로 잡아당겨서 별을 더 작게 만들려고 한다. 별의 표면에 있는 물질들은 중력에 저항하여 안쪽으로 무너지지 않으려고 하지만, 가끔씩 중력에 굴복하여 조금씩 중심부를 향해 압축된다. 이것은 마치 대륙이 조금씩 이동하면서 단층에서 지진이 일어나는 것과 같다. 중력은 대륙판의 이동처럼 끊임없이 작용한다. 단층이 바위의 마찰력으로 대륙판의 이동에 저항하다가 가끔씩 미끄러지듯이, 별 표면의 물질들도 평소에는 중력에 잘 견디다가 가끔씩 안으로 무너지는 것이다.

이런 일이 일어날 때마다 펄서는 조금씩 더 작아지고 밀도는 커진다. 이렇게 되면 피겨 스케이팅 선수가 팔을 오므리면 더 빨리 도는 것과 마찬가지로, 별도 더 빨리 돈다. 이 설명이 옳다면 펄서의 주기 변이에도 지진에서 나타나는 구텐베르크-리히터 법칙과 비슷한 멱함수 법칙이 나타날 것이다.

1990년대에 물리학자들은 도처에서 멱함수 법칙이 적용되는 예들을 찾아냈다. 종이를 구길 때, 초전도체에서 일어나는 자기장의 움직임에서, 이글대는 태양 플레어flare의 폭발에서, 심지어 교통 정체에서도 물리학자들은 자기조직화의 흔적을 발견했다. 주위를 조금만 둘러봐도 이런 예들을 쉽게 찾아낼 수 있다. 무엇으로 이루어진 것이건, 어떤 세부적인 성질이 있건, 임계상태는 모든 종류의 사물에 있다. 어떤 의미에서 임계상태라는 상황은 물리학보다 더 근본적이다. 이것은 물리학의 배후에 있고, 세계의 많은 것에 질서를 부여하는 영혼이다.


## 쌀, 더 나은 모래

하지만 이것이 세계의 전부는 아니다. 차가운 물 한 통은 거의 확실히 임계상태에 있지 않으며, 자석을 비롯해서 어떤 것이든 보통의 조건에서는 임계상태에 있지 않다. 물론 박, 탕, 위젠필드도 결코 모든 것이 임계상태에 있다고는 말하지 않았다. 그들은 자기조직화하는 임계성이 많은 사물을 설명하기를 바랐고, 특히 비평형에 있는 것들을 설명하기 바랐다. 통에 담긴 물은 정지해 있고, 평형상태다. 반면 앞에서 본 모래더미는 모래알이 계속 떨어지기 때문에 평형상태가 아니다. 지각도 비슷하다. 지구 내부의 열 때문에 대륙판은 끊임없이 움직이고, 지각은 평형상태를 유지할 수 없다.

비평형상태라고 해서 모두 임계상태가 되지는 않는다. 물을 가열해보자. 열이 충분히 세면 물이 움직이기 시작한다. 그러나 물의 운동은 불규칙적이거나 예측 불가능하고, 여기에서는 어떤 멱함수 법

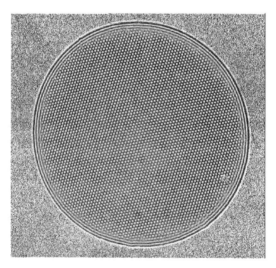

**그림 10** 레일리–베나르 실험에서 나타난 육각형 대류 패턴. 검은 영역에서 액체가 아래로 내려가고, 밝은 부분에서 위로 올라온다.

*자료 제공: 코넬대학의 에버하르트 보덴샤츠Eberhard Bodenschatz.

척도 나타나지 않는다. 1900년에 프랑스의 물리학자 앙리 베나르Henri Bénard가 이 실험을 세밀하게 수행했고, 끓는 물의 표면에서 완벽하게 배열된 육각형들을 보았다(그림10). 물은 육각형의 중앙에서 위로 올라오고, 경계에서 아래로 내려간다. 이것은 비평형상태이지만 임계상태가 아니다. 평형을 벗어난 것들 중에는 임계상태로 조직되는 것도 있지만 그렇지 않은 것도 있다.

그렇다면 무엇이 자기조직화하는 임계성인가? 이것은 언제 나타나며, 언제 나타나지 않는가? 박, 탕, 위젠필드는 모래더미의 컴퓨터 모델을 연구했다. 그들은 이것을 모래더미 게임이라고 불렀지만, 진짜 모래로 실험하지는 않았다. 1990년대 초에 물리학자들은 진짜 모래를 가지고 세심하게 이 실험을 해보았지만, 처음에는 실망스러운 결과를 얻었다. 진짜 모래에서는 사태가 멱함수 법칙을 따르지 않았다. 실제의 모래더미는 임계상태일 때보다 큰 사태가 훨씬 자주 일어나는 경향이 있었다. 다시 말해, 자기조직화하는 임계성은 중성자별, 지구의 지각, 전염병, 산불에 적용되지만, 얄궂게도 이 개념의 모태인 모래더미에서는 맞지 않다. 박과 동료들이 고안한 컴퓨터 모래더미 게임은 진정으로 임계상태로 조직되었지만, 진짜 모래더미는 그렇지 않았다.

컴퓨터 모래더미 게임은 진짜 모래더미와 다르게 행동했지만, 이것은 자기조직화하는 임계성이 실제로 어떻게 동작하는지 처음으로 가르쳐주었고, 어디에서 이런 현상이 나타나는지 알려주었다. 킴 크

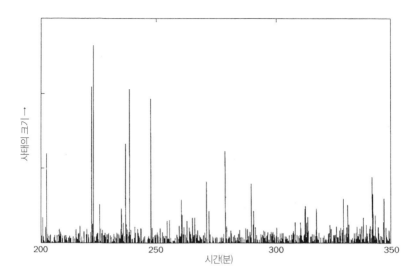

**그림 11** 쌀더미 실험에서 산발적이고 예측 불가능한 사태의 기록. 막대의 높이는 알갱이 한 알을 떨어뜨렸을 때 일어나는 사태의 '크기'를 가리킨다. 더 정확하게 말하면 막대는 사태가 일어나기 전후의 높이 차를 가리키며, 따라서 미끄러진 쌀알 수뿐만 아니라 쌀알이 떨어진 높이도 반영한다.

리스텐슨과 런던임페리얼칼리지에 있는 그의 동료들은 현실에 존재하면서 모래더미 게임과 똑같은 행동을 보여주는 알갱이가 무엇인지 알아냈다. 바로 쌀이었다. 크리스텐슨과 동료들은 특수한 유리판 두 장을 수직으로 세우고 그 사이에 쌀알을 한 번에 한 알씩 떨어뜨려서, 사태의 분포에서 거의 완벽한 멱함수 법칙을 발견했다.11

　그들은 또한 임계상태에서 나타나는 기묘한 리듬을 실험적으로 멋지게 보여주었다. 이 실험에서 그들은 쌀알이 미끄러질 때마다 사진을 찍었고, 일일이 쌀알의 수를 세었다. 이 실험의 결과로 전혀 예측할 수 없는 거친 리듬이 나타났다 그림11 . 조용한 시기가 길게 이어지다가 가끔씩 격심한 사태가 일어났다. 이것은 진정한 격변이었다. 왜 어떤 알갱이를 떨어뜨릴 때는 아무 일도 없다가, 다른 어떤 알갱이를 떨어뜨리면 격심한 사태가 일어나는지 참으로 이상한 일이었다.

그런데 왜 쌀알에서는 되는 일이 모래알에서는 되지 않을까? 답은 관성에 있는 것 같았다. 모래알은 비교적 무겁고 미끄럽다. 모래알이 한번 미끄러지기 시작하면 계속해서 미끄러지려는 경향이 있어서, 더미 전체가 무너진다. 반면에 쌀알은 비교적 가볍고 조금 끈끈하다. 따라서 미끄러지는 쌀알들은 더미가 겨우 안정되는 정도에서 멈춘다. 모래더미 게임을 고안한 박과 동료들은 모래알을 끈끈하고 관성이 없는 알갱이로 놓고 게임을 수행했다. 이렇게 해서 컴퓨터 속의 모래알은 사실상 쌀알에 가까워졌다. 그들은 이것을 모래더미 게임이 아니라 쌀더미 게임이라고 불렀어야 했다.

이는 떨어지는 대상이 조금만 변해도 임계성이 영향을 받을 수 있다는 뜻이다. 1994년에 IBM 연구부의 물리학자 제프 그린스타인 Geoff Grinstein은 모래더미 게임은 모래알을 매우 천천히 떨어뜨릴 때만 임계상태에 도달한다고 지적했다. 모래알을 떨어뜨리고 나서 알갱이들이 굴러 내려가고 있을 때는 완전히 진정된 다음에 모래알을 떨어뜨려야 한다. 모래알이 더 빨리 떨어지면(직전의 사태가 진행 중일 때 모래알이 또 떨어지면) 임계상태가 사라지며, 따라서 멱함수 법칙도 사라진다.

이것은 두 가지 중요한 의미를 가진다. 박, 탕, 위젠필드는 컴퓨터 게임을 전혀 조율하지 않았는데도 임계상태가 나타나는 것을 보고 놀랐다. 그러나 이것은 스스로를 속인 것일 수 있다. 모래알은 아주 천천히 떨어져야 하고, 가볍고 끈끈해야 한다. 박, 탕, 위젠필드는 임계상태가 나오도록 컴퓨터 게임을 무의식적으로 조율한 것으로 보였다. 자기조직화하는 임계성은 평형상태를 아주 천천히 교란할 때만 나타나고, 개별적인 조각의 활동보다 여러 조각들의 상호작용이 지배적일 때 나타나는 것으로 보인다.

모래더미 게임도 조율이 필요했다는 것에 대한 뒤늦은 깨달음은 원래의 자기조직화하는 임계성의 꿈에 타격을 주었다. 예를 들어 박은 한때 이렇게 썼다. "실제 세계를 설명할 가능성이 있는 자기조직화하는 임계성의 개념에서 특히 중요한 것은 자기조직화다. 사실은 이것이 이 개념의 모든 것이다. (…) 모래더미는 강제로 임계상태에서 멀어지게 해도 다시 임계상태로 복원된다."[12] 모래더미 게임이야 과학자가 조율해서 임계상태로 만들면 되지만, 자연에서는 누가 임계상태를 조율할 수 있는가?

한편으로 이것은 그리 큰 타격이라고 할 수 없다. 좋은 이론에도 대개는 조율이 필요한 숫자들이 있다. 맥스웰의 전자기 방정식에는 빛의 속력이 있고, 양자론에는 플랑크 상수가 있다. 이 이론들을 실제 세계에 적용하려면 이런 숫자들뿐만 아니라 전자의 질량 등의 값을 이론의 외부에서 결정해주어야 한다. 입자물리학의 표준 이론은 이렇게 '조율이 필요한' 숫자가 19개나 있어도 뛰어난 이론으로 간주된다. 단순한 게임이 단 2개의 변수만을 조율해서 많은 것을 설명한다면, 이것은 꽤 훌륭해 보인다.

계속된 연구에 의해 모래더미 게임에 조율이 어떻게 들어왔는지 설명되었다. 이것은 꽤 특수한 방식으로 게임에 들어오며, 그리 강한 의미의 조율은 아니다. 이번에 살펴볼 것은 꽤 전문적인 내용이지만, 한번 짚어볼 가치가 있다.

앞장에서 본 상전이는 평형 상전이였다. 다시 말해 계가 평형을 유지하면서, 예를 들어 온도 같은 지배적인 조건에 따라 계가 어떤 조직을 가질지 결정되는 것이다. 이제까지 상전이에 관한 연구는 대부분이 평형 상전이에 대해 이루어졌고, 비평형 상전이에 대해서는 이제 겨우 연구가 시작되었을 뿐이다. 비평형 상전이는 계가 지속적으로 외부의 힘에 영향을 받는 경우다. 물론 평형보다 비평형이 더 큰 분야이고, 세상에 존재하는 대부분의 계는 비평형이다.

트리에스테에 있는 국제이론물리센터의 물리학자 알레산드로 베스피그나니Alessandro Vespignani와 파리물리화학학교의 스테파노 자페리Stefano Zapperi는 비평형 상전이가 일어날 수 있는 게임의 예로 모래더미 게임과 산불 모델을 살펴보았다. 그들은 게임을 만든 사람들이 임계상태가 나오도록 매개변수들을 무의식적으로 선택했다는 것을 발견했다.[13] 예를 들어 모래더미 게임에서 모래알을 떨어뜨리는 속도를 마음대로 할 수 있는데, 임계상태는 모래알을 아주 천천히 떨어뜨릴 때만 나타난다. 다시 말해 떨어뜨리는 속도와 무너지는 속도의 비율이 0이 되어야 임계상태가 나타난다.

하지만 0이 되도록 조율하는 것이 다른 숫자로 조율하는 것보다 쉬울 수 있다. 예를 들어 자석의 경우에는 온도를 정확히 섭씨 770도로 맞춰야 임계상태가 되며, 온도가 10퍼센트쯤 변하면 임계상태가 되지 않는다. 이번에는 어떤 변수를 0.0001처럼 아주 작은 수로 맞춰야 임계상태에 도달한다고 하자. 이 숫자를 10퍼센트쯤 변화시켜도 여전히 아주 작은 수이며, 심지어 200퍼센트, 또는 1,000퍼센트나 1만 퍼센트를 변화시켜도 여전히 아주 작은 수가 나온다. 실제로 모래더미와 산불 게임은 자석보다 훨씬 조율에 둔감하다.

이것이 '자기조직화'하는 임계성이 실제 세계에서 도처에 나타나는 이유일 수 있다. 이것은 사실 '꽤 굳센 임계성'이라고 할 수 있다. 지진과 전염병은 어떤 이유로든 필연적으로 거친 조율을 받는 것으로 보인다. 임계상태로 조율된다는 것은 강제하는 힘이 느리게 작동하고, 또 개별적인 활동보다는 상호작용이 지배적이 되어야 한다. 우리는 과학(개념이 발전하는 방식) 자체에서도 이런 조건이 작동하는 것을 볼 것이고, 심지어 인간 역사에서도 볼 것이다. 자기조직화하는 임계성의 한계를 탐구하던 과학자들은 또 다른 형태의 자기조직화하는 임계성을 발견했다. 이것도 똑같이 단순해서, 세계의 많은 것들이 이런 형태의 임계상태에 있는 것으로 보인다. 더 중요한 것은, 이 메커니즘이 도처에서 세계를 불안정성의 가장자리로 이끈다는 것이다.

이런 것들을 다루기 전에 임계상태라고 생각되는 과정을 하나 더 살펴보자. 이것은 복잡하고, 이상하고, 극적인 예다. 다음 장에서는 지구 상에 전개되는 생명의 과정에서 가끔씩 일어나는 격변에 대해 알아본다.

한번 생각해내기만 하면, 가설은 모든 것을 스스로 소화해서 적절히 영양으로
만든다. 탄생하는 그 순간부터 가설은 계속 강화되어, 당신이 보고 듣고
이해하는 모든 것이 된다. 이것이 가설의 자연적인 성질이다.
— 로렌스 스테른Laurence Sterne[1]

철학에서 자유로운 과학은 없다.
철학의 보따리를 검역 없이 승선시킨 과학만이 존재할 뿐이다.
— 대니얼 데닛Daniel Dennett[2]

# 8장

# 살육의 시대

헬 크릭Hell creek 지층은 미국 몬태나 주 동쪽 끝의 고요한 포트 펙Fort Peck 저수지 한 끝에서 나와서, 구릉지대를 구불구불하게 가르며 외로이 지나가고 있다. 이 광대한 공간에 펼쳐진 초원과 넓은 계곡에는 소나무가 드문드문 서 있고, 기암괴석들이 태양에 침식되어 오렌지색과 보라색으로 변색되어가고 있다. 헬 크릭의 양옆에는 뜨거운 여름과 얼어붙은 겨울의 역사를 말해주는 바위들이 노출되어 비바람에 서서히 부서지고 있다. 그 위로 해마다 얇은 퇴적층이 쌓여서 장구한 기록에 더해진다. 고생물학자들은 100년 넘게 이 기록을 파헤쳐서 화석을 연구했다. 여기에서 그들은 세계에서 가장 큰 살육의 수수께끼에 얽힌 끔찍한 이야기를 읽어냈다.

고생물학자들에게 과거로 간다는 것은 퇴적암 밑으로 더 깊이 내려간다는 뜻이다. 하지만 헬 크릭에서는 하류 쪽으로 더 가기만 하면 깊은 지층으로 갈 수 있다. 아침 산책으로 1,000만 년은 거뜬히 거슬러갈 수 있다.3 저수지에서 그리 멀지 않은 곳에 있는 퇴적암은 아메리카 평원이 광대한 얕은 바다였던 7억 년 전에 형성된 지층이다. 이 바위에는 조개를 비롯한 수많은 해양생물의 화석이 풍부하게 묻혀 있다. 거기에서 상류 쪽으로 조금 거슬러 올라오면 수백만 년 젊어져서 바다가 물러나고 몬태나 동부가 푸른 숲과 강으로 덮인 시기가 나온다. 여기에는 그 옛날 티라노사우루스와 트리케라톱스가 격전을 벌인 흔적이 남아 있다.

헬 크릭은 지구 상에서 티라노사우루스의 온전한 골격이 발견된 유일한 곳으로, 이 공룡을 연구하기에 최적의 장소다. 그러나 상류 쪽으로 조금만 더 올라오면 사정이 갑자기 달라진다. 6,500만 년 전에 거대한 운명의 발톱이 공룡들의 세계에 들이닥쳤고, 퇴적암에는 갑작스럽고 끔찍스러운 대량사멸의 흔적이 나타난다. 어느 순간 지층에서 공룡이 사라져버리는데, 지질학자들은 이것을 KT 경계라고 부른다.

KT 경계를 사이에 두고 화석의 종류가 극적으로 바뀌기 때문에, 지질학자들은 이것을 두 지질 시대의 구분 기준으로 삼는다. KT 경계에서 앞선 시기는 백악기(영어로 'Cretaceous'이지만 독어로는 'Kreide'이기 때문에 KT는 머리글자로 K를 쓴다)이고, 그 뒤에 오는 시기는 3기 Tertiary다. 이 경계는 약 6,500만 년 전쯤에 나타나며, 전 세계적으로 수천 군데에서 발견되었다. 예를 들어 스페인 북부의 지층에서는 암모나이트가 갑자기 사라져버리는 것을 분명하게 보여준다. 암모나이트는 나선형으로 꼬인 껍질을 가진 해양생물로, 3억 3,000만 년 동안 바다에서 살다가 KT 경계에서 극적으로 사라진다. KT 경계 아래에는 암모나이트 화석이 지천으로 널려 있지만, 경계 위에서는 전혀 나타나지 않는다. 6,500만 년 전에 무언가에 의해 거대한 학살이 자행되었다. 지질학적인 감각으로는 눈 깜짝할 사이에 해당하는 기간에, 공룡을 비롯한 75퍼센트의 종이 갑자기 멸종한 것이다.[4]

어떤 일이 일어났는가? 1905년에 한 연구자는 공룡에 대해, "뼈가 너무 무거워서 활력이 떨어졌고, 그런 동물이 오래 살지 못했다는 것은 놀라운 일이 아니다"라고 말했다.[5] 어떤 학자는 공룡의 성적인 면에 의문을 제기해서 "체중이 불어난 공룡의 사지는 거세된 조건을 상기시킨다"고 했다.[6] 공룡들이 눈이 멀어서 멸종했다거나, 탐욕스러운 포유류들이 공룡 알을 다 먹어버려서 멸종했다거나, 화산 분출로 멸종했다는 학설도 있었고, 기후가 갑자기 추워졌거나, 너무 더워졌거나, 너무 건조해졌거나, 너무 습해져서 그렇다는 설명도 있었다.[7] 물론 그 시기에는 공룡뿐만 아니라 다른 여러 생물도 함께 멸종했다.

공룡 멸종의 원인에 대해서 전 세계의 학술회의와 학술지에서 열띤 논쟁이 벌어졌다. 일주일이 멀다 하고 누군가가 이런 저런 시나리오를 뒷받침하는 '증거'가 발견되었다고 발표했다.[8] 무슨 일이 일어났는지 아무도 확실히 말하지는 못했지만, 모든 과학자들이 동의

하는 한 가지가 있었다. 원인이 무엇이든 간에 그것은 그리 끔찍하게 비일상적인 일이 아니라는 것이다. 화석 기록을 자세히 보면 지구 상에는 끔찍한 격변이 여러 차례 일어났고, KT 멸종보다 더 큰 멸종이 일어난 적도 있었다.

KT 경계 훨씬 아래에 있는 2억 5,000만 년 전의 지층에도 거대한 멸종의 흔적 남아 있다. 이 시기도 생명 파괴의 기록이 매우 분명해서, 지질학자들은 이것을 페름기가 끝나고 트라이아스기가 시작되는 기준으로 삼는다. 1998년에 매사추세츠 공과대학의 지질학자 새뮤얼 보우링Samuel Bowring과 동료들은 이 멸종이 지속된 시간을 추정해 1만 년에 걸쳐 멸종이 진행되었다는 것을 알았다. 이것은 긴 시간인 것 같지만, 지질학의 관점에서는 순간에 불과하다. 보우링과 동료들은 이렇게 썼다. "이 사건은 지난 5억 4,000년 동안에 가장 광범하게 일어난 멸종이었다."[9] 해양생물의 95퍼센트가 멸종했고, 육지에서도 그만한 비율로 멸종했다.

비슷한 격변이 4억 4,000만 년, 3억 6,500만 년, 2억 1,000만 년 전에도 있었다. 이것들이 KT와 페름기의 참사와 함께 모든 멸종들 중에서 상위 5대 멸종을 이룬다. 이것은 샌프란시스코 지역에서 1836년, 1838년, 1868년, 1906년, 1989년의 지진이 5대 지진을 이루는 것과 비슷하다. 찰스 다윈은 한때 진화론의 관점에서 이렇게 썼다. "지구 상에서 생물이 간헐적으로 일어난 격변에 의해 멸종했다는 옛날의 생각은 일반적으로 포기되었다."[10] 그러나 증거는 그렇지 않다. 생태계는 안정되고 느리게 변하는 것으로 보일지 모르지만, 실제의 역사적 기록은 다르다. 5대 멸종은 수없이 일어난 대량멸종들 중에서 가장 두드러진 사건일 뿐이다. 기록에 따르면 그 사이사이에 셀수 없이 많은 대량멸종(규모는 5대 멸종보다 작지만)이 있었다. 지구 위의 생물은 산발적이고 격심한 멸종을 여러 번 겪은 것으로 보인다.

물론 모든 멸종이 대량멸종 때 일어난 것은 아니다. 진화생물학자들은 전체 생명의 역사에서 수십억 종이 출현했다고 추정한다. 그러나 오늘날 남아 있는 것은 수천만 종에 불과하다. 이 말은 이제까지 나타난 종의 99퍼센트는 멸종하고 없다는 뜻이다. 그만큼 멸종은 진화에서 자연스러운 사건이다. 이제까지 밝혀진 자료에 따르면 대량멸종 때 사라진 종은 35퍼센트뿐이고, 나머지는 평소에 멸종한 것이다.

대량멸종의 시기가 아닐 때 일어난 이른바 '배경background'멸종은 모든 멸종의 거의 3분의 2를 차지한다. 그러나 배경멸종은 대량살육의 거대한 파도를 설명하지 못한다. 이 산발적인 격변의 이상한 기록 뒤에는 무엇이 있는가?


## 하느님이 하신 일

보험업에서는 예측이 불가능한 사고 또는 참사를 가리킬 때 '하느님이 하신 일acts of God'이라고 한다. 이런 사고는 누구에게도 책임을 물을 수 없다. 회오리바람에 당신 집의 지붕이 날아가버리거나 새로

산 포르쉐 자동차가 번개를 맞았다면, 당신은 '하느님이 하신 일'의 희생자다. 만약 당신이 이런 불운을 겪는다면, 보험회사가 손실을 보상해준다. 여기에는 어떤 핑계도 있을 수 없다.

대부분의 과학자들은 대량멸종이 방금 말한 뜻으로 '하느님이 하신 일'이라고 생각한다(물론 평소에 일어나는 멸종에 대해서는 그렇지 않다). 우리는 모두 안정되고 온화한 환경에 우리의 존재를 의탁한다. 우리에게는 산소가 필요하고, 적절한 온도, 풍부한 물과 식량, 너무 많지 않은 방사능 등등이 필요하다. 그렇다면 대량멸종을 설명하기 위해서는 환경에서 무엇이 잘못되었는지, 왜 그렇게 되었는지 찾아야 한다.

일은 수천 가지 방식으로 잘못될 수 있지만, 두 종류의 사건이 특히 중요해 보인다. 그중 하나는 다른 하나보다 훨씬 거칠다.

1980년에 캘리포니아대학 버클리 캠퍼스의 물리학자 루이스 앨버레즈Luis Walter Alvarez가 이끄는 일군의 과학자들은 KT 멸종이 지구에 거대한 소행성이나 혜성이 떨어져서 대기 중에 엄청난 격변이 일어났기 때문이라고 주장했다.11 한 연구자는 이렇게 썼다. "지름이 10킬로미터에 이르는 소행성이 초속 10킬로미터로 돌진하여 (…) 지구상의 모든 핵무기를 합친 것의 1만 배쯤 되는 파괴력으로 지구에 충돌했을 것이다."12 이 충격으로 바위가 증발하고, 땅에 40킬로미터 깊이의 구덩이가 파였으며, 작은 바위 조각들과 매우 미세한 먼지들이 어마어마하게 솟아올랐을 것이다. 작은 파편들이 땅으로 떨어지면서 반경 수천 킬로미터 범위를 초토화시켰고, "새까맣게 타서 숯이 되고, 불이 붙고, 구덩이나 바위 같은 방어물 없이 노출된 동식물은 모두 희생되었다. (…) 숲 전체에 불이 붙어서 대륙 전체가 불바다로 변했다."[13] 그러나 이것은 진짜 살육자가 등장할 무대를 만든 것에 불과했다. 먼지가 대기 상층부에 퍼지면서 태양을 가려서 몇 달 동안 밤이 계속되었을 것이다. 식물들은 시들고, 초식동물들은 굶어 죽었다. 황폐화로 인해 먹이사슬이 와해되어, 결국 가장 사나운 육식동물까지 굶어 죽었다.

공상과학소설처럼 들릴지도 모르지만, 여기에는 많은 증거가 있다. 먼저 KT 경계의 지층에서 희귀 원소인 이리듐iridium이 꽤 많이 발견되었다. 그것도 한 군데가 아니라 전 세계 100군데 이상의 지층에서 다량의 이리듐이 나온 것이다. 지구가 형성된 직후에 지구가 아직 녹은 상태였을 때, 무거운 원소들은 중심 쪽으로 가라앉았다. 이리듐도 이때 가라앉았기 때문에 지각에서는 드물게 발견된다. 그렇다면 왜 이것이 KT 층에 많이 있는가? 소행성과 혜성은 이리듐을 많이 가지고 있다. 지구를 때린 것이 무엇이든 간에 거기에 들어 있던 이리듐이 대기 상층부로 올라갔을 것이고, 전 세계에 퍼져서 KT 층에 내려앉았다. 과학자들은 KT 경계에서 루테늄ruthenium과 로듐rhodium 따위의 다른 원소들의 양도 측정했는데, 그 존재비는 소행성과 혜성의 것과 같았다.

게다가 앨버레즈와 동료들이 충돌 시나리오를 제안한 지 11년 뒤에 다른 과학자들이 멕시코의 유카탄 반도에서 거대한 충돌공을 발견했다.[14] 당신이 칙슐럽 충돌공 위에 서 있어도 그 밑에 무엇이 있는지 알지 못할 것이다. 충돌공은 1.5킬로미터나 땅 밑에 묻혀 있기 때문이다. 그러나 이 충돌공은 지름이 거의 180킬로미터에 이르고, 6,500만 년 전에 형성되었다는 것이 1992년의 조사에서 밝혀졌다.

이 아이디어에 문제가 없는 것은 아니다. 충돌공이 있다는 것은 거대한 충격이 있었다는 뜻이다. 이리듐의 퇴적을 비롯한 여러 증거들은 충격의 물리적 결과가 전 세계로 퍼졌다는 것을 가리킨다. 그러나 이 충격은 대량멸종을 일으키기에 충분했을까? 1980년에 앨버레즈와 동료들이 발표한 논문의 많은 부분이 "충격이 있었다는 지질학적, 물리학적 증거와 그 충격의 물리적 결과에만 치중한다"고 지적되었다.[15] 이유는 간단하다. 충격이 지구 상의 생물에게 진짜로 어떤 일을 할지에 대해서는 아무런 실마리도 없기 때문이다.

더 알쏭달쏭한 것은, 이 충격에 사라진 종도 있지만 고스란히 살아남은 종도 있다는 것이다. 앨버레즈 팀의 한 연구자가 말했듯이 "많은 작은 육상동물들이 살아남았는데, 여기에는 포유류와 악어와 거북 같은 파충류도 포함된다. 이 동물들은 왜 멸종되지 않았는지 아무도 이해하지 못한다."[16] 더 수수께끼 같은 일은, 사실 과거에 거대한 충돌이 여러 차례 있었지만, 다른 때에는 아무런 피해도 없었다는 점이다. 1998년에 캘리포니아 공과대학의 지질학자 켄 팔리Ken Farley와 다른 연구자들은 시베리아 북부에 있는 지름이 100킬로미터나 되는 거대한 충돌공이 미국 체서피크만Chesapeake Bay 입구의 지름 85킬로미터의 충돌공과 정확히 같은 시기에 생겼다는 것을 알아냈다. 둘 다 3,500만 년 전에 일어난 태양계의 혜성 소나기 때 생긴 것이다. 하지만 화석 기록에 따르면 당시에는 대멸종 비슷한 일은 일어나지 않았다.[17]

이런 의문점들 때문에, 공룡이 소행성으로 인해 멸종했다는 학설을 믿지 않는 사람도 있다. 과학자들은 다른 몇 가지 아이디어도 검토하고 있다. 물론 지구 상에 공룡만 살지는 않았다. 몇 해 전에 시카고대학의 지질학자 리 밴 베일른Leigh Van Valen은 포유류가 KT 경계의 수만 년 전부터 번성하고 증가하기 시작했으며, 이 포유류가 공룡을 멸종으로 몰아갔을 수 있다고 지적했다. 어떤 고생물학자들은 이 전투가 기후 변화에 의해서도 영향을 받았다고 생각한다. 공룡들이 번성함에 따라 따뜻한 서식지가 포유류에 더 적합한 서늘한 숲으로 변해갔다는 것이다. 이 기후 변화는 다른 많은 종들도 멸종시켰을 것이다. 이 충격이 KT 멸종과 아무 관계가 없을까?


## 대량멸종의 원인

4억 4,000만 년, 3억 6,500만 년, 2억 1,000만 년 전에 있었던 다른 대량멸종은 어땠을까? 이 사건들과 연대가 딱 맞는 거대한 충돌공은 아직 발견되지 않았다. 미래에는 그런 충돌공을 찾을 수 있을지 모르지만, 지금으로서는 대부분의 고생물학자들이 소행성 충돌이나 갑작스런 기후 변동 따위가 대량멸종에 작용했다는 생각에 의심을 품는다. 존스홉킨스대학의 스티븐 스탠리[Steven Stanley]에 따르면, "기후 변화가 대량멸종의 일반적인 원인처럼 보이는 한 가지 단순한 사실이 있다. 전지구적인 온도 변화는 수많은 종을 멸종시키기에 비교적 쉽기 때문이다."[18]

모든 종은 어떤 기후에 적응되어 있다. 예를 들어 온도가 내려가면, 따뜻한 기후에 적응된 종들은 적도 쪽으로 이주하거나 새로운 상황에 적응해야 한다. 그러나 어떤 종들은 산맥, 거대한 호수, 대양 등에 가로막혀서 이주할 수 없게 되고, 또 나무 위에 사는 어떤 종은 숲이 남쪽으로 뻗어 있지 않아서 이주할 수 없게 된다. 온도가 너무 빨리 떨어져도 종들이 재빨리 이주하거나 적응하지 못하고 멸종할 수 있다.

2억 5,000만 년 전에 일어난 페름기 멸종은 사상 최대의 멸종이었다. 이때는 지구의 온도가 급격히 떨어졌고, 다른 나쁜 일도 함께 일어났다. 그중 하나는 해수면이 급격히 낮아진 것이다. 해수면이 내려가자 바다가 육지에서 물러났고, 광대한 대륙붕이 대기에 노출되었다. 대륙붕에 있는 어마어마한 양의 유기물이 대기와 반응하여, 엄청난 양의 산소를 흡수했다. 리즈대학의 고생물학자 폴 위그널[Paul Wignall]은 이 일로 대기 중의 산소 비율이 오늘날에 비해 반 정도로 떨어졌을 것으로 추정했다. 그는 이렇게 결론을 내렸다. "페름-트라이아스기의 대량멸종은 질식 때문인 것으로 보인다."[19]

어떤 영향이 더 중요한지에 대해 일치된 견해는 없다. 어떤 고생물학자들은 극적인 화산 활동으로 대량의 먼지가 공기 중으로 방출된 시기가 있었음을 지적했다. 또 어떤 학자들은 대량멸종 뒤에 오랜 기간에 걸쳐 전 세계적인 가뭄이 있었다고 지적했다. 제안된 원인을 모두 나열하면 몇 쪽이나 되며, 그중 어떤 것이 사실과 연결될 수 있는지는 불분명하다. 무엇보다 6,500만 년, 2억 1,000만 년, 2억 5,000만 년 전에 지구 상에 뭔가 특별한 일이 일어났음은 거의 확실하다. 온도 또는 해수면이 오르거나 내렸거나, 화산들이 분출했거나, 태양에서 오는 자외선의 양이 늘어나는 등의 일이 일어났을 것이다. 그러한 요인들이 지구 생태계에 주는 충격이 어떨지는 거의 추측의 문제다. 그러므로 이렇게 많은 잠재적 원인이 검토되는 것도 무리가 아니다. 고생물학자 데이비드 라우프David Raup는 이렇게 의심했다. "지금 우리를 위협하는 요인들이 모두 잠재적으로 대량멸종의 원인이 될 수 있지 않을까?"[20]

어쨌든, 이러한 충격이 몇 가지 합쳐져서 대량멸종이 일어난다는 데는 거의 모든 과학자들이 동의한다. 이것이 평소에 조금씩 일어나는 멸종들 속에서 대량멸종이 두드러지는 이유일 것이다. 평소에는 일상적인 진화의 작용에 따라 종들이 조금씩 멸종한다. 그러나 이런 시기는 외부의 교란으로 중단된다. 데이비드 자블론스키David Jablonski 는 이렇게 말한다. "평소의 멸종과 대량멸종이 교대로 일어나면서, 생명의 역사에 대규모 진화 패턴이 나타난다."[21] 또 리처드 리키

Richard Leakey와 로저 르윈Roger Lewin은 생태계의 변화 패턴을 이렇게 묘사했다.

이 패턴에는 두 가지 국면이 있다. 평소에는 종들이 낮은 비율로 멸종하다가, 갑자기 높은 비율로 멸종하는 시기가 있다. 평소의 멸종을 지배하는 힘은 자연선택이고, 이때 경쟁이 중요한 역할을 한다고 대부분의 생물학자들은 생각한다.[22]

대부분의 생물학자들은 진화의 메커니즘이 스스로 끔찍한 격변을 일으킨다고 믿지 않는다. 진화가 있고, 외부의 충격으로 오는 격변이 있다. 이것은 단순하고 만족스러운 그림이며, 이 그림에서 아직 심각한 문제는 나타나지 않은 것으로 보인다.

## 도서관에서 보낸 10년

시카고대학의 고생물학자 잭 셉코스키Jack Sepkoski는 현장보다는 도서관에서 연구하기를 더 좋아한다. 그는 화석을 발굴하지는 않고, 다른 사람들이 이전에 발견했던 화석에 대한 정보를 발굴한다. 1970년대 중반에 하버드대학의 대학원생이었던 그는 책과 연구 논문에 나온 화석 데이터를 노트에 채워나갔고, 친구와 다른 고생물학자와의 대화에서 얻은 정보도 같은 노트에 써넣었다. 그의 목표는 생물 집단들이 언제 생겨서 언제 사라졌는지를 보여주는 목록을 만드는 것이었다.

진화에 대해 생각할 때 사람들은 대개 종을 기본 단위로 본다. 하지만 셉코스키는 그렇게 하지 않았다. 생명의 수형도는 굵은 가지에서 가는 가지가 나오며, 여기에서 더 작은 가지가 나오고, 그 가지에서 또 가지가 벌어진다. 여기에서 확인 가능한 가장 작은 잔가지가 종이다. 생물학자들은 이 모든 다양한 범주에 이름을 붙여놓았다. 종이 모여서 속이 되고, 속이 모여서 과가 된다. 1982년에 셉코스키는 그때까지 정리한 화석 기록의 일부를 발표했다. 이것은 수천 개의 과가 생겨났다 없어진 것을 수록한 방대한 데이터베이스였다. 셉코스키는 계속해서 자료를 수집했고, 10년 뒤에 4만 가지 속(모두 해양무척추생물)에 5,000가지 과(각 과에 대략 8가지 속이 포함된다)를 망라한 방대한 데이터베이스를 구축했다.

셉코스키는 해양무척추동물을 선택했는데(해면이나 산호 같은 것), 그 이유는 이 동물의 화석 기록이 가장 많기 때문이다. 1993년에 이 데이터베이스가 완성되자, 연구자들은 지난 6억 년 동안 지구 상에서 어떤 생명체가 번성하고 멸망했는지 그려볼 수 있게 되었다.23 셉코스키의 노력은 더 많은 연구를 촉진했고, 얼마 지나지 않아서 브리스톨대학의 지질학자 마이클 벤턴Michael Benton은 독립적으로 7,000과의 생물들이 생겨났다 사멸한 시간을 기록한 데이터베이스를 완성했다. 이 데이터베이스는 해양과 육상의 여러 동물에 관한 것이었다.24

이 방대한 데이터를 수집하고 정리하는 것은 대단히 힘든 일이었다. 1993년 〈고생물학<sup>Paleobiology</sup>〉 지에 발표한 논문의 제목이 '도서관에서 보낸 10년'이라는 사실은 그가 얼마나 많은 문헌을 살펴보았는지를 다소나마 보여준다. 게다가 연구자들은 이런 일을 할 때 여러 가지 골치 아픈 문제에 마주치게 된다.[25] 한 가지 문제는 화석 기록을 취합하면 어쩔 수 없이 최근의 것만 두드러진다는 것이다. 화석이 되는 것은 생물들 중 극히 일부에 불과하고, 대부분의 생물들은 죽은 뒤에 시체가 썩으면 그걸로 끝이다. 게다가 최근에 형성된 화석일수록 오늘날까지 온전히 보전될 가능성이 더 많다. 따라서 화석 기록은 불가피하게 현재를 향해 왜곡되어 있다.

'모노그래프 효과'라고 부르는 문제도 있다. 현재까지 남은 화석이 아주 적다면, 연구자들이 실제로 발견하는 화석은 훨씬 더 적을 것이다. 따라서 많은 종들이 발견되지 않은 채로 남는다. 그런데 어떤 정열적인 연구자가 특정한 지질 시대에 대해 화석 기록을 아주 철저하게 연구하면, 그 시대의 화석 기록이 아주 많아져서 마치 종들이 그 시대에 갑자기 많이 나타난 것으로 보인다. 다른 문제들도 많다. 셉코스키와 벤턴이 종이 아니라 속과 과의 수준에서 사멸을 연구한 것도 이런 문제들 중 하나를 피하기 위해서였다.

생물의 생성과 사멸에 대해 최대한 많은 것을 알기 위해서는 분명히 종 수준에서 연구하는 것이 가장 좋다. 그러나 화석 기록이 드물 때는 연대 추정에 상당한 불확실성이 있다. 어떤 종이 나타났다 사라진 연대를 화석으로 알아본다고 하자. 그러면 모든 화석들 중에서 가장 빠른 것을 종이 생성된 연대로 추정할 것이다. 그러나 화석이 몇 개뿐이라면 이 추정은 그리 정확하다고 할 수 없다. 1982년에 캘리포니아대학 데이비스 캠퍼스의 지질학자 필 시뇨르Phil Signor와 제레 립스Jere Lipps는, 화석이 몇 개뿐일 때는 그 화석들 중에서 멸종 당시와 매우 가까운 시기의 것이 있을 가능성은 아주 적다고 지적했다. 화석은 생성과 사멸의 중간쯤에서 나올 가능성이 훨씬 많다. 이렇게 되면 종의 사멸이 실제보다 더 이른 시기로 추정되며, 화석이 적으면 적을수록 오차가 더 커진다. 이렇게 해서 종의 사멸 연대가 너무 이르게 추정되는 것을 시뇨르-립스 효과라고 한다. 반대로 종의 생성 연대는 너무 늦은 시기로 추정되는 경향이 있는데, 이것을 농담으로 립스-시뇨르 효과라고도 부른다.

그러므로 화석의 수가 적으면 종이 실제보다 늦게 나타나서 일찍 사라지는 것으로 보인다. 물론 화석의 수가 많아지면 오차는 줄어든다. 셉코스키와 벤턴은 이것 때문에 종보다 한두 단계 더 높은 속과 과를 연구했던 것이다. 이렇게 하면 여러 종의 화석을 합쳐서 생명 집단의 생성과 사멸 연대를 더 정확하게 추정할 수 있다. 그들은 데이터를 정리하면서 최근 것이 과장되는 경향과 모노그래프 효과를 고통스럽게 일일이 보정했고, 알려진 다른 편향들도 모두 고려했다. 이것은 역사가들이 문헌을 곧이곧대로 받아들이지 않고 건전한 회의론의 시각으로 검토하는 것과 마찬가지다. 이렇게 만들어진 셉코스키와 벤턴의 데이터는 지구 상에서 살았던 생명의 패턴을 보여주는 최상의 그림이 되었다.

앞에서 보았듯이, 전통적인 견해에 따르면 멸종에는 두 종류가 있다. 평소의 멸종은 보통의 진화 과정에서 나타나는 것이고, 대량멸종은 기후 변화나 소행성 충돌 같은 생명권의 극심한 충격에서 온다. 셉코스키와 벤턴의 데이터를 대략 그려보면 비교적 조용하다가 갑자기 파국이 오는 패턴이 나타난다(그림12). 엄청난 멸종은 평소의 멸종과 뚜렷이 구별된다. 그러나 이것은 우리가 이미 몇 번이나 들었던

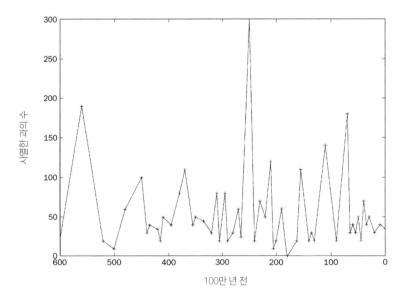

그림 12 대량멸종의 기록. 각각의 봉우리들은 여러 가지 지질학적 시대에 사멸한 과의 숫자다. 가장 큰 봉우리 다섯 개는 가장 큰 대량멸종에 해당하며, 공룡은 맨 마지막인 6,500만 년 전에 멸종했다.

이야기다. 어떤 크기의 멸종이 얼마나 자주 일어났는지 그려보면, 아주 다른 이야기가 나온다.

1996년에 물리학자 리카르드 솔레$^{Ricard\ Solé}$와 수산나 만루비아$^{Susanna\ Manrubia}$는 셉코스키의 데이터를 더 자세히 검토해서, 절멸의 크기 분포(사멸한 과의 숫자를 취했다)가 멱함수 법칙을 따른다는 것을 발견했다. 여기에서 나타나는 규칙성은 지진과 동일했다. 사멸의 숫자가 2배면, 그러한 사멸은 4배로 드물게 일어난다. 이러한 규칙성은 단 몇 과의 사멸에서 수천 과의 사멸까지 일관되게 유지된다.

흉포한 사건은 일반적으로 흉포한 원인으로 일어나는가? 모든 극적인 사멸은 똑같이 극적인 원인을 가지는가? 이 편견은 앞의 장들에서 깨졌다. 지진과 산불 등의 예에서 이런 편견은 분명히 거부되었다. 대량멸종에서 나타나는 놀라울 정도로 단순한 분포는 끔찍한 대량멸종도 그리 특별하지는 않다는 암시를 준다. 멸종의 크기를 시간에 따라 그린 그래프에서는 뾰족한 봉우리가 아주 특별해 보인다. 하지만 똑같은 데이터를 멸종의 크기와 빈도의 그래프로 표시해보면, 가장 큰 사건도 그리 특별하지 않아 보인다. 멱함수 법칙은 진화에서 대량멸종도 예외적인 사건이 아니라는 암시를 준다. 대량멸종은 멀리에서 하느님이 개입한 증거가 아니라, 가장 평범한 진화의 원리가 작동하면서 생기는 불가피한 산물일 수 있다.

문화를 가진 사람의 첫 번째 의무는, 계속해서 백과사전을 다시 쓰는 것이다.
– 움베르토 에코Umberto Eco 1

사물은 가능한 한 단순해야 한다. 하지만 더 단순해서는 안 된다.
– 알베르트 아인슈타인

# 9장
# 생명의 그물망

1970년대 후반에 잉글랜드 남부의 생태계에는 작은 파국이 덮쳤다. 토끼 떼가 수십만 에이커의 목초지에서 풀을 모조리 뜯어먹은 것이다. 다행히도 영국 정부는 안전하고 손쉬운 생물학적 해결책을 가지고 있었다. 믹소마토시스 바이러스는 대개 토끼의 몸에만 산다. 이 바이러스는 토끼를 죽이지 않지만, 감염된 토끼는 행동이 느려져서 번식도 잘 못하고 포식자에게 잘 잡아먹힌다. 당국자들은 믹소마토시스 바이러스를 도입하면 생태계에 나쁜 영향을 주지 않고 토끼의 개체 수만 줄일 수 있다고 생각한 것이다. 물론 일은 그렇게 단순하지 않았다.

믹소마토시스로 인해 몇 년 안에 토끼의 수가 크게 줄었다. 그런데 하필 그 시기에 가축의 값이 떨어져서 농부들은 가축을 방목해도 수익을 별로 얻을 수 없었다. 당연히 풀을 먹는 가축의 수가 크게 줄었고 남는 풀을 뜯어먹을 토끼도 없었으므로, 잉글랜드 남부 들판에는 풀이 평소보다 훨씬 길게 자랐다. 여기까지는 특별히 우울하게 들리지 않는다. 그러나 짧은 풀에 사는 미르미카 사불레타라는 이름의 개미가 있는데, 이 개미는 긴 풀에서는 잘 살지 못한다. 따라서 이 개미의 수가 10분의 1로 줄었다. 이 개미는 커다란 파란 나비 마쿨리니아 아리온과 특별한 관계가 있다. 이 나비가 알을 낳으면 개미들이 알을 안전한 곳에 옮겨주고, 애벌레에서 성충이 될 때까지 돌봐준다. 불행히도 이 개미의 수는 1970년대 말부터 이미 줄어들기 시작했다. 이 개미의 수가 줄어들자 나비의 수가 격감했다. 믹소마토시스 바이러스 때문에 풀이 길어졌고, 개미 수가 줄어들어서 잉글랜드에서 아름다운 파란 나비가 사라져버린 것이다.

이런 식의 예측 불가능한 생태학적 연쇄반응은 그리 드물지 않다. 생태계의 구조를 알아보기 위해, 생태학자들은 특별한 종류의 포식자를 제거해서 피식자에 미치는 영향을 관찰하는 실험을 한다. 이 실험의 결과가 거의 뻔하다고 생각하기 쉽다. 포식자를 제거하면 피식자의 수는 늘어나야 한다. 그러나 1988년에 13가지 생태계를 연구한 캐나다 구엘프대학의 피터 요지스Peter Yodzis는 의외의 결과를 얻었다.2 생태계에서 종들 사이에는 간접적인 관계가 복잡하게 얽혀 있어서 포식자 하나를 제거했을 때의 효과는 거의 예측 불가능하며, 가장 명백한 피식자도 어떻게 될지 짐작할 수 없다는 것이다.

예를 들어 어떤 종류의 쥐를 잡아먹는 새를 제거하면, 궁극적으로 쥐가 도리어 줄어들 수도 있다. 새가 쥐의 직접적인 경쟁자를 더 잘 잡아먹을 경우에, 이 새가 없어지면 경쟁자가 더 많이 불어나서 쥐의 수가 줄어든다. 이런 간접적인 경로 때문에 한 생물의 숫자가 변하면 온갖 예측 불가능한 결과가 나타나며, 심지어 전혀 관계가 없는 종들도 변화의 영향을 받는다.[3]

이후 이루어진 방대한 연구에서도 비슷한 결론이 나왔다. 1998년에 캘리포니아대학 산타바바라 캠퍼스의 생태학자 티모시 케이트 Timothy Keitt와 보스턴대학의 물리학자 진 스탠리Gene Stanley는 북아메리카 지역의 조류 번식 데이터베이스를 분석해보았다. 이 데이터베이스는 30년에 걸쳐 미국과 캐나다 지역에서 600종이 넘는 새들의 개체수를 집계한 것으로, 모든 종들의 개체수 변이가 자세히 나타나 있다. 이 연구자들은 매년 각 종의 개체수가 얼마나 빨리 변하는지 보았다. 예를 들어 어떤 새의 개체수는 1년에 10퍼센트 늘어났다가 다음 해에 15퍼센트 줄어들 수 있다. 이런 변화에서 케이트와 스탠리는 새의 개체수 증가율의 크기 분포를 구해보았다. 구텐베르크와 리히터가 지진의 세기에 했던 것과 마찬가지로, 그들은 이 기록에서 변화의 비율이 크기에 따라 얼마나 자주 일어나는지 본 것이다.

그래서 새 개체수의 전형적인 증가율(또는 감소율)은 얼마인가? 놀랍게도, 그런 것은 없었다. 가장 자주 나타나는 증가율(또는 감소율)은 0이었고, 그 아래와 위로 증가율과 감소율이 모두 똑같은 먹함수 법칙을 따랐다. 케이트와 스탠리는 이렇게 결론을 내렸다. "여기에 고려한 종들에 대해, 특별히 선호되는 변이의 규모는 없다." 다시 말해, 다음에 일어날 변화의 방향(증가 또는 감소)뿐만 아니라 크기까지도 예측할 수 없다는 것이다.

이것은 앞에서 본 물질의 상전이에서 나타나는 규모 불변성과 정확히 똑같다. 사실 케이트와 스탠리는 이 발견을 물질의 상전이와 직접 비교하면서 설명했다. 임계점에서 나타나는 규모 불변성성에 대해 그들은 이렇게 썼다.

규모 불변성성은 이 무생물 시스템에서도 나타나는데, 그 이유는 각 입자들이 몇 개의 이웃 입자들과 영향을 주고받기 때문이다. 이웃 입자들이 영향을 주고받음에 따라 영향이 멀리까지 '전파'될 수 있기 때문에 멱함수 분포가 나타난다. 마찬가지로 생태계의 종들은 몇몇(전부는 아니지만) 다른 종들과 직접 영향을 주고받으며, 영향을 받은 종은 다시 다른 종들과 영향을 주고받으면서 영향이 계속 '전파'된다.[4]

생태계가 임계상태라면 특별한 이유 없이 거대한 격변이 일어날 수 있으며, 도처에서 규모 불변성의 분포가 나타날 것이다. 따라서 우리는 이렇게 의심할 수 있다. 이것은 앞 장에서 보았던 대량멸종의 멱함수 법칙과 어떤 관계가 있을까? 생태계의 내부 작용만으로 대량 멸종이 일어날 수 있을까? 이것은 매혹적인 아이디어다.

그러나 케이트와 스탠리의 데이터는 원인과 결과의 생태학적 고리에 따른 것이다. 이 데이터는 서로 영향을 주고받는 여러 종들의 개체군에 관한 것이고, 한두 세대 만에 그러한 개체수 변화가 나타날 수 있다. 이렇듯 빠르게 일어나는 생태학적 변화에 비해 진화적 변화는 훨씬 느리게 일어나며, 여러 세대가 지나야 겨우 눈에 띌 정도다. 진화는 개체수만 바꾸는 게 아니라 생물의 특성까지 바꿔서, 부리가 길어지거나 깃털 색깔이 밝아지거나 꼬리지느러미에 반점이 생긴다. 화석 기록은 어마어마하게 긴 시간에 걸쳐 있으므로, 생태계의 일상적인 내부 작용으로 대량멸종을 설명하려면 실제로 생태학이 아니라 진화의 패턴을 보아야 한다.

물론 진화는 충분히 종을 멸종으로 몰고 갈 수 있다. 종은 변하는 조건에 적응하지 못할 수도 있다. 모든 종은 고립되어 살지 않으므로 한 종이 멸종하면 다른 종이 멸종할 수 있고, 이것은 또 다른 종을 멸종시켜서 죽음의 사태가 멀리까지 '전파'될 수도 있다. 대량멸종이 이러한 연쇄멸종 때문에 일어난다는 증거가 있을까? 앞으로 보겠지만, 답은 긍정적이다. 지구의 생태계는 생태학적으로뿐만 아니라 진화적으로도 임계상태이며, 한 종의 멸종이 때때로 생태계 전체에 파국을 일으킬지도 모른다고 의심하는 과학자들이 많이 있다.

## 언덕 위의 방황

스튜어트 카우프만Stuart A. Kauffman은 의사로 교육을 받았지만, 물리학자의 사고방식으로 생물학에 대해 연구했다. 그는 단백질 구조를 하나 더 규명하거나 유전자 서열을 하나 더 알아내는 따위의 작은 문제가 아니라, 큰 문제를 연구했다. 1980년대 중반에 필라델피아의 펜실베니아대학에 있을 때 카우프만은 지구 상의 생명의 기원에 관해 근본적으로 새로운 견해를 발표했다. 이전까지의 모든 이론들은 생명의 기원이 놀랄 만큼 일어나기 힘든 일이라고 보았다. 수십억 년 전에 있었던 원시의 국물에서, 어떤 최초의 분자 덩어리가 어찌어찌해서 자기복제를 할 수 있게 되었다. '자기복제하는 존재의 차별적 생존'이 일단 가능하게 되자, 이것은 계속 유지되었다. 그러나 이것은 어떻게 시작되었을까? 이제까지의 추정에 따르면, 우주가 시작된 이래로 지금까지의 시간으로도 이런 일이 일어나기에는 충분치 않다고 한다.

카우프만은 초기의 지구에서 여러 종류의 분자들이 서로 영향을 주고받는 것을 흉내 내는 단순한 수학 게임을 해보았고, 그때 흥미로운 발견을 했다. 분자들 중에는 촉매로 활동하는 것들이 있는데, 이런 분자들은 다른 분자들의 화학반응을 빠르게 한다. 예를 들어 분자 A에 의해 분자 B와 C가 결합해서 분자 D가 되는 반응이 촉진될 수 있다. 카우프만은 서로 영향을 주고받는 분자들이 마구잡이로 모여 있을 때 어떤 화학적 현상이 일어날지 연구했다. 분자의 종류가 많지 않을 때는 특별히 예외적인 것이 발견되지 않았다. 그러나 분자의 종류가 늘어나면 언제나 분자들 속에서 자가촉매 집단이 출현하는 것을 보았다. 자가촉매 집단이란 카우프만이 붙인 이름으로, 분자들이 촉매 작용으로 서로 얽혀서 자기와 똑같은 분자 집단을 계속 만들어내는 것을 말한다. 예를 들어 분자 A는 분자 B와 C가 결합해서 분자 D를 만드는 반응에 촉매가 될 수 있다. D는 E 또는 F의 생산에 도움을 주고, 이것은 다시 C와 G의 생산에 촉매 역할을 한다. 이런 식으로 계속되어 Y와 Z가 A와 B의 촉매가 되어 모든 화학반응이 둥근 고리처럼 맞물려 돌아가고, 따라서 모든 분자들이 다른 분자들에 의해 생성이 촉진된다.

이러한 피드백 고리가 분자들 속에 나타나면, 자가촉매 집단의 모든 성분들이 폭발적으로 증가한다. 카우프만의 놀라운 발견은 분자의 종류가 충분히 많기만 하면 이런 고리가 반드시 나타난다는 것이다. 게다가 분자의 종류가 아주 많을 필요도 없다. 앞에서 본 자석처럼 분자 혼합물이 저절로 상전이를 일으켜, 단순한 혼합물에서 여러 종류의 분자들이 계속 늘어나는 매혹적인 현상이 일어나는 것이다. 이 상전이는 생명의 출현이라는 사건이 일어날 수 있다는 정도가 아니라 반드시 일어날 수밖에 없다는 주장을 뒷받침한다.

이러한 사고방식의 강력함에 영감을 얻은 카우프만은, 이번에는 생명의 기원 문제에서 생명이 출현한 다음의 문제로 관심을 돌렸다. 그는 복잡한 생태계의 진화 방식을 규명해보려고 했다. 물론 이 문제는 끔찍스러울 정도로 복잡하다. 생명이 진화하는 환경은 고정되는 법이 없기 때문이다. 종들은 서로 잡아먹고, 영역 다툼을 하고, 협력적인 습관을 형성하는 등 복잡한 영향을 주고받는다. 또 어떤 종이 진화하면 그 영향으로 다른 종들의 진화 조건이 바뀐다. 이러한 문제에 통찰을 얻기 위해 진화생물학자들은 지형에 많은 관심을 가진다. 진화생물학자들이 생각하는 지형은 진짜 지형이 아니라 적합도 지형이라고 부르는 구불구불한 수학적 표면이다. 이 표면은 직접 또는 간접적으로 진화의 본질에 관한 거의 모든 강력한 논증에 사용되며, 카우프만의 연구도 예외가 아니다.

진화는 그 목적을 변이, 선택, 복제의 세 가지 행동을 통해 달성한다. 예를 들어 토끼들 중에서 어떤 뛰어난 개체가 있어서, 다른 개체들보다 영리하고 더 빨리 달린다고 하자. 이것은 변이다. 이 토끼는 생존에 더 적합해서 다른 토끼들보다 더 오래 살아남고 후손도 더 많이 낳는 경향이 있다. 이것은 선택이다. 또 부모 토끼는 자기 유전자를 후손에게 물려주므로, 다음 세대에는 거의 확실히 더 적합한 토끼가 이전 세대보다 많아진다. 이것은 복제의 결과다. 이렇게 해서 개체군의 전체적인 적합도는 서서히 증가한다.

적합도 지형 개념은 이러한 변화를 더 정확히 시각화해준다. 생물의 색깔, 빠르기, 세기, 영리함 등등을 생물학의 용어로 표현형이라고 한다. 표현형은 적합도를 결정한다. 이제 2차원 격자를 상상하자. 격자의 각 점들은 여러 가지 표현형을 나타낸다. 이 격자 위에 구불

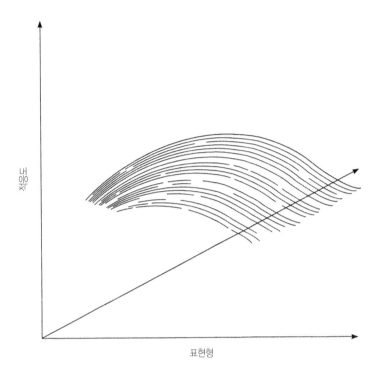

그림 13 봉우리가 하나인 적합도 지형.

구불한 곡면이 있다고 하자. 각 점에서 곡면의 높이는 그 점에 대응되는 표현형의 적합도다(그림 13). 이것을 적합도 지형이라고 하고, 이지형은 표현형이 변함에 따라 높아졌다 낮아졌다 한다.

이러한 지형의 관점에서 볼 때, 진화는 개체군이 언덕을 올라가는 과정일 뿐이다. 적응이 잘못된 토끼는 적합도 골짜기에 모여 있는 점들로 표시된다. 어떤 놈들은 잡아먹히고 어떤 놈들은 번식해서, 점들이 모여서 만들어진 얼룩은 한 세대 뒤에 새로운 얼룩으로 대치된다. 세대가 지날 때마다 얼룩은 계속 바뀌고, 그때마다 유전자의 뒤섞임과 무작위적인 돌연변이에 의해 얼룩 속의 몇몇 점들이 조금씩 높은 곳으로 이동한다. 적합도가 높은 개체가 더 많은 후손을 낳으므로, 이 얼룩은 계속 언덕을 올라가서 정상에 다다른다.

나는 이제까지 적합도 지형이 그 생물에만 의존하는 것처럼 말했다. 사실 한 종의 적합도 지형은 기후 조건, 주변에서 서로 영향을 주고받는 나무, 새, 박테리아 등 모든 생물종들에 의존한다. 예를 들어, 어떤 개구리의 개체군이 적합도 지형의 봉우리에 있다고 하자. 그러나 뱀이 이 지역에 갑자기 나타나서 개구리들을 잡아먹으면, 개구리의 적합도 지형이 바뀌어서 골짜기가 될 수도 있다. 처음에는 많은 놈들이 뱀에게 잡아먹힐 것이다. 그러나 이 개구리들은 방어 수단을 개발하는 방향으로 진화해서 다시 적합도의 봉우리로 올라갈 것이다.

이렇게 종들이 서로 영향을 주고받기 때문에, 한 종의 진화적 변화는 다른 종의 진화적 변화를 일으킬 수 있다. 이러한 이론적 가능성의 관점에서 카우프만은 공진화에서 얼마나 흥미로운 일이 벌어지는지 알아보고 싶어했다. 불행히도 생태계는 워낙 복잡하게 얽혀 있어서, 실제의 생태계에 존재하는 종의 적합도 지형에 대해서는 아무도 제대로 알지 못한다. 그러나 우리는 앞에서 자석에 대한 이해가 실제 상황에 대한 연구가 아니라 극단적으로 단순화된 모델에서 나오는 것을 보았다. 보편성 원리에 의해 이런 모델들은 두 상 사이에 나타나는 임계점의 실제 상황을 아주 정확하게 설명한다는 것이 알려졌다.

카우프만은 손케 존슨Sonke Johnsen과 함께 공진화를 이런 방식으로 연구하기로 작정했다.

## 디지털 생명

모델을 단순하게 유지하기 위해, 그들은 0과 1로 이루어진 문자열로 종을 표현했고, 이러한 종들의 집단이 지형 속에서 살아갈 때 위치와 적합도를 추적하는 컴퓨터 프로그램을 만들었다. 각 종들의 지형은 실제의 적합도 지형과 비슷하게 여러 개의 봉우리와 골짜기가 있도록 선택했다. 카우프만과 존슨은 가장 단순하게나마 종들이 서로 영향을 주고받도록 했다. 이렇게 해서 한 종의 진화적 변화가 다른 종의 적합도 지형에 영향을 주도록 했다. 그들은 실제의 세부적인 성질들을 대부분 무시했지만, 그래도 이 모의실험 속에 공진화의 핵심 논리를 집어넣었다. 그런 다음에 그들은 컴퓨터로 게임을 실행했다.

처음에는 이 장난감 생태계에서 그리 흥미로운 일이 일어나지 않았다. 모든 종들은 적합도 봉우리에 올라설 때까지 적응했고, 그것으로 끝이었다. 그다음부터는 아무 변화가 없었고, 게임은 아주 따분했다. 그러나 게임에 조금 익숙해지자, 카우프만과 존슨은 이 생태계를 (특히 지형의 울퉁불퉁함을) 조율해서 진화가 훨씬 더 활발하게 일어나도록 만들었다. 지형을 알맞게 울퉁불퉁하게 만들고, 종들이 지형 속

의 다른 종에게 주는 영향도 알맞게 맞추자, 이 생태계는 마치 모래
더미 게임처럼 작동했다. 어떤 종의 진화적 변화는 공진화의 사태를
일으켜서, 몇 가지 종에만 영향을 주는 것에서부터 생태계의 거의 모
든 종들에게 영향을 주는 것까지 생겨났다.[5]

이 게임을 여러 번 실행하면서, 그들은 공진화 사태의 크기 분포가
멱함수 법칙을 따르는 것을 보았다(영향을 받는 종수를 그 사태의 크기
로 볼 때). 제대로 조율되었을 때, 카우프만–존슨 생태계에서 사건의
전형적인 크기는 없었다. 한 종이 진화하면, 이것은 고립된 사건이
될 수도 있고, 수백만 종의 진화를 일으킬 수도 있다. 게다가 이 생태
계 게임의 진화적 사건의 기록은 대량멸종의 기록과 흡사했다. 조용
한 시기가 오래 계속되다가, 갑작스러운 활동으로 고요가 깨진다. 마
치 페르미가 핵반응로를 운전할 때 그랬던 것처럼, 카우프만과 존슨
은 이 생태계를 임계점으로 조율한 것이다.

분명히 이 게임은 실제 세계에서 일어나는 공진화를 아주 심하게
단순화시킨 것이다. 그렇지만 보편성의 원리는 무언가 임계상태로
조직되었을 때, 대부분의 세부적인 성질은 거의 영향을 주지 않는다
는 것을 뜻한다. 이 점을 증명이나 하듯이, 1993년에 박과 킴 스네펜
Kim Sneppen(둘 다 코펜하겐의 닐스 보어 연구소에 있었다)은 거의 똑같은
결과를 가져오면서도 더 단순한 공진화 게임을 발견했다. 이 게임은
공진화의 가장 기본적인 뼈대를 보여주기 때문에 한번 살펴볼 가치
가 있다. 이것을 이해하기 위해, 적합도 지형의 진화에 대해 조금 더

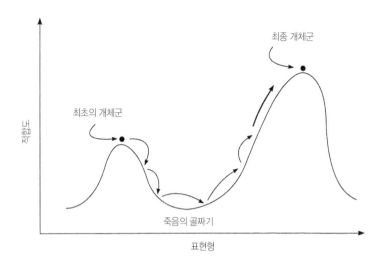

최종 개체군

최초의 개체군

적합도

죽음의 골짜기

표현형

그림 14 적합도 봉우리에 걸린 개체군은 돌연변이에 의해 중간에 있는 낮은 적합도 골짜기를 극복해야 다른 봉우리로 갈 수 있다.

생각해보자. 언덕을 오르는 것은 이야기의 일부일 뿐이다.

진짜 지형은 대개 조금 울퉁불퉁하고, 여러 가지 크기의 봉우리와 골짜기들이 흩어져 있다. 적합도 지형의 모습도 크게 다르지 않다. 따라서 개체군은 대개 가장 높은 봉우리를 바로 찾아서 올라가지 못하고, 수많은 작은 봉우리들 중 하나에 올라가서 꼭대기에 고착된다. 이렇게 되면 그 종은 가장 가까운 더 높은 봉우리로 건너뛰지 않고는 더 높이 올라갈 수 없다. 종이 이러한 도약을 하는 데 얼마나 걸릴까?

더 높은 봉우리로 가려면 개체군의 일부가 적합도가 낮은 중간의 죽음의 골짜기를 횡단해야 한다. 한 세대가 바뀔 때마다, 집단을 나타내는 얼룩에서 새로운 변이들이 나와서 골짜기로 간다. 변이를 가진 개체는 적합도가 낮아져서 대개 한두 세대쯤 지나면 소멸된다. 그러나 드물게 어떤 계열이 네 세대 또는 일곱 세대까지 살아남고, 심지어 열 세대까지 살아남는 경우가 생겨난다. 그러다 보면 언젠가는 매우 드문 유전적 사건이 세대마다 계속 일어나서, 변이를 가진 계열이 골짜기를 넘어 근처에 있는 봉우리에 도착하는 일이 일어난다. 이렇게 살아남은 후손들이 증식하면서 더 높은 봉우리를 오르게 된다 (**그림14**). 진화론에 따르면, 이런 도약에 걸리는 시간은 다음 봉우리의 거리에 따라 크게 늘어난다.6

　다시 말해 종이 짧은 점프를 맞으면, 이것은 합당한 시간 안에 해낸다. 그러나 긴 점프를 맞으면, 종은 그 봉우리에 영원히 머문다. 박과 스네펜은 이 통찰에 힘입어 큰 성과를 얻었다. 그들은 종들이 봉우리에 오르고 나면 중간에 가로놓인 골짜기 때문에 다른 더 높은 봉우리로 건너가지 못한다고 추론했다. 골짜기의 폭은 종이 얼마나 진화하기 힘든지를 반영하고, 골짜기를 건너는 데 얼마나 많은 시간이 걸리는지를 반영한다. 어떤 종이 도약하기 전까지는 아무 일도 일어나지 않기 때문에, 이 골짜기의 폭(각 종마다 하나씩)이 진화에서 결정적인 역할을 한다. 따라서 박과 스네펜은 이 폭을 나타내는 숫자에만 집중했고, 다른 것들을 모두 무시했다.

## 막대와 쐐기

생태계의 상황을 시각화하기 위해 막대가 줄지어 서 있는 것을 떠올려보자. 여기에서 막대의 길이는 각각의 종들 앞에 가로놓여 있는 골짜기의 폭과 같다고 하자. 단순함을 유지하기 위해 박과 스네펜은 이 막대가 0에서 1까지의 길이를 가진다고 생각했다. 이 생태계는 두 가지 규칙으로 진화한다. 짧은 도약은 긴 도약보다 훨씬 더 쉽게 일어나기 때문에, 맨 먼저 도약하는 종은 거의 언제나 가장 좁은 골짜기를 마주하고 있는 종이다. 도약에 성공한 종은 새로운 봉우리를 발견할 것이고, 또 새로운 골짜기를 마주할 것이다. 이 골짜기가 얼마나 넓을지는 아무도 모른다. 따라서 첫째 규칙은 다음과 같다. 가장 짧은 막대의 종을 찾아 0에서 1 사이의 무작위 길이를 가진 다른 막대로 바꾼다(그림15). 이 규칙은 종이 스스로 진화하는 방식을 반영한다.

공진화의 핵심은 종들이 서로 영향을 주고받는다는 것이다. 단순성을 위해 박과 스네펜은 종들이 가장 가까운 두 이웃에게만 영향을 준다고 가정했다. 한 종이 진화하면 그 영향으로 이웃들의 적합도 지형이 바뀐다. 봉우리에 있던 이웃의 종들은 갑자기 자기들이 봉우리에서 벗어났다는 것을 알게 된다. 이 종들은 재빨리 새 봉우리를 향해 진화하며, 거기에서 새로운 골짜기를 만난다. 따라서 둘째 규칙은 다음과 같다. 가장 짧은 막대의 길이를 무작위로 바꾼 다음, 왼쪽과 오른쪽 막대의 길이도 무작위로 바꾼다. 게임을 시작할 때는, 먼저 짧고 긴 막대들을 마구잡이로 늘어놓는다. 이것은 생태계의 어떤 상황을 나타낸다. 그다음에는 위에 설명한 절차를 여러 번 반복한다. 자, 그러면 어떤 일이 일어날까?

처음에는 막대들 중에 짧은 것이 많이 있다. 그러나 매번 가장 짧은 막대와 두 개의 다른 막대가 바뀌므로, 막대의 평균 길이는 늘어난다. 이렇게 계속하면 결국 모든 막대가 3분의 2 또는 그 이상의 길이가 된다. 이 시점에서 생태계는 비교적 안정된 상태가 되어서, 다

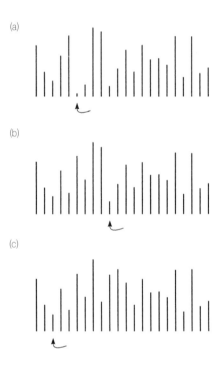

**그림 15** 박–스네펜 게임의 규칙. 최초 상태에서 출발하여 (a) 가장 짧은 막대(화살표로 표시)와 두 이웃이 새로운 막대로 대치된다. 진화(b, c)가 계속 진행되면 가장 짧은 막대가 새로운 막대로 대치되어 길어지는 경향이 있다. 따라서 모든 막대가 천천히 길어진다.

음 진화적 도약이 일어나기까지 많은 시간이 걸린다. 그러나 줄의 어딘가에 가장 짧은 막대가 있다. 충분히 오래 기다리면, 이 막대에 대응하는 종이 새로운 봉우리로 도약한다.

이 한 번의 도약에 따라 한 종의 막대와 이웃의 두 막대가 무작위 길이의 막대로 교체된다. 세 막대 모두 꽤 길 수 있고, 이 경우에 생태계는 다시 오랫동안 도약이 일어나지 않는 상황으로 돌아간다. 그러나

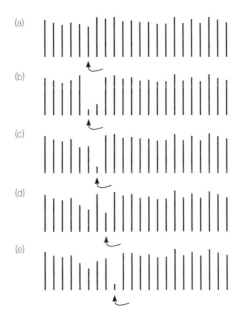

**그림 16** 박-스네펜 게임의 사태. 모든 막대의 길이가 3분의 2 또는 그 이상의 길이로 커진 다음에, 생태계는 임계상태가 된다. 이제 가장 짧은 막대를 교체하면 계속 교체가 진행되는 사태를 일으킬 가능성이 커져서, 이것은 생태계에서 멀리 전파된다.

세 막대 중에 하나가 3분의 2보다 훨씬 짧을 가능성도 꽤 크다(그림16). 이렇게 되면, 짧은 막대에 해당하는 종이 좁은 골짜기를 만나서, 다시 도약이 매우 빠르게 일어난다. 따라서 이 종에 해당하는 막대와 이웃의 두 막대가 새 것으로 교체된다. 교체된 막대 중에 꽤 짧은 것이 있으면, 그 막대에 해당하는 종이 또다시 빠르게 도약한다. 이런 방식으로, 진화의 사태가 생태계 속에서 계속 전파되다가, 마침내 우연에 의해 다시 모든 막대가 3분의 2 이상의 길이를 가지게 된다. 이 점에서 진화의 사태가 진정된다. 모든 종들은 다시 넓은 골짜기를 만나서, 오랫동안 진화의 도약이 일어나지 않는다.

따라서 박-스네펜 생태계는 모든 종들이 더 진화하기에는 꽤 큰 장벽을 넘어야 하는 상태까지 간다. 또 종 하나가 일으키는 한 단계의 진화가 다른 종의 안정성을 깰 수 있고, 이때 연쇄적인 진화가 빠르게 일어나서 다시 상황이 가라앉을 때까지 생태계의 대부분을 휩쓸 수 있다. 세부적인 성질을 더 많이 고려해서 조금 불분명해졌지만, 카우프만-존슨 게임도 본질적으로 같은 특성을 가진다. 둘 다 생태계에서 일어나는 보통의 진화가 불가피하게 가끔씩 극적인 격변을 일으킨다고 말한다. 이것이 대량멸종의 진짜 원인일까?

생물학자들은 온갖 이유로 이 두 게임 모두를 비판했다.[7] 이 게임들은 사실 생물학적 실재를 너무나 끔찍스럽게 단순화한 것이다. 앞에서 보았듯이, 보편성 원리의 관점에서 볼 때 이런 반박은 이 모델들의 타당성을 의심할 근거가 되지 못한다.[8] 그러나 이 두 모델에는 진짜로 몇 가지 약점이 있다. 예를 들어 두 모델에는 '멸종'이 없다. 사실 우리가 본 것은 멸종이 없는 경우의 공진화 모델인 것이다. 이 모델에서는 종이 난관에 부닥쳐도 멸종하지 않으며, 표현형만 바꿀 뿐이다. 또 여기에서 나타나는 사태는 멸종의 사태가 아니라, 진화적 활동의 사태다.

물론 이런 약점들에 대해 다음과 같이 반박할 수도 있다. 진화적 격변에서 100여 종이 새로운 봉우리에 적응하도록 강요받는다면, 어떤 종들은 제대로 해내지 못하고 멸종할 수 있다. 진화적 격변이 1,000종 또는 1만 종에 대해 일어난다면 그만큼 많은 수가 멸종할 것이다. 그렇다면 위의 모델로도 진화적 사태뿐만 아니라 멸종에서도 멱함수 법칙이 나온다고 말할 수 있다. 이것은 치밀한 논의가 아니지만, 충분히 설득력이 있다. 대략적으로 말해서 이 게임들은 지구 생태계가 임계상태에 있다는 것을 암시한다. 또 대량멸종이 통상적인 진화 과정에서 드물지만 당연히 일어날 수 있는 결과라고 암시한다 (아직은 단지 암시일 뿐이다). 물론 이 두 모델은 이 문제를 겨우 건드리기 시작한 것일 뿐이다.

## 진화적 사고

앞에서 나는 생물학자 프랜시스 크릭이 "대부분의 수학자들은 지적으로 게으르다"고 한 말을 인용했다.[9] 크릭은 박과 스네펜을 비롯해서 막대로 이루어진 단순한 생태계에서 나온 결과가 완전히 엉터리라고 보지 않는 모든 사람들에게도 똑같은 말을 할 것이다. 그렇다면 어떤 것이 '진짜' 과학이고 어떤 것이 그렇지 않은지에 대한 크릭의 견해는 너무 극단적이라고 할 수 있다.

크릭과 철학자 대니얼 데닛은 한때 과학에서 행하는 이론적 단순화를 심하게 공격했고, 특히 모델을 만들어서 뇌의 작용을 연구하는 것을 못마땅하게 생각했다. 그들에게 공격당한 시도 중 하나가 신경망을 바탕으로 한 것이다. 신경망은 상호작용하는 '뉴런'들의 수학적인 그물망으로, 그물망 속의 '뉴런'은 진짜 뉴런처럼 다른 뉴런에 의한 자극에 반응한다. 이 모델 속의 뉴런은 진짜 뉴런과 비슷한 점이 별로 없다. 이것은 이론가들의 뉴런이다. 실제의 뉴런은 너무 복잡해서, 뉴런의 그물망에서 일어나는 상호작용을 알아낼 수가 없다. 하지만 이론가들은 이 단순한 뉴런을 통해서 뉴런들의 상호작용에 대해 배울 수 있다. 크릭은 이런 연구에 격렬하게 반대했다. 데닛은 크릭이 한 말을 이렇게 회상했다. "이 사람들은 좋은 기술자일지 모르지만, 그들이 하고 있는 것은 끔찍한 과학이다! 이 사람들은 뉴런에 대해 이미 알려진 것들을 의도적으로 무시한다. 이렇게 만들어진 모델은 뇌의 기능을 이해하는 모델로 전혀 쓸모가 없다."[10]

생물학자, 물리학자 또는 어떤 종류의 과학자라도 이런 태도에 오래 집착할 사람은 거의 없을 것이다. 뉴턴이 단 한 가지를 제외한 모든 것을 무시하지 않았다면 태양 주위를 도는 지구의 운동을 결코 이해하지 못했을 것이다. 지구의 질량은 중력에 영향을 받는다. 그는 지구의 핵과 맨틀을 무시했고, 밀물과 썰물로 매일 바닷물이 지구 표면을 드나드는 것과, 지구 위에 서 있는 모든 나무들의 정확한 위치와 질량 등을 깡그리 무시했다. 뉴턴은 이 모든 것이 자신의 계산과는 별로 관계가 없다고 가정했고, 그는 옳았다.[11] 밀물과 썰물이 매일 드나들어도, 1년의 길이를 1분도 바꾸지 못한다.

그러므로 카우프만-존슨 게임과 박-스네펜 게임에서 진짜 중요한 질문은 세부적인 성질들을 너무 많이 던져버리지 않았는가 하는 것이다. 그렇다면 얼마나 많이 버리는 것이 너무 많이 버리는 것인가? 이를 알아보려면 세부적인 성질 몇 가지를 다시 집어넣은 다음에 본질적인 차이가 있는지 보면 된다. 사실 이 게임들은 분명히 세부적인 성질을 너무 많이 무시했다. 이 게임들은 공진화의 사태가 멱함수 법칙을 따른다는 것을 밝혀서 진화가 자기유사성을 가진다는 것을 알아냈지만(물론 이것만으로도 대단한 성과이다), 멱함수 법칙의 정확한 숫자는 실제와 정확히 같지 않았다. 예를 들어 박-스네펜 게임에서는 멸종의 크기가 2배로 불어날 때마다 2.14배 드물게 일어나지만, 화석 기록에 따르면 4배 드물게 일어난다. 카우프만-존슨 게임에서 나오는 정확한 숫자도 비슷한 문제가 있다. 따라서 이 게임들이 임계상태의 존재를 확인해서 생태계가 극단적으로 민감하다는 것을 보여주지만, 세부적인 것까지 정확히 보여주지는 못한다.

지금으로서는 어떤 세부적 성질을 다시 집어넣어야 하는지에 대해 과학자들 사이에 일치된 견해가 없다. 하지만 매사추세츠 공과대학의 물리학자 루이스 애머럴<sup>Luis Amaral</sup>과 보스턴대학의 마틴 메이어<sup>Martin Meyer</sup>의 연구에서 좋은 후보가 나왔다. 박-스네펜 생태계에서는 모든 종들이 취급되어, 포식자와 피식자가 없다. 물론 실제 생태계에는 계층이 있다. 생태계에는 먹이사슬이 있어서, 꼭대기에 있는 종도 있고 바닥에 있는 종도 있다. 1999년에 애머럴과 메이어는 먹이사슬을 고려한 간단한 게임을 고안했다. 사실 그들의 모델은 박과 스네펜의 것보다 그리 복잡하지 않다. 하지만 이 게임은 멱함수 법칙의 정확한 숫자를 잘 맞혔고, 이것은 먹이사슬의 존재가 중요한 성질임을 가리킨다.

그들의 게임에서 생태계는 최고위 포식자에서 가장 낮은 피식자까지 여섯 계층이 있다. 각 계층마다 1,000가지 생태적 지위가 있다. 생태적 지위는 어떤 종이 생태계에서 차지할 수 있는 자리를 말한다. 한 계층의 종은 아래 계층의 여러 종을 잡아먹는다고 가정해보자. 애머럴과 메이어는 가장 낮은 계층에 종을 부분적으로 채워놓고, 몇 가지 간단한 진화 규칙을 주었다. 일정한 시간 간격이 지날 때마다 기존의 종은 작은 확률에 따라 새로운 종을 만든다. 만들어진 종은 같은 계층이나 한 단계 아래 위에 비어 있는 생태적 지위를 채운다. 이렇게 하면 가장 낮은 종들이 점점 퍼져서 먹이사슬을 채운다. 새로 생긴 종에게는 아래 계층에서 잡아먹을 종이 자동적으로 할당된다(그림17). 또 같은 시간 간격이 지날 때마다 가장 낮은 계층에 있는 몇몇 종이 멸종

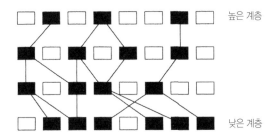

높은 계층

낮은 계층

**그림 17** 애머럴–메이어 먹이사슬. 한 계층에 있는 종들은 바로 밑의 종들을 잡아먹는다. 낮은 계층의 종들이 멸종하면 먹이사슬을 올라가면서 더 많은 멸종의 사태가 일어날 수 있다.

한다. 이 멸종은 기후 변화 때문에 일어나거나, 어떤 포식자가 너무 많이 잡아먹어서 일어난다고 할 수 있다. 이 멸종이 왜 일어나는지는 사실 별로 중요하지 않다. 생물학자들은 온갖 이유로 가끔씩 멸종이 일어난다는 것을 잘 알고 있다. 애머럴–메이어 게임에서 중요한 것은, 이러한 멸종이 윗 단계의 종들에게 영향을 준다는 점이다. 아래 계층에서 멸종이 일어나면, 그 종을 잡아먹던 윗 단계의 종도 멸종한다. 계속해서 그 윗 단계의 종도 먹이가 없어서 멸종하므로, 먹이사슬을 거슬러 올라가면서 멸종의 도미노 현상이 일어날 수 있다.

이 게임의 뼈대는 먹이사슬을 무작위로 채우고, 바닥에 있는 종들이 가끔씩 멸종할 수 있게 해서, 이 멸종의 효과를 먹이사슬 위로 올라가게 하는 것이다. 이 사소한 과정의 결과는 매우 놀랍다. 먹이사슬이 스스로 임계상태로 조직되어, 보잘것없는 종 하나가 멸종해도 거대한 멸종의 사태가 일어날 수 있다. 게다가 가장 인상적인 것은,

규모가 2배인 멸종은 4배 드물게 일어나서 실제의 화석 기록과 잘 일치한다는 점이다.

따라서 통상적인 생태계의 내부 작용이 대량멸종을 일으킬 수 있고, 임계상태가 생태계의 핵심적인 내부 성질인 것으로 보인다. 생태계의 단기적인 변동뿐만 아니라 장기간에 걸친 진화의 배후에도 생태계의 내부 작용이 있어서, 화석 기록에서 나타나는 독특한 패턴을 만드는 듯하다. 멸종을 겉보기에 따라 대량멸종과 평소의 멸종으로 나누는 것은 잘못일 수 있다.

그러나 여기에도 약점이 있다. 〈뉴사이언티스트New Scientist〉지에 기고된 어떤 글에는 이런 말이 있다. "복잡한 문제를 올바르게 들여다보면 훨씬 더 복잡해진다."[12] 대량멸종에도 이 말이 적용될 수 있다.


## 외부의 영향

지구 생태계가 임계상태에 놓여 있고 심한 변이를 겪는다는 것은 개념적으로 우아하고 화석 기록과도 잘 일치한다. 그러나 대량멸종에 대한 현재의 견해들을 공정하게 보여주기 위해, 반대의 결론이 나온 이론적 게임도 하나 소개하겠다.

1995년에, 코넬대학의 물리학자 마크 뉴먼Mark Newman은 종들이 전혀 서로 영향을 주고받지 않는 경우의 멸종을 그려보는 게임을 고안했다.[13] 다시 말해 모든 멸종의 진짜 원인은 생태계 밖에서 온 충격 때문이라고 보는 것이다. 앞 장에서 보았듯이 고생물학자들은 대개 외부 요인(기후 변화, 소행성 충돌 등) 때문에 대량멸종이 일어난다고 본다. 뉴먼 모델은 이 오래된 생각을 지지한다.

뉴먼은 박과 스네펜이 했던 것처럼, 외부 충격에 의한 멸종의 논리를 가장 기본적인 형태로 구성해보았다. 그는 다음과 같은 게임을 만들었다. 지구 상의 모든 종들에 어떤 적합성viability을 부여한다. 적합성은 외부 충격에서 살아남는 능력의 척도로, 여기에 0에서 1 사이의 숫자를 매긴다. 다시 한 번, 막대들이 늘어서 있는 것을 생각하자. 지구에 여러 번 충격이 오면, 그때마다 각각의 종들에게 무작위로 스트레스를 주는데, 이것도 0에서 1 사이의 값을 가진다. 종의 적합성이 스트레스 값보다 크면 살아남고, 그렇지 않으면 도태된다. 도태된 막대는 꺼내고, 그 자리에 다시 0에서 1 사이의 무작위 길이를 가진 막대로 채운다. 이것들은 진화 과정에서 새로운 종들이 비어 있는 생태적 지위를 채우는 것을 나타낸다.

생태계에서 도태가 계속 일어나면 적합성이 떨어지는 종들이 거의 사라져서, 막대들은 평균적으로 더 길어진다. 또 충격들 사이의 기간에, 적합성이 큰 종들(즉 도태되지 않은 긴 막대) 중의 일부에 대해 적합성 값을 무작위로 바꾼다. 이렇게 하는 이유는 다음과 같다. 종들은 빙하시대, 소행성 충돌, 화산 분출 등의 격변에 대비해서 진화하는 것이 아니라, 즉각적인 환경 조건에 적응한다. 따라서 평소의 적응으로 종들이 외부의 격변에 잘 견디게 되는 것은 아니다. 또 충격들 사이의 기간에 일어나는 진화에 의해 종의 적합성은 무작위로 변한다. 뉴먼은 생존자 막대의 일부를 무작위 길이의 새로운 막대로 바꾸는 것으로 이 효과를 게임에 포함시켰다.

이것이 이 게임의 전부다. 여기에서 유일하게 조율할 수 있는 성질은 생태계를 때리는 충격의 크기다. 이것들은 무작위고, 크고 작은 충격의 상대적인 빈도를 마음대로 잡을 수 있다. 큰 충격을 자주 주고 작은 충격을 드물게 줄 수도 있으며, 그 반대로 할 수도 있다. 이 게임에서 주목할 만한 것은 충격을 어떻게 주어도 게임이 비슷하게 진행된다는 것이다. 충격의 분포를 거의 어떻게 선택하든, 게임은 같은 방식으로 작동한다. 이 생태계는 스스로를 조직하기 때문에, 어떤 크기의 충격을 주었을 때 생태계가 얼마나 스트레스를 받을지 예측할 수 없게 된다. 단지 몇 종들만 멸종하거나, 거의 모든 종이 멸종하기도 한다. 화석 기록과 멸종의 규모 분포에 아주 잘 맞는 멱함수 법칙이 이 게임에서 나온다.

이 게임은 충격이 세부적으로 어떻게 주어지는지가 멸종 기록에 별로 영향을 주지 않는다는 것을 보여준다. 기후 변화, 화산 분출, 소행성 충돌 등이 때때로 지구의 생물 공동체에 충격을 준다. 특정한 충격이 어떤 결과를 가져오는지, 또 그런 충격이 얼마나 자주 지구를 방문하는지는 잘 알려져 있지 않다. 그러나 뉴먼의 연구에 따르면, 지구를 때리는 충격에 대해 정확히 알지 못하고도 충격이 장기간에 걸쳐 생명에 미치는 결과를 추정할 수 있다. 무無에서 뭔가를 얻을 수 있는 것이다.

대량멸종에 대해서는 모든 것이 혼란스럽다. 뉴먼 게임에 따르면 대량멸종이 내부에서 오는지 외부 충격에서 오는지 확신을 가지고 말할 방법이 없다. 현재 이 분야에서는 게임을 더 발전시켜서 미묘한 수학적인 차이를 화석 기록에서 탐지해내려는 연구가 진행되고 있다. 여기에서 멸종의 원인이 내부인지 외부인지 가릴 수 있는 결정적인 실마리가 나올 수도 있을 것이다. 뉴먼의 게임은 대량멸종이 내부 작용 때문이라는 최종 결론을 내리지 못하게 하지만, 이 연구도 결국은 이 책의 넓은 주제와 맥락이 닿는다.

우리는 많은 것들이 진정 임계상태처럼 조직되어 있다는 것을 알았다. 비평형 물리학에는 자기조직화하는 임계성보다 훨씬 더 많은 것이 들어 있다. 사실 뉴먼의 게임은 스스로 임계상태로 조직되지 않는다. 그런데도 이것은 멱함수 법칙, 프랙탈, 평범한 충격이 거대한 격변을 일으키는 극도의 민감성 등을 모두 갖추고 있다. 게다가 극도의 민감성은 임계상태와 마찬가지로 온갖 다양한 상황에서 자주 나타난다. 이런 성질들은 평형에서 벗어나 있을 때와 역사가 문제가 될 때 도처에서 나타난다.

이 모든 것들이 모여서 지금 새로운 과학이 만들어지고 있다. 이것은 역사과학의 맥락으로 조율된 이론과학이다. 이 새로운 과학은 이미 지구물리학과 생물학에서 모습을 드러냈다. 그러나 역사는 훨씬 더 범위가 넓어서 인간 활동의 거의 모든 영역에 뻗어 있다. 이제까지 살펴본 개념적인 도구를 가지고, 이제는 인간 세계의 본질을 탐구할 수 있다. 불행히도 사회적 변화에는 정확한 숫자를 부여하기 힘든 경우가 많다. 정치적 혁명과 새로운 패션의 물결은 우리 모두에게 영향을 주지만, 자석의 변이나 지각의 진동과 같은 정밀도로 사회적 변이를 재는 일은 쉽지 않다.

인간의 영역을 탐구하는 첫 번째 대상으로 자본시장이 가장 적절할 것이다. 주식과 채권의 가격은 몇십 년 동안 매초마다 기록되어 있어서 엄청나게 많은 데이터가 있다. 이제 1장에서 제기한 질문으로 돌아가자. 지진, 대량멸종, 증시 붕괴가 모든 같은 종류의 사건이라고 말하는 것은 어떤 의미에서 옳을 수 있는가?

경제 이론가들은 계속 여러 가지 수학적 모델을 만들어내고,
이것들의 성질을 세밀하게 탐구한다. 또 계량경제학자들은 온갖 함수를
데이터에 이리저리 끼워 맞춰본다. 하지만 그들은 현실의 경제 체계 구조를
이해하고 예측하는 데 계속 실패하고 있다.

– 바실리 레온티에프Wassily Leontief[1]

재버먼의 법칙: 경제가 나쁘면 나쁠수록 경제학자들은 더 좋다.

– 앨프리드 재버먼[2]

# 10장

# 난폭한 변이

경제학자들은 자기네들끼리 이런 농담을 한다. "경제학자란 경제에 대해 잘못된 추측을 하면서 돈을 버는 전문가들이다." 이런 농담도 있다. "경제학자들은 지난 다섯 번의 불황에 대해 아홉 번이나 예측했다." 물론 일말의 진실이 담겨 있지 않다면 이런 말이 전혀 웃기지 않을 것이다. 1995년에 경제 컨설턴트인 런던이코노믹스 사는 영국 최고의 경제 예측 기관 서른 개의 지난 몇 년간 성적을 비교했는데, 여기에는 영국 재무부, 국립연구소, 런던비즈니스스쿨 등이 포함되어 있었다. 런던비즈니스스쿨의 존 케이John Kay 는 〈파이낸셜 타임스 Financial Times 〉지에 이 결과를 다음과 같이 요약했다.

경제의 미래에 대해서는 경제학자들 수만큼의 견해가 있다는 농담이 있다. 그러나 진실은 그 반대다. 경제 예측가들은 (…) 모두 같은 시기에 얼마간 비슷한 말을 한다. 일치의 정도는 놀랍다. 예측들 간의 차이는 모든 예측과 일어난 일 사이의 (…) 차이에 비해 사소하다. (…) 그들이 한 말은 거의 언제나 틀리고 (…) 예측은 지난 7년간 있었던 중요한 경제 변화를 거의 알아맞히지 못했다. 1980년대 소비 열풍의 세기와 탄력성, 1990년대에 일어난 불황의 깊이와 지속, 1991년부터 일어난 인플레이션의 극적이고 계속적인 내림세 등을 하나도 알아맞히지 못했다.[3]

물론 영국 경제가 특별히 예측하기 힘들어서 그런 것은 아니다. 이 기관들의 경제학자들이 어리석은 탓도 아니다. 전 세계적으로 매년 온갖 국적의 경제 예측가들은 모두 예측 실패의 합창이라고 불릴 만한 것에 열심히 기여하고 있다. 1993년에 경제협력개발기구OECD는 1987년에서 1992년 사이에 미국, 일본, 독일, 프랑스, 이탈리아, 캐나다와 함께 국제통화기금IMF과 OECD 자체의 예측을 분석했다. 결론은 어땠을까? 이 기관들의 예측이 심하게 틀렸을 뿐만 아니라, 그들이 사용한 모든 정교한 경제 모델을 내다 버리고 단순히 이전 해와 변동이 없다고만 말했어도 인플레이션과 국내총생산을 더 잘 예측했을 거라는 것이었다.[4] 지난 세기의 예측을 조사한 유명한 재무분석가 한 사람은 이렇게 결론을 내렸다. "경제학자이건 저명한 투자가이건 그들의 말을 인용하는 기자이건 간에, 돈에 대해 예측을 할 때는 가끔씩 틀린 정도가 아니다. 그들은 틀림없이 틀려왔다."[5]

주류 경제학자들은 정부와 중앙은행이 '정책 레버'를 조절해서 경제를 잘 운용할 것이라고 한결같이 신뢰하는 것으로 보인다. 〈월스트리트 저널〉이나 〈파이낸셜 타임스〉의 기사를 보면, 경제학자와 사업가와 정부의 경제 부처 장관들은 공공 소비와 세율 등을 어떻게 조절해야 좋은지를 두고 끊임없이 논쟁한다. 물론 이런 생각에는 약간의 진실이 있다. 중앙은행이 이율을 내일 몇 퍼센트 올리면, 이것이 미국 경제에 제동을 걸게 될 것이라는 쪽에 내기를 거는 게 좋을 것이다. 마찬가지로 세금을 덜 걷으면 소비가 촉진될 것이다.6 하지만 경제학자들은 경제를 잘 조절할 수 있다는 지나친 낙관론에 빠질 때도 많다. 1998년에 매사추세츠 공과대학의 한 경제학자는 미국 경제 호황에 대해 이렇게 말했다.

호황은 영원히 갈 것이다. 미국 경제는 앞으로 몇 년 동안 후퇴하지 않을 것이다. 우리는 후퇴를 원하지 않고, 후퇴는 필요하지 않으며, 따라서 우리는 후퇴하지 않을 것이다. (⋯) 우리에게는 현재의 호황을 계속 유지할 수단이 있다.7

진짜로 그렇다면 과거에는 왜 불황을 겪었을까? 그렇게 경제 운용이 쉽다면, 경제학자들은 경기 변동을 왜 그렇게 맞히지 못했을까? 1987년 증시 붕괴와 같은 일이 왜 아무 경고도 없이 일어날까? 이런 일들은 도대체 어떻게 일어났을까?

경제를 운용할 수 있다는 널리 퍼진 확신과 꼭 닮은 것이 있는데, 그것은 바로 갑작스러운 거대한 사건에는 반드시 확인 가능한 원인이 있다는 확신이다. 1장에서 보았듯이 1987년 주가 폭락의 경우에 많은 분석가들은 컴퓨터 매매 프로그램이 원인이라고 지적했으며, 1929년 폭락과 같이 과도한 대출이 원인이라고 지적한 전문가도 있었다. 경제 기적을 이룩한 동남아 국가들이 1997년에 갑자기 위기를 맞자, 전문가들은 외채가 너무 많았다고, 뒤늦게 진단을 내놓았다.

경제에 참여하는 사람의 숫자는 어마어마하게 많다. 그들 각자가 나름대로 생각, 전략, 희망, 염려를 가지고 활동하며, 거기에다 또 엄청난 수의 기업과 조직들이 저마다의 목표를 추구하면서 경쟁하고 있다. 어쩌면 경제에서 미래를 예측하는 것은 당연히 어려운 일이다. 그런데 경제에서도 앞의 여러 장에서 본 것과 같은 패턴이 나타난다. 그렇다면 인간에 관련된 일은 너무 복잡하다고 푸념하면서 두 손을 들기 전에, 더 간단한 설명이 있는지 찾아보는 것도 의미가 있다. 앞에서 보았듯이 대지진, 산불, 대량멸종 등은 비평형인 계에서 보편적으로 나타나는 거대한 변이다. 이것을 피하기 위해서는 자연 법칙을 바꿔야 한다.

물론 경제를 향해 모험해 들어가는 것은 물리학과 생물학의 법칙에서 멀리 벗어나는 것이다. 수학은 수백만 명은커녕 단 한 사람의 지성이나 변덕도 규명할 수 없으며, 심지어 가장 초보적인 방식으로도 사람들의 감정, 꿈, 욕망을 모사할 수 없다. 엄밀한 물리 법칙에 따라 움직이는 자석이나 지각地殼과 달리, 사람들은 선택을 한다. 하지만 생각, 느낌, 욕망, 예상에는 감염성이 있어서, 미시적 자석이 이웃에게 영향을 주듯이 개인이나 기업의 행동도 이웃에게 영향을 준다. 앞에서 배웠듯이, 임계상태는 구성원의 세밀한 성질에 대해서는 거의 무관하며, 구성원들 사이에 영향이 전파되는 방식에만 의존한다.

임계상태는 인간 사회에서도 똑같이 작동할까? 임계상태의 각인은 수학적인 패턴이므로, 숫자로 된 데이터가 매일 쏟아져 나오는 자본시장은 아주 좋은 출발점이다.


## 근본으로 돌아가서

경제를 의미 있게 조절할 수 있다는 확신의 배후에는 '효율적인 시장 가설'이라는 경제학의 핵심 개념이 있다. 한 경제학자가 이것을 '경제학의 역사상 가장 놀랄 만한 오류'[8]라고 말했지만, 많은 경제학자들은 거의 주저 없이 이것을 받아들인다.[9] 이 개념은 시장 속에 있는 모든 사람들이 언제나 탐욕스럽게 자기의 이익을 도모한다고 주장한다. 한 논문의 저자는 이렇게 썼다.

탐욕을 주체할 수 없는 투자가 군단은 자기들이 가진 정보의 이점을 최대한 이용한다. 이렇게 함으로써 그들의 정보는 시장 가격을 만들어내고, 그들이 노렸던 이득의 기회는 금방 사라진다.[10]

이 개념에 따르면, 사람들은 저평가된 주식을 재빨리 사들인다. 나중에 이것을 팔아서 돈을 벌 수 있기 때문이다. 수요가 많아지면 가격이 오르고, 그 주식은 더 이상 싸지 않게 되어 평형이 회복된다.

효율적인 시장에서 공급은 수요와 완벽하게 맞아떨어지고, 가격은 언제나 적절한 수준을 유지한다. 다시 말해, 가치는 그 밑에 있는 '펀더멘탈Fundamental'에 상응한다. 지분을 가지면 배당금이 주어진다. 주식의 실제 가치(합리적인 사람이 그 주식에 얼마나 지불할 것인가)는 그 기업의 현실적인 성장 전망과 미래에 발생할 이득에 따라 결정된다. 따라서 뉴욕 증시는 주식의 실제 가치에 대한 근본적인 사실을 반영한다. 어떤 회사가 큰 손실을 입거나 법이 변해서 경쟁력이 약화되면 펀더멘탈이 변한 것이고, 그 회사의 주식 가격이 내려간다.

이런 견해를 바탕으로, 경제학자들은 시장 가격이 조금씩 오르내린다는 것을 인정한다. 가격이 어떻게 변할지는 아무도 예측하지 못한다. 배후의 펀더멘탈에 영향을 주어 가격 변화를 일으키는 것은 '보도 불허'의 긴급 정보이기 때문이다. 모퉁이 바로 뒤에 어떤 신기술 개발이나 기업 정책의 오류가 기다리고 있는가? 하지만 새로운 정보가 조금씩 흘러들어옴에 따라 가격이 변하고, 경제는 언제나 평형을 회복한다.

이런 정통적인 관점에서 볼 때 경제는 그릇 속에 든 물과 비슷하다. 미시적인 수준에서 볼 때 개별 분자들은 온갖 혼란스러운 일을 저지른다. 그러나 평형상태일 때는 이 미시적인 혼란이 모두 평균이

되어 없어진다. 그릇을 기울이면 물이 어떻게 스스로 재배열하여 물리학의 법칙에 따라 평형을 찾는지 쉽게 예측할 수 있다. 비슷하게 경제에서도, 예를 들어 이율을 낮추는 정책은 시장에 있는 모든 합리적인 사람들이 서 있는 땅을 기울이는 것과 같다. 돈을 빌리는 비용이 줄어들어서 개인이나 기업은 돈을 더 빌리고 소비를 더 많이 할 것이다. 이것은 경제를 자극할 것이고, 바뀐 상황에 따라 재빨리 평형이 이루어져서, 예를 들어 생산이 늘어난다.

그러나 한 가지 문제가 있다. 평형적 사고로는 1929년이나 1987년에 일어났던 증시 대폭락과 같은 급격한 변이를 설명하지 못한다. 1987년에 무엇이 다우존스지수를 하루만에 22퍼센트나 떨어뜨렸는가? 다우존스지수는 여러 산업에 걸쳐 있는 몇몇 기업들의 주식을 평균낸 것으로, 일반적인 경제 활성을 보여주는 좋은 지표다. 한 경제학자는 이 폭락에 대해 이렇게 말했다.

모든 참여자들이 반나절 만에 미래의 이득이 20퍼센트나 떨어졌다는 견해를 가지게 될 만큼 펀더멘탈이 급격히 변화했다고 믿기는 어렵다. 그러나 이것이 1987년 8월에 세계 증시에 일어났던 일이라고는 말할 수 있다.[11]

이 말도 안 되는 사태에 대해 대부분의 분석가들은 앞에서 말한 대로 컴퓨터 매매 프로그램을 비난했다. 많은 사람들이 이런 임의적인 설명에 설득되었고, 심지어 문제가 고쳐졌기 때문에 또 다른 폭락은 일어날 수 없다고 확신하는 것 같다. 1998년에 유명한 두 경제학자들은 〈월스트리트 저널〉에 이러한 컴퓨터 매매 프로그램을 언급하면서 이렇게 썼다. "구조적인 취약성의 근원은 (전적으로는 아니겠지만) 본질적으로 고쳐졌다. (…) 1987년처럼 머리칼이 곤두서는 사건은 다시 일어나지 않을 것이다."12

그러나 지난 10년간의 자료에 대한 수학적 연구에서 아주 다른 이야기가 나왔다. 이 분석에 따르면, 갑작스러운 격변은 어쩔 수 없이 일어나는 것 같다. 효율적 시장 가설과는 정반대로, 시장 가격의 거대한 변이는 시장의 자연스러운 내부 작용에서 오는 것으로 보인다. '구조적 취약성의 근원'이나 갑작스러운 펀더멘탈의 변화가 없어도 때때로 시장이 요동치는 것이다. 이유는 간단하다. 시장은 전혀 평형에 가깝지 않기 때문이다.


## 두꺼운 꼬리

1900년에 루이 바슐리에Louis Bachelier라는 프랑스 사람이 파리고등사범학교 교수진에게 '투자 이론'이라는 흥미로운 논문을 제출했다. 바슐리에의 논문은 교수들에게 별로 좋은 반응을 얻지 못했고, 그는 교수직을 얻지 못했다.13 교수들은 단순히 그가 이론물리학이나 실험물리학의 전통적인 주제를 다루지 않은 것에 실망했는지도 모른다. 이 논문에서 바슐리에는 가격 변동의 수학적 이론을 구성하려고 했던 것이다.

오늘 면화 가격이 1파운드에 10프랑이라고 해보자. 다음 달에는 가격이 어떻게 될까? 물론 확실하게 알 방법은 없다. 이것은 확률과 통계의 문제다. 바슐리에는 면화 가격을 한 달 간격으로 오랫동안 기록하면, 그 변화는 3장에서 본 종 모양 곡선(그림1)을 이룰 것으로 보았다. 종 모양 곡선은 자연에서 일어나는 수많은 현상과 잘 맞으므로, 이것은 적절한 추측으로 보였다. 전체적으로 가격은 오르는 만큼 자주 내리고, 봉우리는 0의 위치에서 형성된다. 다시 말해 가격이 변하지 않는 달이 가장 많다. 종 모양 곡선의 꼬리는 매우 빠르게 떨어진다는 것을 기억하자. 이것은 전형적인 값보다 큰 가격 변동은 극단적으로 드물다는 바슐리에의 믿음에 잘 맞았다.

바슐리에는 가격이 전체적으로 부드러운 '랜덤워크*random walk*(무작위 보행. 이것을 설명하기 위해 술 취한 선원 이야기를 예로 드는 경우가 많다. 잔뜩 취한 선원을 바텐더가 데리고 나와서 가로등에 기대어 놓는다. 선원은 비실비실 일어나서 걸어가는데, 하도 취해서 이리 갔다 저리 갔다 제멋대로다. 물론 진짜로 취한 선원이라 해도 이번 걸음과 다음 걸음에 상관성이 있겠지만, 여기에서는 선원이 앞으로 한 걸음을 뗄 확률과 뒤로 한 걸음을 뗄 확률은 완전히 무작위라고 가정한다. 이렇게 하면 몇 걸음을 걸어간 뒤에 선원이 가로등에서 간 거리는 엄격히 정규분포를 따른다. 랜덤워크는 정규분포가 나오게 하는 모델이다. - 옮긴이)'를 따른다고 보았다. 가격이 매달 대동소이하게 오르내리는 이 수학적 그림은 진짜 가격과 놀라울 정도로 비슷한 그래프를 만든다. 바슐리에는 확실히 파리고 등사범학교 교수진에게 더 좋은 대접을 받을 가치가 있었다. 가격 변동에 관한 바슐리에의 이론은 반세기 동안이나 도전을 받지 않았던 것이다.

앞에서 보았듯이, 망델브로는 1963년에 면화 가격을 자세히 조사했다. 그는 여기에서 자기유사성의 독특한 패턴을 보고 깜짝 놀랐고,

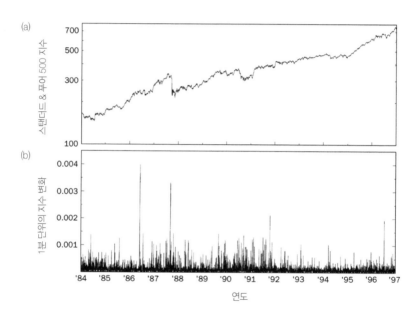

**그림 18** (a) 1984년에서 1997년까지 스탠더드 & 푸어 500 지수(S&P 500)의 1분 단위 변이. 서서히 올라가는 경향 위에 여러 번의 변이가 나타난다. (b) 전체적인 경향을 무시하고 변이의 절댓값(오른 것과 내린 것을 구분하지 않으며, 퍼센트로 나타낸다)만 1분 단위로 표시한 그래프.

결국 프랙탈 기하학을 탐구하게 되었다. 가격 변동 그래프를 아무 데나 잡아서 길게 늘이면, 다시 전체와 비슷해 보인다. 망델브로는 이러한 자기유사성 속에서 더 많은 것을 찾아냈다. 가격의 등락이 무작위라는 바슐리에의 생각은 진정으로 옳았다. 망델브로의 분석에 따르면, 가격이 이 달에 약간 올랐다고 해서 다음 달에는 더 오르지 않거나 또는 내린다는 것을 뜻하지 않는다. 가격은 진짜로 랜덤워크를 따르고 있었다. 그러나 망델브로는 이 무작위 변화의 크기 분포에서 바슐리에의 종 모양 곡선과는 전혀 다른 것을 보았다.[14] 그는 가격 변동이 멱함수 법칙을 따른다는 것을 발견한 것이다. 따라서 바슐리에의 가정과 달리, 가격 변동에는 '전형적인 크기'가 없다.

1990년대에 연구자들은 컴퓨터를 이용해서 전 세계의 주식시장과 외환시장의 변동을 훨씬 더 상세하게 연구했고, 모든 경우에서 비슷한 것을 발견했다. 주식의 가격은 일반적으로 멱함수 법칙을 따르고, 변화의 폭은 전형적이 크기가 없이 거칠게 오르내린다. 예를 들어 보스턴대학의 물리학자 진 스탠리는 유명한 S&P 500 지수의 변이를 분석했다.[15] 뉴욕 증시의 대표적인 주식 500종의 가격을 바탕으로 한 이 지수는 전체 시장에 대한 일종의 벤치마크Benchmark다. 스탠리와 공동 연구자들은 1984~1996년 사이의 13년 동안 15초 단위로 기록한 지수 변동을 연구했다. 이것은 450만 개의 숫자로 이루어진 방대한 데이터였다. 이 기간 동안의 지수를 그래프로 나타내면, 완만하게 올라가는 경향 위에 가끔씩 불규칙하게 오르내리는 복잡한 양상을 보인다(그림18 a).

이 그래프에서 전체적인 경향을 무시하고 변이에만 주목할 수도 있다. 이렇게 해서 얻은 그래프는 변동의 크기만 1분 간격으로 나타낸 것으로(그림18 b), 여기에서 더 많은 것을 알아볼 수 있다. 이 그래프는 분명히 매우 삐죽삐죽하다. 여기에서 스탠리와 동료들은 변동폭이 2배가 될 때마다 그런 크기의 지수 변화가 16배로 드물게 일어난다는 것을 알아냈다. 멱함수 법칙에서 정확한 숫자는 중요하지 않고 규칙적인 기하학적 형태가 중요하다는 것을 상기하자. 이것은 큰 변화와 작은 변화 사이에 정성적인 차이가 없다는 뜻이다.

멱함수 법칙은 변이의 전형적인 값은 없다고 말한다. 따라서 가장 큰 등락도 특별한 일이 아니게 된다. 갑자기 일어나는 거대한 변화에는 설명이 필요하다는 생각은 틀린 것으로 보인다. 우리의 직관과 충돌하지만, 급격한 지수 변동도 단지 일상적인 일일 뿐이라는 것이다. 과학자들은 때때로 멱함수 법칙의 분포가 '두꺼운 꼬리'를 가졌다고 말하는데, 종 모양 곡선에 비해 멱함수 법칙의 곡선이 빨리 떨어지지 않기 때문이다. 분포를 나타내는 곡선에서 꼬리는 극단적인 사건에 해당하고, 멱함수 법칙을 따르는 분포에서 극단적인 사건은 진정 드문 일이 아니다. 사실 이것을 '극단적'이라고 말하는 것 자체가 잘못이다.

비슷한 멱함수 법칙의 형태가 S&P 500 지수의 1분, 한 시간, 하루 간격에도 나타나며, 수천 가지 개별 기업의 주식 가격에도 나타

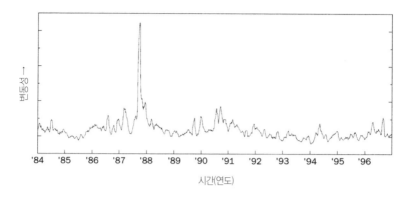

**그림 19** 1분 단위의 지수 변화를 한 달 단위로 평균하면([그림 18] b에서), 시장이 어떨 때는 거칠게 움직이고 어떨 때는 조용한 것을 볼 수 있다. 변이의 활력 자체도 다양하게 변한다.

난다.16 다른 나라의 주식시장17과 외환시장18에서도 비슷한 멱함수 법칙의 변이가 발견되었다. 따라서 거친 변이는 모든 종류의 시장이 가진 보편적인 특성으로 보인다. 가격 변화에 대한 직접적인 연구는 단지 이것을 보여주는 한 방식일 뿐이다.

스탠리의 팀은 시장의 '변동성volatility'도 분석해보았다. 변동성은 가격이 얼마나 거칠게 변하는지 보여주는 척도로, 주식 투자가들이 각별히 관심을 가지는 양이다. 이것은 1분 단위의 가격 변동 기록을 몇 시간 단위로 묶고, 그 속에서 1분 단위의 가격이 얼마나 거칠고 활기차게 움직이는지 보는 것이다. 이렇게 하면 변이 자체가 얼마나 강해졌다 약해졌다 하는지 알 수 있다. S&P 500 지수의 변동성을 보면 시장이 어떨 때는 조용하다가 어떨 때는 갑자기 활기를 띠는 것을 알 수 있다( 그림 19 ). 한 단계 더 나아가서 이 변동성의 변이를 볼 수도 있다. 다시 말해, 시장이 활기를 띨 때와 조용할 때 사이를 얼마나 활기차고 변덕스럽게 움직이는지 보는 것이다. 여기에서도 연구자들은 규모 불변성의 멱함수 법칙을 보았다. 시장은 변이에서도 전형적인 값은 없어서, 변동성 자체도 매우 변동성이 크다.[19]

이 모든 거친 변이가 효율적인 시장 가설 앞에서 날아간다. 시장은 평형이 아니다. 시장이 평형이라면, 바슐리에가 생각했던 것처럼 변이는 전형적인 값 근처에서 왔다 갔다 할 것이다. 그렇다면 변이는 왜 커지는가?


## 군중심리

경제학자가 아닌 사람들이 보기에는, 모든 사람이 합리적인 행위자여서 언제나 합리적으로 자기의 이익을 도모한다는 정통적인 관점은 아주 이상해 보인다. 경제학자 폴 오머로드[Paul Ormerod]는 이렇게 말했다.

정통 경제이론에서, 특정한 시장 속의 행위자들은 (…) 충분한 양의 정보를 얻어서 가격을 예상하고 여러 가지 전략을 취할 때의 예상 수익을 판단할 능력이 있으며, 적절한 방식으로 장점과 단점에 대응할 수 있다. (…) 이 가설적인 개인은 (…) 다른 사람의 행동에 영향을 받지 않으

며 (…) 그들의 취향과 선호는 고정되어 있다고 가정해서, 다른 사람이 하는 일에 좌우되지 않는다.[20]

수십억 달러의 매출을 올리는 광고 회사가 있다는 것만 보아도 이 견해가 얼마나 잘못되었는지 알 수 있다. 광고는 단순히 소비자가 더 나은 판단을 할 수 있도록 정보를 제공해줄 뿐이라고 말한다면, 그것은 순진하다기보다 한심하다고 해야 할 것이다. 사람들은 모두 누군가에게 영향을 받고 조작당할 수 있기 때문에 광고가 작용하는 것이다. 게다가 사람들이 영향을 받으면 그 사람들의 생각과 행위가 다른 사람에게도 영향을 미칠 것이다. 오머로드가 예를 들었듯이, 통상적인 이론이 과거 텔레토비 열풍을 조금이라도 설명할 수 있는가? 텔레토비 열풍은 100만 명의 사람들이 각자 따로따로 이성적으로 자기 이익을 추구한 결과인가? 아니면 한 사람의 관심이 다른 사람에게 영향을 주어 관심의 사태가 일어난 것인가? 유행의 힘은 강력하다. 그런데도 정통 경제학은 유행의 존재조차 인정하지 않는다.

어떤 영화나 책, 음반, 자동차 등이 엄청나게 성공하는 것도 텔레토비 열풍과 비슷하다. 1994년에 〈버라이어티Variety〉지가 가장 인기 있는 영화 100편에 대해 흥행 수익 자료를 분석했고, 여기에서도 수익 대 순위(인기도) 그래프는 두꺼운 꼬리를 가진 멱함수 법칙을 보였다. 이것은 영화의 성공은 예측하기가 매우 어렵다는 뜻이다.[21] 1993년의 가장 인기 있는 영화는 100위에 오른 영화보다 수익이 40배 많았다. 100위인 영화도 그해 히트작이었는데도 그 정도였다. 왜 그럴까? 사람들은 영화를 보러 가기 전부터 어떤 영화가 볼 만한지 알고 싶어 하고, 신문, 텔레비전, 주변 사람들을 통해서 많은 의견을 접한다. 다른 사람들이 관심을 가진다는 것을 알면 그 영화에 무관심해지기 힘들어지고, 그 결과로 관심의 광풍이 일어난다. 이것은 합리적인 의사 결정이 아니며, 사람들은 비합리적인 방식으로 영향을 주고받는다.

1999년에 어떤 유럽 연구자 두 사람이 자본시장의 끔찍한 변이에도 비슷한 효과가 연관되어 있지 않을까 궁금해했다. 본대학의 경제학자 토머스 룩스Thomas Lux와 칼리아리대학의 전기공학자 미셸 마르셰시Michele Marchesi는 가격의 통계적 성질이 외부 영향(정통 이론에서 요구하는 펀더멘탈의 변화)을 반영하는지 또는 '참여자들의 상호 영향'에 의해 만들어지는지 알아보기로 했다. 그들은 주식시장을 극단적으로 단순화시킨 게임을 만들었고, 컴퓨터를 이용해서 그 작용에 대한 통찰을 얻었다.

한 종목의 주식만 있는 주식시장을 생각하고, 이것을 사고파는 거래자들이 있다고 하자. 현실에서 거래자들이 취하는 전략은 매우 다양하다. 하지만 룩스와 마르셰시는 어느 한 순간 모든 거래자들은 세 가지 집단으로 나뉜다고 생각했다. 근본주의자들은 저평가된 주식을 사려고 한다. 그들은 일시적으로 실제 가치보다 가격이 낮은 종목을 사고, 실제 가치보다 가격이 높은 종목을 판다. 여기에 비해 낙관론자들은 시장 가격이 오른다고 믿고, 따라서 주식을 사는 것이 현명한 투자라고 생각한다. 비관론자들은 시장 가격이 내린다고 생각하고, 따라서 주식을 팔아서 손실을 줄이려고 한다. 마지막 두 집단은 펀더멘탈을 무시하며, 자기들이 생각하는 것이 시장의 경향이라고 추측한다.

이 게임은 다음과 같이 작동한다. 룩스와 마르셰시는 이 주식이 어떤 진정한 실제 가치가 있다고 가정했다. 이 값은 펀더멘탈에 의해 결정되고, 바슐리에가 처음에 생각한 것처럼 부드럽게 변한다. 근본주의자들은 펀더멘탈의 변이를 날카롭게 관찰하고, 실제 가격도 관찰하다가, 거기에 따라 사고판다. 낙관론자와 비관론자들은 펀더멘탈을 무시하고 시장 가격의 동향만 주시한다. 물론 시장 가격은 실제 가치와 반드시 일치하지는 않는다. 마침내 거래자들이 서로 주고받는 영향이 시장 가격에 작용한다. 어느 한 순간에 어떤 수의 근본주의자, 낙관론자, 비관론자들이 있고, 그들은 모두 주식을 사고팔려고 한다. 주식 수요가 많아지면 가격이 오르고, 공급이 많아지면 가격이 내린다.

이 모든 것은 정통 경제학과 잘 어울린다. 두 연구자는 여기에 사람들이 주식 가격에 대해 추측을 한다는 실제 사실을 추가해서 조금 수정했다. 이 게임에는 한 가지 가정이 더 들어가 있는데, 이것이 이 게임의 핵심이다. 그 가정은, 사람들이 서로 영향을 주고받는다는 것이다.

## 심리 작전

사람들은 서로 영향을 주고받을 수 있기 때문에, 룩스와 마르셰시는 사람들의 태도가 근본주의, 낙관론, 비관론 중의 하나로 고정되어 있지는 않다고 보았다. 강한 확신을 가진 사람들도 다른 사람들의 행동에 영향을 받으며, 무시하기에는 너무 강력한 동향에 대해서도 영향을 받는다. 열렬한 비관론자도 시장 가격이 한동안 오르면 낙관론자로 변할 수 있다. 광신적인 근본주의자도 가격이 오랫동안 꾸준히 오르면 생각을 바꿀 수 있으며, 이런 상황에 현금을 투여하지 않는 것은 어리석은 짓이라고 여길 것이다.

룩스와 마르셰시는 이런 효과를 고려하기 위해 각 순간에 각 거래자들은 작은 확률로 마음을 바꿀 수 있다고 생각했다. 예를 들어 낙관론자가 비관론자보다 많아지면, 가격이 오른다는 견해가 시장을 주도한다. 사람들은 다른 사람들의 의견에 영향을 받기 때문에, 이것은 더 많은 거래자들이 곧 낙관론자로 변할 가능성이 있다는 뜻이다. 한동안 가격이 내리면, 낙관론자들 중에는 비관론이나 근본주의로 돌아서는 사람들이 나온다.

룩스와 마르셰시는 단순한 규칙으로 사람들 사이의 거래를 모사해서, 사람들의 거래 행위가 어떻게 가격을 결정하는지 알아보았다. 여기에는 타인의 행위에 따라 자기 전략을 고칠 수 있는 규칙도 포함되었다. 연구 결과에 따르면, 이것만으로 주가가 롤러코스터처럼 오르내리기에 충분했다. 룩스와 마르셰시는 거래자를 1,000명으로 놓고 컴퓨터로 게임을 실행했고, 펀더멘탈이 종 모양 곡선으로 부드럽게 변동하게 만들었다. 이 변이는 거기에 대응해서 가격을 부드럽게 오르내리게 한다. 그러나 시장 내부의 작동 때문에 때때로 거대한 급등이나 급락이 나타났다. 이 게임에서 나온 가격 변이는 거의 완벽하게 실제 시장과 잘 맞았다. 여기에서도 시간 규모의 자기유사성이 나타났고, 가격 변화의 분포도 실제의 주식시장과 비슷했다. 이 게임에서도 거대한 변이에 민감한 멱함수 법칙이 나타난 것이다.22

　사실 이 게임의 핵심에는 사람들이 다른 사람들에게 영향을 받는다는 사실 이상의 것이 들어 있다. 거래자들의 네트워크는 작은 불균형을 스스로 증폭시킨다. 예를 들어 낙관론이 가격 상승을 주도할 수 있고, 가격이 오르면 낙관론이 더 멀리 퍼저서 불균형이 점점 더 커진다. 낙관론이 퍼지면 또 가격이 오르고, 이렇게 계속 연쇄반응이 유지된다. 나중에는 결국 연쇄반응이 끝나고, 그다음에는 상황이 역전된다. 주가가 과대평가되었다고 판단한 몇몇 근본주의자들이 주식을 팔고, 이것이 작은 가격 하락을 가져온다. 갑자기 거래자들이 비관론으로 돌아서서, 가격이 더 떨어진다. 이 하락은 일시적인 현상으로 끝날 수도 있고, 오랫동안 계속될 수 있으며, 어쩌면 가격을 처음보다 더 떨어뜨릴 수도 있다.

　통상적인 경제학적 관점에 따르면, 주식 가격의 급변 뒤에는 언제나 회사의 어려움, 정치적 사건, 정부 결정 등의 원인이 있지만, 여기에서는 모든 것이 달라진다. 실제 세계의 거래자들은 시장에 분위기가 있다고 말한다. 룩스와 마르셰시의 게임에서도 거래자들은 시장의 분위기를 만든다. 분위기는 다른 것에 영향을 주기 때문에, 시장은 언제나 저절로 임계상태로 유지된다. 따라서 약간의 희망이나 의심도 엄청나게 증폭될 수 있다. 경제 전문가 버나드 바루크[Bernard Baruch](1870~1965년. 미국의 금융업자. 주식시장에서 투기로 재산을 모았고, 제2차 세계대전 때 루스벨트 대통령의 개인 경제 고문으로 정책에 큰 영향을 미쳤다. - 옮긴이)는 이렇게 제안했다.

모든 경제적 변동은 본질상 군중심리로 움직인다. 군중심리를 아랑곳하지 않고 (…) 우리의 경제 이론가들은 밝혀내야 할 것들을 너무 많이 남겨두었다. (…) 사람들에게 전염되는 주기적인 광기는 인간 본성에 깊이 뿌리박힌 특질이다. (…) 이것은 알 수 없는 힘이다. (…) 하지만 이것은 지금 일어나는 사건을 바르게 판단하기 위해 꼭 필요한 지식이다.[23]

룩스와 마르셰시 모델의 관점에서 보면, 시장의 변동에는 분명히 바루크의 견해가 반영되어 있다. 인간은 원자 자석, 쌀알, 지각地殼의 파편보다 훨씬 복잡하다. 하지만 사람도 이런 대상들과 비슷하게 영향에 민감하고, 그 결과로 수많은 사람들이 참여하는 대중 운동도 흔히 일어난다. 인간 세계는(최소한 자본시장은) 임계상태의 거칠고 끊임없는 변화를 앞에 나열한 대상들과 공유한다. 그러므로 시장의 변동을 예측하는 것은 진정 불가능하다. 단 한 명의 투자가가 태도를 바꿔도 그 효과가 일파만파로 번져서 거의 모든 투자가들의 태도를 바꿔놓을 수 있다.

보통의 투자가들에게 이것은 무엇을 의미하는가? 이 소식은 전혀 편안하게 들리지 않는다. 대부분의 투자가들은 시장의 변동이 전적으로 예측 불가능하다는 것을 알고 있다(또는 알아야 한다). 뚝심의 제왕들이 어떤 확신을 가지든, 신문에 어떤 기사가 나든, 시장에서 방금 어떤 일이 일어났든(지난 한 주일, 한 달 또는 한 해에), 수학적 분석에 따르면 가격은 여전히 가까운 미래에 오를 가능성만큼 내릴 가능성이 있다. 게다가 시장의 악명 높은 예측 불가능성은 이런 정도를 넘어선다. 가격 변동의 멱함수 법칙은 다음에 일어날 변화의 대략의 크기조차 예측 불가능하다고 말한다. 임계점으로 조직화된 시장에서는 증시 폭락도 특별한 일이 아니어서, 이런 일도 드물지 않게 일어난다. 아무런 징후 없이 주가 지수는 내일 20퍼센트 곤두박질칠 것이다. 이런 사건도 특별히 예외적인 원인 없이 갑자기 일어날 수 있다.

정부는 이러한 격변을 피하도록 우리를 인도할 수 있을까? 이런 기대는 신빙성이 없다. 우리는 그런 격변이 온다는 것조차 알지 못하기 때문이다. 그런데도 경제학자들은 정부가 경제에 족쇄를 채워서 임계상태에서 벗어나게 조율할 수 있는 대책을 내놓았다. 이른바 '토빈세'라는 이 방안은 경제학자 제임스 토빈James Tobin의 이름을 딴 것으로, 모든 투기 거래에 세금을 매기는 것이다. 다시 말해, 이 대책은 펀더멘탈에 생긴 실제 변화를 따르지 않고 시장 경향에 대한 추측만으로 행하는 거래를 억제한다. 유행에 따르는 투자가들을 단념시켜서 영향의 파급 효과를 줄이자는 것이다. 이것이 제대로 될지 안 될지는 아무도 모른다. 투자가들이 단순히 이 규제를 우회하기 위해 전략을 수정해서, 시장은 그대로 임계상태로 남아 있을 수도 있다. 이런 세금은 전체 거래량을 줄이는 따위로 거의 확실히 시장에 부정적인 영향을 줄 것이며, 어쨌든 현재 벌어지는 많은 거래가 위축될 것이다. 토빈세는 좋은 아이디어일까, 나쁜 아이디어일까? 룩스가 말했듯이, "진지한 경제학자라면 '나는 모른다'고 말할 것이다."

우리는 단순히 이 거친 변이 속에서 살아야 할 수도 있다. 게다가 사회 네트워크 구조의 어딘가에도(시장과 다른 어떤 곳에) 앞에서 본 물리계보다 훨씬 격변에 민감한 성질이 숨어 있을지도 모른다.


## 좁은 세상

1967년에 미국의 심리학자 스탠리 밀그램Stanley Milgram은 독특한 실험을 했다. 밀그램은 편지를 캔사스와 네브라스카에 사는 다양한 사람들에게 보냈다. 밀그램은 수신인들에게 이 편지를 보스턴에 사는 자기 친구인 어떤 주식중개인에게 보내달라고 부탁했다. 편지에는 이 친구의 주소를 쓰지 않았고, 그의 이름과 직업만 적었다. 이 편지를 받은 사람은 그 주식중개인과 연락이 닿을 만한 사람에게 편지를 보내고, 이 편지를 받은 사람은 다시 그런 사람에게 편지를 보내

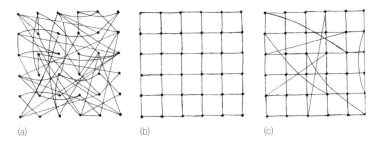

서, 몇 단계 만에 편지가 해당 주식중개인에게 전달되는지 알아보려는 것이었다. 편지들은 거의 기적적으로 여섯 단계 만에 적절한 사람에게 전달되었다. 다시 말해 단 여섯 단계 만에 보스턴의 주식중개인을 아는 사람에게 편지가 전달되었고, 이 사람은 주식중개인에게 직접 편지를 보냈다.

이렇게 해서 '여섯 단계의 분리'라는 개념이 나왔다. 이것은 너무나 그럴듯하지 않기 때문에 관심을 끌었고, 지금은 인기 있는 개념이 되었다. 세계에는 60억 이상의 인구가 살고 있다. 밀그램의 실험은 이렇게 많은 사람들이 여섯 사람만 통하면 다른 모든 사람들과 연결된다고 이야기한다.

이 생각이 맞는다면, 당신이 타이나 알래스카에 가거나 잠비아에 전화했을 때, 학창 시절 지도교수의 부인 또는 가장 친한 친구의 아버지 또는 장모님의 미용사를 아는 사람과 대화하거나 만나게 되는 이유가 확실히 설명된다. 이런 놀라운 만남은 단지 우연의 일치일 뿐인가? 만약 그렇다면, 왜 이런 일이 그렇게 자주 일어나는가? 밀그램의 주장대로 세상은 진짜로 좁은 것일까? 1998년에 코넬대학의 수학자 던컨 워츠Duncan Watts와 스티브 스트로가츠Steve Strogatz는 이런 것들을 알아보기 위해 그래프이론을 적용해보았다.

수학에서 그래프란, 점들이 격자를 이루며 늘어서고 그 점들을 선들이 연결하는 것이다. 이것은 사람(점)들이 다른 사람(다른 점)들과 맺는 관계(연결하는 선)를 나타내는 좋은 방법이다. 점과 선에 대해 많은 것을 배우지 않아도 이것을 알 수 있다. 그 결과는 꼬인 스파게티 같은 그림이다(그림20 a). 반대쪽 극단에는 질서 정연한 그래프가 있다. 이 그래프는 서로 가까이 있는 점들을 연결하는 규칙적인 선들로 이루어져서, 고기 잡는 그물이나 울타리 같은 모양이 된다(그림20 b).

무작위 그래프에서는 전체를 돌아다니기가 아주 쉽다. 예를 들어 한 점에서 출발해서 반대쪽 점에 도달하기 위해서는 몇 단계만 가면 된다. 거의 언제나 양쪽 점 근처에 직접 연결된 두 점이 있어서 이 지름길을 취하면 한쪽에서 반대쪽으로 단숨에 갈 수 있기 때문이다. 이것을 '좁은 세상 특성'이라고 하자. 질서 정연한 그래프에는 이런 특성이 없는데, 거기에는 지름길이 없기 때문이다. 이럴 때는 내내 짧은 단계를 거쳐 가야 한다. 실제 세계의 사회 네트워크는 무작위 그래프를 닮았는가? 이것이 사실이면 밀그램의 편지가 어떻게 해서 빨리 전달되었는지 설명된다. 그러나 여기에는 심각한 약점이 있다.

당신의 친구들을 생각해보라. 많은 사람들이 당신만의 친구가 아니라, 대개 친구들끼리도 친구다. 이것은 친구의 네트워크에서 자연스럽고 전형적인 일이다. 당신의 친구들을 나타내는 사회 그래프에서, 많은 점들은 당신에게만 연결된 것이 아니라 서로 연결되어 있기도 하다. 질서 잡힌 그래프는 이러한 군집의 특성을 가지지만, 무작위 그래프는 그렇지 않다. 무작위 그래프에서 한 점을 취하고 이것과 한 번에 연결된 모든 점들을 생각하자. 이것들은 모든 곳에 흩어져 있고, 서로 연결되어 있는 일은 아주 드물다. 사회 네트워크가 무작위 그래프와 같다면, 친구 집단 같은 것은 없을 것이다.

여섯 단계 만에 모두 연결되는 좁은 세상 특성을 보이는 것은 무작위 그래프고, 친구들의 네트워크에서 나타나는 전형적인 군집화를 보이는 것은 질서 정연한 그래프다. 이 두 가지 특성을 함께 갖춘 그래프가 없다면 실제의 사회 네트워크는 설명되지 않는다. 이런 그래프를 만들기 위해, 질서 정연한 그래프에서 짧은 연결을 몇 개 자르고 긴 거리 연결을 무작위로 넣는다고 하자(그림 20 c). 워츠와 스트로가츠는 이런 변화가 어떤 효과를 일으키는지 연구했다. 짧은 연결이 몇 개쯤 없어져도 그래프의 군집화는 거의 그대로였다. 짧은 연결 대신에 긴 연결이 조금 들어가자, 한 점에서 다른 점으로 이동하는 데 필요한 평균 단계 수는 크게 줄어들었다. 단 몇 개의 지름길을 추가했을 뿐인 데도 질서 정연한 그래프가 좁은 세상 그래프로 바뀐 것이다. 이 그래프는 군집의 특성을 그대로 유지하면서도 단 몇 단계만으

로 어디든 갈 수 있게 되었다.[24]

워츠와 스트로가츠는 진짜 사회 네트워크가 이런 방식으로 조직되었는지 보기 위해, 배우들의 세계로 눈을 돌렸다. 친구 네트워크에 대한 좋은 자료는 얻기가 힘들다. 그러나 지난 50년 동안 만들어진 영화에서 누가 누구와 함께 출연했는지 기록한 자료는 쉽게 얻을 수 있다. 배우를 한 점으로 나타내고, 어떤 영화에서 같이 출연한 두 배우를 선으로 연결한다고 하자. 떠도는 말에 따르면, 미국 영화에 나온 모든 배우들은 네 단계만 거치면 모두 영화 〈자유의 댄스〉(1984)로 유명한 케빈 베이컨과 연결된다고 한다. 그는 항상 주연은 아니었지만 많은 영화에 출연한 것으로 유명하다. 엘비스 프레슬리는 베이컨에게서 두 단계 떨어져 있을 뿐이다. 그는 〈킹 크레올〉(1958)에서 월터 마타우와 공연했고, 마타우는 〈JFK〉(1991)에서 베이컨과 함께 출연했기 때문이다.

워츠와 스트로가츠는 베이컨이 실제로 특별하지 않다는 것을 알아냈다. 전체 네트워크가 좁은 세상 특성을 가졌기 때문이다. 모든 배우들은 서너 단계만 거치면 모든 다른 배우와 연결되었다. 숫자는 조금 변할 수 있지만, 모든 사회 네트워크는 이런 좁은 세상 특성을 가지는 것으로 보인다. 모든 사람은 다른 모든 사람과 여섯 단계로 연결되어 있다. 어떻게 이런 연결이 가능한지는 수학적 비밀로 보이지만, 여기에는 심오한 메시지도 들어 있다.

진짜 사회 네트워크도 좁은 세상 특성을 가지고 있어서, 밀그램의 편지는 여섯 단계 만에 배달되었다. 또한 워츠와 스트로가츠는 좁은 세상 네트워크를 타고 퍼지는 전염병에 대해서도 연구했고, 전염병은 질서 정연한 네트워크보다 좁은 세상 네트워크에서 훨씬 빨리 퍼진다는 것을 알아냈다. 이런 일이 일어나려면 단 몇 개의 지름길만 있으면 된다. 이것은 장거리 여행자가 단 몇 명만 있어도 위험한 전염병이 전 세계에 번질 수 있다는 뜻이다.

사람들 사이의 생각은 어떤 양상으로 전파될까? 이 장에서 보았듯이 자본시장은 본질적으로 거칠고, 한 투자자의 의견이나 기대가 다른 투자자에게 영향을 준다. 투자자들의 사회적 관계와 사업적 관계에 나타나는 좁은 세상 특성은 이러한 영향이 더 쉽게 온갖 크기로 시장에 퍼질 수 있게 돕는다. 사실 이런 특성 때문에 시장은 임계상태의 거친 변이에 더 쉽게 휘둘린다. 좁은 세상 네트워크 개념은 이제 막 발견되었기 때문에, 온갖 종류의 사회 네트워크에서 이것이 어떻게 작용하는지 앞으로 더 지켜봐야 한다.

이 시점에서, 내가 속고 있는 건 아닌지 의심하는 독자도 있을 것이다. 자석의 물리학에서 나온 개념이 지각이나 숲과 생태계의 중요한 성질을 설명한다는 것을 수긍하기는 어렵지 않을 것이다. 이것들은 모두 굳건히 물리과학과 생물과학에 속해 있고, 여기에서는 사물에 대한 공고한 규칙이 작동한다. 그러나 사람도 임계상태의 법칙을 따른다는 것은 너무 지나친 주장이 아닐까? 어떻게 조직화의 보편 원리가 자유의지로 행동하는 사람들에게도 적용될 수 있을까? 자본시장에서 나타나는 변이의 멱함수 법칙은 임계상태가 아닌 다른 원인에서 올 수도 있지 않을까?

12장에서는 임계상태가 과학의 작동 방식에 대해 어떤 함의를 가지는지 자세히 알아보고, 또한 세계사의 특성도 알아볼 것이다. 이런 주제로 넘어가기 전에 다음 장에서 잠시 살펴볼 것이 있다. 자유의지도 임계상태의 불가피성에서 빠져나갈 수 없어 보인다. 멱함수 법칙이 나타나면, 임계상태 또는 그것과 매우 비슷한 것이 아니면 달리 설명할 길이 없다고 생각된다.

자유를 얻는 능력은 아무것도 아니다.
필요한 것은 자유롭게 존재하는 능력이다.
– 앙드레 지드André Gide 1

좋은 것이든 나쁜 것이든, 뭔가를 부수는 일은 때때로 매우 유쾌하다.
– 표도르 도스토옙스키|Fyodor Dostoyevsky 2

# 11장

# 모든 의지에 반하여

어떤 독자들의 마음속에는 의심의 벌레가 스멀스멀 기어 들어오고 있을 것이다. 앞 장에서 설명한 개념에 모순은 없는가? 인간의 가장 소중한 소유물인 자유의지는 어떻게 되는가? 나는 이 책을 쓰면서 단어를 스스로 선택했다고 믿지만, 다르게 선택할 수도 있었다. 당신 또한 스스로 이 책을 선택했지만, 다른 책을 선택할 수도 있었다. 이와 비슷하게 월스트리트의 투자자들은 모두 독립적이고 자유로운 사고를 가진 사람들이며, 언제든지 자유롭게 수천 가지 주식과 채권을 사고팔 수 있지만, 아무 일도 하지 않을 수도 있다. 사람들은 미리 정해진 규칙에 따라 구르는 쌀알이나 모래알이 아니다.

이 개념에 일단 익숙해지면, 모래더미나 지각 속의 바위나 숲의 나무에도 임계상태의 본질적인 논리가 나타난다는 것을 쉽게 받아들일 수 있다. 이런 대상들은 확고한 물리 법칙에 따라 영향이 한 부분에서 다른 부분으로 전파되는 방식이 결정된다. 단층의 어딘가에 스트레스가 너무 커지면 바위가 미끄러지고, 다른 바위로 스트레스가 옮겨간다. 이런 경우는, 생각이나 감정처럼 변덕스럽고 딱 꼬집어 말로 표현할 수 없는 것들에서 생기는 난점을 고려할 필요가 없다. 하지만 사람이 관련되면, 사건은 단순하지 않다. 사람들은 스스로 어떤 영향을 전파시킬지 않을지 결정한다. 따라서 수학적인 증거가 있음에도 불구하고 인간 세상에 임계상태가 적용된다는 생각은 너무 위험한 비약일까?

12장부터 마지막 네 장은 과학과 인간 사회의 맥락에서 임계상태를 살펴보고, 임계상태가 세상의 소란스러운 사건들에 통찰을 줄 수 있는지 알아볼 것이다. 따라서 우리는 자유의지의 문제를 짧게 알아볼 필요가 있다. 자유의지는 진정으로 수학적 규칙성이 인간 세계로 진입하는 것을 막는 불가침의 장벽인가? 이 장에서 알게 되겠지만, 답은 전혀 그렇지 않다는 것이다. 영국에서 사람들은 모두 자기 생각으로 결혼을 할 것인지 말 것인지 결정하지만, 영국의 결혼율은 서서히 떨어지고 있다. 우리는 이 두 사실을 모두 쉽게 받아들인다. 따라서 수십억 사람들의 활동에서 나타나는 수학적 패턴을 막을 개인의 자유의지는 없다. 이런 점을 더 알기 쉽게 설명하는 다른 방법을 살펴보자.

## 오솔길

대학 캠퍼스에는 대개 벽돌 건물과 석조 건물들 사이에 조용한 잔디밭이 있다. 햇볕이 따뜻한 날이면 학생들이 잔디밭에 앉아 도시락을 먹거나 낮잠을 자거나, 책을 읽거나 생각에 잠기기도 한다. 그러나 그들이 원한다면, 잔디밭에서 인간 행동의 수학에 관한 교훈을 손쉽게 얻을 수도 있다. 이런 곳을 설계한 사람들은 대개 직선으로 쭉 뻗거나 직각으로 꺾인 포장된 보도를 만들어놓기 마련이다. 그러나 항상 반항적인 학생들은 제멋대로 잔디밭 속을 걸어다녀서 뱀처럼 구불구불한 오솔길을 만든다.

이 오솔길은 보도가 없는 곳을 가로지르는 지름길 역할을 하기도 하고, 이상하게 그물처럼 얽히기도 한다. 슈투트가르트대학에서도 이런 광경을 볼 수 있다(**그림 21**). 이 오솔길을 자주 이용하던 물리학자 더크 헬빙Dirk Helbing은 1996년에 이 길이 만들어지는 법칙을 알아보고 싶다는 생각을 했다. 오솔길의 형성을 예측할 수 있을까? 물론 잔디밭을 건너다니는 학생들은 마음 내키는 대로 걸어가고, 다른 사람들을 따를 필요가 없다. 그런데도 헬빙과 동료들은 오솔길이 마치 행성의 운동처럼 확고한 법칙에 따라 만들어진다는 것을 알아냈다.

왜 오솔길이 생기는지는 알기 쉽다. 개인들은 진정 자신들의 소중한 자유의지를 따르지만, 완전히 아무렇게나 잔디밭을 건너는 것은 아니다. 오솔길이 생기기 전의 잔디밭을 생각하자. 사람들은 잔디밭을 건널 때 분명히 자기들이 가고 싶은 곳을 향해 곧바로 가려고 한

**그림 21** 슈투트가르트대학 캠퍼스의 잔디밭에 생긴 오솔길.
*자료 제공: 슈투트가르트대학의 더크 헬빙.

다. 맞은편에 있는 술집으로 가거나 서둘러 다음 수업에 들어갈 수도 있다. 이런 사람들이 완벽한 직선을 따라가는 경우는 드물다. 사람들은 또한 가장 가기 쉬운 길을 따라가려고 한다. 진흙탕은 돌아가고 잔디가 젖어 있는 곳도 피할 것이다. 사람들은 대개 포장된 길을 따라간다. 하지만 포장된 길로만 다니는 것도 언제나 만족스럽지는 않다. 이 길을 따라 술집에 가려면 직각으로 난 길을 따라 빤히 보이는 곳을 빙 돌아가야 하기 때문이다. 그렇다면 목이 심하게 마른 사람들은 고민에 빠질 것이다.

물론 모든 사람들이 술집으로 가지는 않는다. 하지만 다른 곳을 향해 가는 사람들도 포장된 길을 따를지 밟히지 않은 잔디밭으로 들어갈지 고민하게 된다. 처음에는 사람들이 단순히 자기 마음대로 간다. 하지만 사람들이 선택을 하고, 비가 올 때 생긴 발자국이 그대로 말라붙어서 선명히 드러나면, 이야기는 달라지기 시작한다. 어떤 사람이 잔디밭으로 침범하여 밟고 지나가고 나면, 다음 사람은 앞 사람이 간 길을 그대로 따라가는 것이 조금 걷기 쉽다. 한 사람이 지나간 다음에는 차이가 아주 작겠지만, 1,000명이 지나가고 나면 새로운 길이 생겨나서, 더 많은 보행자들이 포장된 길을 포기하도록 유혹한다. 시간이 지나면 아주 길이 잘 든 오솔길이 생겨나서, 사람들은 아무 생각 없는 소 떼처럼 이 길을 지나간다. 이렇게 되면 이 오솔길은 영구히 잔디밭에 새겨진 채 그대로 남는다.

이것이 길이 만들어지는 대략의 이야기다. 그러나 헬빙과 동료들은 여기에서도 철저하게 지켜지는 법칙을 발견했다. 보행자들은 평균적으로 짧은 길과 쉬운 길 사이에서 균형을 잡으려고 한다. 사람들이 지나가면서 풀밭에 자국이 나는 방식과, 풀밭에 닳은 자국이 생겨서 만들어지는 오솔길의 모양을 간단한 방정식 몇 개로 설명할 수 있다. 이 방정식을 사용하려면 풀밭의 지형, 사람들이 가장 많이 가는 목표물의 위치, 매일 얼마나 많은 사람들이 다니는지 등을 지정해야 한다. 이렇게 한 다음 컴퓨터를 이용해서 보행자 수만 명이 잔디밭을 걷게 하면, 오솔길이 만들어지는 것을 볼 수 있다.

이렇게 해서 나온 결과는 실제 세계와 비슷하다. 슈투트가르트대학의 풀밭과 똑같은 조건으로 계산한 결과는 잔디밭의 중앙에 오솔길 세 가닥이 삼각형으로 만나는 우아한 모습이었고, 이것은 실제 세계와 똑같았다. 방정식은 길의 패턴을 만들어냈을 뿐만 아니라, 이것이 생기는 방식에 대해서도 약간의 통찰을 주었다. 매일 잔디밭을 지나다니는 사람 수는 많지 않기 때문에, 오솔길의 전체 길이는 일정한 수준을 유지하게 된다. 사람들이 많이 다니는 곳에만 자국이 유지되고, 잘 다니지 않는 곳에서는 잔디가 돋아서 자국이 지워져버린다. 이런 제한 조건에서 오솔길은 '최적' 시스템이 된다. 목적지로 빨리 가는 지름길이면서도 가장 걷기 편한 길이 만들어지는 것이다.

물론 이것은 시작에 불과하다. 이 방정식을 이용해서 사람들이 가장 편리하게 느끼도록 녹지 공간의 크기와 모양을 선택하고, 건물의 위치를 정하고, 포장 보도를 낼 수 있다. 이런 계획을 세우려면 사람들이 가장 자주 가는 목표물과 하루에 몇 사람이나 그곳을 지나가는지 등을 알아야 한다. 사람들이 다니면서 저절로 만들어지는 길은 헬빙과 동료들이 만든 특정한 방정식을 따른다는 것에는 논란의 여지가 없어 보인다.[3]

사실 이 예는 임계상태와 별로 관계가 없다. 그러나 이것은 개인의 자유의지가 집단행동의 규칙성과 얼마나 쉽게 공존할 수 있는지 보여준다. 슈투트가르트대학 캠퍼스에 생긴 독특한 오솔길은 수천 명의 사람들의 자유로운 행동의 결과로 만들어졌다. 그런데도 이 오솔길은 아주 간단한 수학적 규칙에 따라 형성된다.

## 소도시와 대도시

어떤 도시는 크게 성장하고 어떤 도시는 작게 유지되는 이유는 무엇인가? 이것은 수많은 사회적 경제적 힘들이 씨름한 결과이며, 여러 가지 역사적 지리학적 요인도 다양하게 얽혀 있다. 미국 남북전쟁 동안에 남부 연합은 버지니아 주의 리치먼드를 수도로 정했다. 리치먼드는 오늘날 90만 명이 사는 도시이지만, 남부 연합이 독립을 유지했다면 인구가 그 5배는 되었을 것이다. 그러나 워싱턴 시가 미국의 수도가 되었고, 시카고는 동부와 서부의 주들을 잇는 핵심 고리로 떠올랐다. 피츠버그, 클리블랜드 같은 미국 중서부 도시들은 철강산업의 강력한 중심지가 되었다. 반면에 버지니아 주의 샬러츠빌은 수도인 워싱턴과 가까운데도 어떤 주요 산업도 유치되지 않아서, 오늘날까지도 비교적 작은 도시로 남아 있다.

도시의 성장에는 많은 힘들이 복잡하게 얽혀 있고, 사람들은 자기들만의 목적으로 이곳에서 저곳으로 이사한다. 이런 것들을 고려할 때, 우리는 도시 연구에서 어떤 수학적 규칙성을 찾지 못할 것이라고 실망할 수 있다. 그러나 1997년에 베를린의 프리츠 하버 연구소에 있는 다미안 자네테Damián Zanette와 수산나 만루비아는 도시의 규모에서도 일정한 규칙성을 찾아냈다. 시카고, 멤피스, 클리블랜드 같은 도시들의 역사와 세밀한 사정에 대해서는 잊어버리자. 이 모든 도시들을 한꺼번에 봤을 때 규칙성이 나타난다.

자네테와 만루비아는 미국의 2,400개 대도시 통계 자료에서 인구

10만, 20만, 30만 등의 도시가 얼마나 되는지 세었고, 계속 올라가서 인구 900만의 유일한 도시 뉴욕까지 세었다. 다시 말해 그들은 구텐베르크와 리히터가 지진에 대해 적용한 방식을 도시에 적용했다. 그리고 그들은 비슷한 규칙성을 발견했다. 애틀랜타(인구 400만) 같은 도시 하나에 대응해서 인구가 절반인 도시가 네 개 있었다. 신시내티가 그런 도시이고, 모든 신시내티 규모의 도시마다 또다시 인구 절반인 도시가 네 개 있었고, 이렇게 계속되었다. 이 완벽한 기하학적 규칙성은 인구가 10만이 될 때까지 계속 이어진다. 이 모든 도시들이 1,000가지 이유로 생겨나서 100만 가지 요인들이 경쟁하여 규모가 결정되지만, 그럼에도 불구하고 전체적으로 단순한 수학적 법칙을 따른다.

사람들이 한 도시에서 다른 도시로 마음대로 이주할 자유가 있으므로, 이런 규칙성이 나타난다는 것은 매우 놀라운 일이다. 자네테와 만루비아는 미국 도시에서 멈추지 않았고, 전 세계적으로 2,700개 대도시와 스위스의 1,300개 자치단체를 분석했다. 이 모든 경우에 정확하게 똑같은 멱함수 법칙이 나타났다. 이것은 사람들이 도시로 모일 때 나타나는 보편적인 결과로 보였다. 이 놀라운 규칙성에 대해 자네테와 만루비아는 이렇게 말했다.

이 세 가지 데이터는 인구통계학적 사회적 경제적 상황이 크게 다른데도 똑같은 규칙성을 보여준다. 실제로 세계 전체의 데이터는 주로 개발

도상국들의 상황을 반영하고, 미국은 경제적으로 개발되었지만 젊은 나라이며, 스위스는 매우 안정된 인구 분포를 가진 오래된 나라다.[4]

다시 말해, 이것은 인간 세계에 보편적으로 나타나는 규칙성이다. 대도시, 소도시, 중간 규모의 도시들이 상대적으로 얼마나 많이 나타나는지는 수많은 세부적인 요인들과 아무 관계가 없다.

여기에서 나타난 멱함수 관계의 의미는 앞에서 본 것과 같다. 미국이든 어디에서든 도시의 '전형적인' 크기는 없고, 가장 큰 도시의 형성에 대해서도 특별한 역사적이나 지리적 상황을 원인으로 들 이유가 없다. 도시의 성장은 앞에서 여러 번 보았던 임계적 과정이며, 이것은 거대한 불안정성의 가장자리에 있다. 한 도시가 만들어질 때 이미 위치, 산업 등의 요인들에 의해 그 도시가 얼마나 커질지 결정되어 있다고 생각할 수도 있다. 그러나 멱함수 법칙에 따르면, 한 도시가 얼마나 크게 성장할지 처음부터 알 수 있는 방법은 없다. 뉴욕, 멕시코시티, 도쿄도 처음부터 그렇게 커질 특별한 요인은 하나도 없다는 것이다. 역사를 되감아서 처음부터 다시 돌릴 수 있다면, 분명히 어딘가에 대도시가 생겨나기는 하겠지만, 다른 지역에서 다른 이름으로 생겨날 것이다. 거기에서도 도시들의 멱함수 법칙은 그대로 남아 있을 것이다.

따라서 사람에 적용되는 수학은 가능하다. 물론 이것은 한 개인이 무엇을 할 것인지 가르쳐주지 않는다. 하지만 수백만의 행동에서 어떤 패턴이 나타날지는 말해줄 것이다. 게다가 이 수학은 복잡하지 않다. 자네테와 만루비아는 단 두 가지 특징만을 가진 단순한 게임에서 도시 성장의 핵심을 집어냈다. 집을 옮기거나 아이를 갖는 등으로 사람들이 내리는 결정은 예측 불가능하기 때문에, 이 연구자들은 어떤 지역의 매년의 인구 변화는 무작위로 일어난다고 생각했고, 여기에 한 가지 조건을 주었다. 뉴욕처럼 큰 도시의 인구 변이는 텍사스의 러복 같은 작은 도시보다 더 크다고 할 수 있다. 자네테와 만루비아는 이런 측면을 게임에 고려하기 위해, 매년의 인구 변화는 그 도시의 기존 인구에 직접 비례한다고 가정했다. 다시 말해 사람이 많으면 많을수록 인구는 더 활기차게 변한다.5

사람들이 더 많은 공간과 더 싼 부동산 등을 따라 인구 밀집 지역에서 인구 밀도가 적은 지역으로 옮겨가는 경향도 있다. 이 경향은 인구 밀도가 균등해지는 방향으로 작용해서 도시를 없애고 인구를 땅 전체에 고르게 퍼지게 할 것이다. 그러나 자네테와 만루비아가 모래더미 게임보다 별로 복잡하지 않은 게임을 고안해서 실행한 결과, 이런 평준화의 영향은 변이를 이기지 못했다. 변이는 인구 밀도의 차이를 계속 부추겨서 불가피하게 '도시(사람들이 많이 모인 곳)'가 생겨나게 했고, 도시 크기의 멱함수 법칙을 재현했다. 따라서 도시의 성장에서 우리는 모든 경제적 요인과 지질학적 제한을 무시해도 좋다. 전 세계에서 도시가 성장하는 과정은 어떤 면에서 생각보다 훨씬 단순하다.

이런 단순성은 한층 더 확장되어, 인구가 한 도시에 분포하는 모습에도 일정한 패턴이 나타난다. 런던이나 베를린의 야간 항공사진은 매우 다른 모습으로 보인다. 그러나 이런 차이는 세부적인 것에만 한정된다. 자세히 살펴보면 모든 도시의 모습은 똑같은 종류의 프랙탈 구조를 가진다. 어느 도시에서건 인구는 크고 작은 군집을 이루고, 이 군집이 또 멱함수 법칙을 따른다. 따라서 도시 속의 군집에는 '전형적인' 크기가 없으며, 사람들이 모여 사는 모습에도 일종의 자기유사성이 나타난다. 어떤 작은 군집도 확대해보면 다시 전체와 비슷해 보여서, 그 속에 또 작은 군집들이 있다.

따라서 모든 도시가 다르지만, 깊은 면에서 닮아 있다. 도시들은 임계점에 있는 2차원 자석과 똑같은 프랙탈이다. 그래서 이상하게도 한 도시의 인구 패턴을 서술하는 최상의 방법은 상전이이론에서 나오는 간단한 게임을 이용하는 것이다.[6] 그러나 달리 생각해보면 이것은 놀라울 것도 없는 일이다.


## 거지와 부자

보편성 원리의 한 가지 메시지는, 뭔가를 이해한다는 것은 표면적인 세부를 넘어서 그 속의 더 깊은 논리를 훔쳐본다는 것이다. 방금 보았듯이, 도시에서 사람들이 모여 있는 방식은 대상이 사람이라는 사실에 전혀 영향을 받지 않는다. 모욕적으로 들릴 수도 있지만, 박테리아가 모여 있는 배양지나 천장에 들러붙은 그을음에도 비슷한 규칙성이 나타난다. 또한 사람들의 호주머니에 돈이 모이는 방식에도 이런 규칙성이 나타난다.

왜 어떤 사람은 부자가 되고 다른 사람은 가난해지는가? 도시와 마찬가지로 이유는 여러 가지고, 확실히 그 사람의 출생, 교육 기회 등이 답이 될 것이다. 그러나 모든 장단점과 개인의 능력차에도 불구하고, 거기에는 단순한 규칙성이 있다. 미국 사람들의 재산 분포를 조사해보면, 10억 달러를 가진 사람에 비해 5억 달러를 가진 사람이 4배 많다. 다시 이 재산의 절반을 가진 사람은 4배로 늘어나고, 이런 식으로 계속된다. 이런 특별한 규칙성이 한 나라에서 한 정부 아래에서 한 시점에서만 나타난다면, 그것은 미국만의 특수성이라고 할 것이다. 하지만 똑같은 규칙성이 영국, 미국, 일본과 지구 상의 거의 모든 국가에서 나타난다.

2000년 초에 영국의 물리학자 마르크 메자드Marc Mézard와 장-필립 보샤드Jean Philippe Bouchaud는 자네테와 만루비아가 했던 것과 크게 다르지 않은 방식으로 이 규칙성을 설명했다. 이 연구자들은 사람들의 재산이 매년 무작위의 비율로 줄어들거나 늘어난다고 가정했다. 투자에는 '확실한 것'이 없기 때문에, 한 개인이 얻는 수익은 진정으로 한 해 동안 무작위로 변한다. 그러나 무작위 변화의 크기는 개인의 부에 비례한다. 부자가 더 많이 투자하기 때문에, 부자는 가난한 사람보다 더 많이 잃거나 더 많이 번다. 연구자들은 또 각 개인이 다른 사람을 위해 일하거나 투자해서 그들의 부를 늘려준다고 가정했다. 메자드와 보샤드는 이렇게 뻔한 가정만을 집어넣은 단순한 게임에서 부의 멱함수 법칙이 나오는 것을 발견했다.[7]

사람들은 자기 자신의 개인적 판단과 의심, 계획과 음모로 서로 영향을 주고받는다. 이런 복잡함 속에 또다시 정연한 규칙성이 나타난다. 서로 영향을 주고받는 모든 종류의 물질에서 나타나는 보편적인 조직처럼, 사람들 사이에서 나타나는 이 규칙성도 사람의 본성과는 관계가 없어 보인다. 이런 사고방식은 누가 부자가 되고 누가 그렇게 되지 못하는지는 예측하지 못한다. 그러나 이것은 돈의 흐름과 축적의 '기초물리학'이라고 할 만한 것의 바탕이 될 수 있다.

명백히, 개인은 집단에 적용되는 수학적 법칙에 따를 이유가 전혀 없다. 개별적 대상들이 따르는 법칙(원자, 사람, 또는 무엇이든)은 집단이 따르는 법칙과 다르다. 물리학에는 두 경우 모두에 규칙성이 있다. 쇳조각 속의 원자 자석은 확고한 물리 법칙에 따라 이리저리 뒤집히며, 엄청난 수의 원자 자석들이 서로 영향을 주고받으면서 만드는 전체 자석의 성질도 똑같이 확고한 법칙을 따른다. 인간 세계에서는, 개인이 따르는 확고한 법칙은 없다고 할 수 있다. 하지만 이 사실이 인간 집단에게도 아무런 법칙이 없다는 것을 뜻하지는 않는다.

멱함수 법칙을 다른 방식으로 설명할 수도 있지 않을까 하고 생각하는 사람도 있다. 여러 장소에서 똑같은 규칙성이 나타난다고 해서, 반드시 모두 같은 원인에 의한 것이라고 말할 이유는 없다. 과수원의 나무들이 하룻밤 사이에 모두 쓰러졌다고 해도, 그중 하나는 뿌리가 썩어서 넘어졌고, 다른 하나는 못된 이웃 사람이 간밤에 뽑아버렸고 등등 나무마다 다른 이유를 댈 수 있다. 아니면 더 간단한 설명을 찾아볼 수도 있다. 어젯밤에 끔찍한 폭풍이 불었고, 나무들이 모두 한 방향으로 넘어졌다면, 강한 바람이 모든 나무를 쓰러뜨렸다고 추측할 수 있다.

마찬가지로 이제까지 나타난 모든 우아한 멱함수 법칙들에 대해서는 무언가 보편적인 과정이 작용한다는 것이 가장 단순한 설명이다. 우리가 알고 있는 보편성은 상호작용하는 수많은 개별 요소들의 시스템에서 공통적으로 작동하며, 개별 요소들의 거의 모든 세부적 성질에 관계없이 같은 방식으로 작동하기 때문에, 이 해답은 훨씬 더 호소력이 있다. 게다가 비평형 물리학의 영역 밖에서는 멱함수 법칙의 원인이 될 만한 것이 거의 없다.

역사는 예측력을 가진 법칙을 만들 수 없다. 과거에 대한 이해는 인간 본성에 대한 지식을 넓혀준다는 점에서 현재를 이해하는 데 도움이 되며, 미래에 일어날 만한 일이나 일어나서는 안 될 일을 제시할 수 있다. 하지만 어떤 조건에서 실제로 어떤 일이 일어날지 예측하는 문제에서는 언제나 잘못된 논의를 하기 쉽다. 이것들은 과학 법칙이 보여주는 예측의 확실성에 전혀 가까이 가지 못한다.

– 리처드 에번스Richard Evans [1]

결국, 현재 우리가 믿는 모든 것은 수정될 것이다. 그렇다면 우리가 믿는 것은 필연적으로 참이 아니다. 우리는 다만 진실이 아닌 것을 믿을 수밖에 없다.

– 맥스 구일Max Guyll

# 12장

# 지적인 지진

무엇이 진짜로 제1차 세계대전을 일으켰는가? 세르비아의 테러리스트 가브릴로 프린치프가 도화선에 불을 붙였다면, '유럽에 닥친 가장 큰 재앙'을 몰고 온 궁극적인 힘은 무엇일까?2 미국의 역사가 시드니 페이Sidney Fay는 그 힘으로 국제 체제의 결함, 비밀 군사 동맹, 분쟁을 해결하기에는 너무 미약한 정치적 수단 등을 들었다.3 놀랄 것도 없이, 러시아의 볼셰비키는 이 전쟁이 자본주의 세계의 자연적인 붕괴 과정이라고 했다. 다른 많은 역사가들은 단순히 독일의 배신이 전쟁의 진짜 원인이라고 했다. 미국의 역사가 찰스 비어드Charles Beard는 이런 주도적인 관점의 순진함에 대해 '일요학교 이론'이라고 비웃었다.

순수하고 무구한 소년들(러시아, 프랑스, 영국)이 마음속에 아무런 군사적 책략 없이, 일요학교로 가는 길에 갑자기 악당 두 명(독일과 오스트리아)에게 집요하게 공격을 당했다. 이 악당들은 오랫동안 어둠 속에서 잔학한 흉계를 꾸미고 있었던 것이다.[4]

후대 역사가들은 비어드에 동의할 것이고, 비어드와 같은 시대의 해리 엘머 반스Harry Elmer Barnes의 상반된 견해에는 찬성하지 않을 것이다. 반스의 결론은 진지한 역사가들의 견해가 얼마나 다를 수 있는지 잘 보여준다.

세계대전의 유일하게 직접적이고 즉각적인 책임은 프랑스와 러시아가 똑같이 져야 한다. 다음 순서는(프랑스와 러시아의 한참 아래에) 오스트리아다. 이 국가는 유럽 전체의 전쟁을 원하지 않았지만 이 전쟁에 상당한 책임이 있다. 마지막으로 독일과 영국이 똑같은 정도로 책임이 있다. 하지만 이 두 국가는 1914년 위기 때 전쟁에 반대했다. 거의 틀림없이 독일 공화국은 영국 사람들보다 군사 행동을 더 좋아했지만, (…) 독일 황제는 에드워드 그레이 경보다 1914년에 평화를 지키려는 노력을 훨씬 더 많이 했다.[5]

오늘날까지도 이 전쟁의 궁극적인 원인에 대해 일치된 견해가 없다. 다른 많은 사건들에 대해서도 역사가들은 최종적이고 확정적인 합의에 이르지 못했는데, 미국의 남북전쟁에서 1066년 노르만 정복까지 모든 사건들이 마찬가지다. 이것은 그리 놀라운 일이 아니다. 무엇보다도 역사에는 결정론적인 법칙이 없고, 역사 방정식도 없으며, 이런 저런 사건들을 설명하려는 연구자들이 기댈 수 있는 심오하고 근본적인 원리도 없다. 물리학자들은 행성의 운동과 은하의 모양에 대한 설명을 얻는다. 그러나 역사는 물리학과 다르다. 역사에서는 얼어붙은 우연이 미래가 펼쳐질 현장을 끊임없이 변경하며, 따라서 역사가는 이야기를 들려주는 것으로 후퇴할 수밖에 없다.

아이젠하워의 연합군이 왜 1944년 가을에 라인 강에서 멈춰 섰는지 설명하려면(아이젠하워가 노르망디 상륙 후 라인 강까지 진격했다가 갑자기 공격을 멈춰 독일군은 전열을 재정비할 기회를 얻게 된다. 당시 몽고메리를 비롯한 많은 지휘관들이 강공을 주장했지만, 아이젠하워는 기회를 잃었고 전쟁은 조금 더 오래 지속되었다. - 옮긴이), 제1차 세계대전에서 독일의 패배부터 시작해서 히틀러가 1933년에 권력을 잡은 일, 독일군이 프랑스와 서유럽을 장악했고 러시아군에 패배한 것까지 모두 언급해야 한다. 영국과 러시아 모두에게 큰 도움을 주었던 미국의 무기 대여 정책을 무시할 수 없고, 일본의 진주만 공격에 따른 미국의 참전도 무시할 수 없다. 또한 전장의 수많은 사건들을 고려해야 하고, 1940년 5월 24일에 한스 구데리안 장군의 기갑부대가 덩케르크에서 15킬로미터 앞까지 진격했을 때 히틀러가 공격 중지 명령을 내린 것 등의 사건을 고려해야 한다. 히틀러가 입을 닫고 있었다면, 구데리안의 기갑부대는 영국의 원정군을 사로잡거나 괴멸시켰을 것이다. 이런 1,000가지 사건 중에 하나라도 달라지면 아이젠하워는 라인 강에 가지도 않았을 것이다.

이 사건들 중에 왜 어떤 것이 더 결정적이고, 다른 것은 덜 결정적인가? 여기에 역사가의 개인적인 취향이 작용한다. 어떤 사람들은 정치적 음모와 중요한 사건에서 진짜 원인을 찾고, 또 어떤 사람들은 경제적, 사회적, 또는 문화적 힘의 상호작용이 진짜 원인이라고 말하며, 또 어떤 사람들은 히틀러나 스탈린 같은 개인이 역사를 만들어간다고 본다. 따라서 같은 사건에 대해 같은 문헌을 보고도 역사가들은 여전히 다른 이야기를 한다.

이것은 역사가들이 피해갈 수 없는 문제다. 그러나 논의를 위해서 모든 역사가들이 합의할 수 있다고 가정하자. 어떤 사건에 대해 모든 역사가들이 충분히 연구한 뒤에 완전히 똑같은 이야기를 하게 된다고 해보자. 이 이야기는 진정 무엇을 설명할까? 이것은 제1차 세계대전 같은 설명해야 할 극적인 사건에 대해서 무엇을 잡아낼까? 여기에서 잠시 진짜 역사에 대해서는 잊어버리고, 훨씬 단순한 역사적 설정에서 언급될 수 있는 이야기를 생각해보자.


## 모래의 역사

모래더미 공동체에 어느 날 엄청난 사태가 닥쳤다고 하자. 모래더미 세계의 역사가는 이 사건에 대해 이렇게 말할 것이다.

일주일 전에 서쪽의 먼 곳에서 사건이 시작되었다. 이른 저녁에 모래알 하나가 아주 경사가 급한 곳에 떨어졌다. 이것이 작은 사태를 일으켰고, 소수의 모래알이 동쪽으로 무너졌다. 불행히도 서쪽의 모래더미는 적절히 관리되지 않았고, 모래알의 일부가 경사가 급한 다른 지역으로 넘어갔다. 곧 더 많은 모래알들이 무너져서 밤새 사태는 더 커졌다. 다음 날 아침에 사태는 통제 불능이 되었다. 돌이켜볼 때, 놀라운 일은 하나도 없었다. 운명의 모래알 하나가 지난주에 떨어졌고, 연쇄적인 붕괴가 일어나 파국은 모래더미를 횡단해서 동쪽에 있는 우리의 뒤뜰까지 덮쳤다. 서쪽의 당국이 조금 더 책임감이 있었다면, 그들은 최초의 지점에서 모래를 조금 제거했을 것이고, 그랬다면 이런 일은 일어나지 않았을 것이다. 이것은 다시는 일어나지 말아야 할 비극이다.

일어난 일에 대한 서술은 의심할 바 없이 역사가와 그 참사를 겪은 사람들의 강한 관심을 끌 것이다. 그러나 이 이야기는 파국이 왜 일어났는지에 대해 무언가 설명하고 있는가? 모래더미에서 일어나는 모든 사태는 모래알 하나하나의 세부적인 행동에 의해 '설명'할 수 있다. 이것은 모래알이 알갱이 물리학을 따른다는 것을 증명한다. 그러나 여기에는 더 깊은 질문이 있다. 무엇이 모래알 하나가 더미 전체에 걸친 격변을 일으키는 일을 가능하게 하는가?

모래더미 역사가는 이 격변을 일으킨 서쪽의 특수한 상황을 파악했다고 생각한다. "누군가가 미리 조치를 하기만 했어도" 사태는 예방되었을 것이며, "최초 현장에서 모래 몇 알만 제거했어도" 충분한 조치가 되었을 것이다. 그러나 이것은 기껏해야 마음을 달래주는 환상일 뿐이다. 근처에서 아무리 철저히 사전 조사를 해도 곧 무너져 내릴 징후를 찾아내지 못했을 것이다. 모래더미는 그곳뿐만 아니라 전체적으로 다른 많은 곳에서도 경사가 급했고, 그런 곳에 모래알이 떨어진다고 해도 별다른 일은 일어나지 않았을 것이다. 참사를 예측하려면 모래더미 전체에 대해 모래알 하나하나의 위치를 모두 알아야 하고, 게다가 거의 무한한 계산 능력이 있어서 모든 가능한 위치에 모래알이 떨어질 때 일어날 결과를 계산할 수 있어야 한다. 그제야 확신을 가지고 이렇게 말할 수 있을 것이다. "그래, 확실해. 서쪽의 위험한 지점 X에 모래알 하나만 떨어져도, 엄청난 파국이 일어날 거야."

게다가 최초 현장에서 모래 한 알만 옮겨놓아도 그런 참사를 막을 수 있었다는 게 진실이라고 해도, 어느 모래알을 어디로 옮겨야 하는지 미리 알 방법이 없다. 서부의 당국자들이 약간의 모래알을 옮겼다고 해도, 몇 주 후에 다른 어떤 곳에 떨어진 모래알에 의해 또 다른 파국이 일어날 것이다. 이 경우에 역사가는 서부의 당국자들의 조치가 도리어 참사를 부추겼다고 비난할 것이다.

불행히도 역사가들은 오로지 사건들의 연쇄만을 서술할 수 있고, 배후에 있는 심오한 역사적 과정을 잡아내지 못한다. 이 서사는 다만 역사의 변덕스러운 우발성에 존경을 표할 따름이다. 왜 모든 사태가 작지 않은가 하는 질문에는 아무 대답도 없다. 왜 모래 한 알이 파국을 일으킬 수 있는지 이해하기 위해서는, 모래더미의 세부적인 구조를 작은 지역뿐만 아니라 전체적으로 알아야 한다. 이것을 통해 불안정성이 파급될 수 있는 범위를 알아내야 한다. 오로지 이런 방식으로만 역사가들은 역사를 훨씬 더 깊이 인식할 수 있다. 무엇이 일어났는지에 대한 인식뿐만 아니라, 왜 일반적인 성격을 가진 뭔가가 일어나는지, 왜 그런 일이 반복되는지 알 수 있다.

물론 이것이 인간의 역사일 때는, 아무도 벌거벗은 서사에 매달리라고 강요받지 않는다. 하지만 어떻게 역사가들은 뭔가 깊은 것을 잡을 수 있는가?


## 이야기 이상

역사학에서 서사를 가장 중시하게 된 것은 19세기 독일의 역사가 레오폴드 폰 랑케 Leopold von Ranke가 역사가의 과업은 "본질적으로 어떤 일이 일어났는가"를 말하는 것뿐이라고 한 뒤부터였다.6 물론 이것으로 만족하지 못하는 역사가도 있었다. 옥스퍼드의 역사가 E. H. 카 Edward H. Carr는 이렇게 한탄했다.

독일, 영국, 심지어 프랑스에서도 세 세대에 걸친 역사가들의 "본질적으로 어떤 일이 일어났는가"라는 마법의 주문을 읊는 데 동참했다. 그들은 이 마법의 주문으로 스스로 생각해야 하는 힘든 의무에서 해방되었다.

카가 보기에, 특정한 이야기를 들려주는 것만이 아니라 그 이야기를 일반화하는 것이 역사 연구의 진정한 핵심이다.

역사가들은 언어의 사용 자체에서 과학자처럼 일반화를 저지른다. 펠로폰네시안 전쟁과 제2차 세계대전은 아주 다르며, 둘 다 독특하다. 그러나 역사가들은 이 두 사건을 모두 전쟁이라고 부르며, 아주 현학적인 사람들만 여기에 항의한다. 콘스탄티누스 황제에 의한 기독교의 공인과 이슬람의 발흥이 모두 혁명이라고 기번이 말했을 때, 그는 두 가지 독특한 사건을 일반화한 것이다. 현대의 역사가들이 영국, 프랑스, 러시아, 중국 혁명이라고 말할 때도 마찬가지다. 역사가는 진정 독특한 것에는 관심을 갖지 않고, 특수한 것들 속에 있는 일반적인 것에 관심을 가진다.**7**

그러면 특수한 것 속에 있는 일반적인 것은 무엇인가? 역사에서 일반화란 무엇인가? 의심할 바 없이 역사가들은 많은 것을 지적하겠지만, 가장 명백하고 근본적인 것은 반세기도 전에 미국의 역사가 코니어스 리드Conyers Read가 보여주었다. 역사의 연구에서 한 가지 중요한 교훈으로 리드가 제시한 것은 다음과 같다.

우리가 끊임없이 재조절하여 부적응을 해소하지 않으면, 이 부적응은 혁명의 전조가 될 것이다. 그 혁명이 러시아의 형태이든 이탈리아의 형태이든. (…) 나는 역사의 연구가 바로 이러한 방식으로 중요한 사회적 기능을 가진다고 본다.[8]

다시 말해서, 일종의 내부 스트레스(리드가 말하는 '부적응')가 쌓이면 혁명적인 격변이 일어날 수 있다는 것이다. 또는 토머스 칼라일 Thomas Carlyle이 말한 프랑스 혁명이 일어난 이유처럼 말이다.

자존심의 손상이나 철학적 지원자들의 모순된 철학, 부유한 상점주인, 시골 귀족이 아니라 굶주림과 헐벗음과 2,500만 명의 가슴을 짓누르는 악몽 같은 억압. 이것이야말로 프랑스 혁명의 주된 원인이었다. 모든 국가에서 일어나는 모든 혁명의 원인도 마찬가지일 것이다.[9]

역사가에 따르면, 부적응은 모든 사회에서 그 성격과 크기에 관계없이 모든 혁명과 모든 갑작스럽고 극적인 변화에 반드시 선행하는 전조다.[10] 여기에는 부적응과 거기에 따르는 인간의 고통이 어떤 문턱 값에 도달하면 사회 조직이 붕괴한다는 통찰이 담겨 있다. 다시 말해, 고통이 극심해서 역사가들이 말하는 '가장 거대한 사회적인 힘인 관성'을 극복할 정도가 되어야 한다.[11] 분명히 모든 사회가 기존 질서에 얼마간 만족하지 못하지만, 혁명이 매일 일어나지는 않는다.

역사를 이렇게 일반화하는 것은 너무 뻔하고 모호해서, 무의미하거나 원칙적으로 옳을 뿐이다. 그러나 이것을 모래더미의 물리학과 비교할 때는 흥미로운 점이 아주 많아진다. 모래더미에서는 어떤 지역에서 경사가 아주 급해서 다음에 떨어지는 모래알에 의해 문턱 값을 넘어설 때 사태가 일어나고, 그래서 모래가 미끄러지기 시작한다. 비슷하게 지구의 지각에서도, 바위에 '부적응'의 스트레스가 쌓이다 보면 갑자기 지진이 일어난다. 리드가 말한 일반화가 진정 일반적이라면, 혁명과 전쟁을 비롯한 여러 가지 극적인 사회적 격변의 배후에는 우리가 이제까지 그렇게 많이 본 격변에 대한 민감성과 똑같은 역사적 과정이 있다고 생각해도 큰 무리는 없을 것이다.

우리는 이 가능성을 다음 장에서 다시 살펴볼 것이다. 그러나 모든 인간 역사의 흉포한 강에 뛰어들어 헤엄을 치기 전에, 먼저 아주 좁은 개울을 한번 건너보는 것도 도움이 될 것이다. 인간 역사에 일반적인 성격이 있다면, 역사의 한 특수한 영역에도 이 일반적인 성격이 나타날 것이다. 1960년대에 역사가 토머스 쿤Thomas Kuhn이 출판한 책은 한 번의 힘찬 타격으로 과학의 진행 방식에 대한 대부분의 주도적인 사고에 큰 영향을 주었다. 앞으로 보겠지만 쿤은 분명히 과학이 스트레스가 쌓였다 풀리는 보편적인 설정을 가지며, 이것이 역사의 템포와 성격에 큰 영향을 준다고 보았다. 전쟁과 정치적 혁명의 배후에 있는 것을 이해하는 데 한 발 다가가기 위해, 과학혁명의 배후에 무엇이 있는지 보는 것이 도움이 될 것이다.

## 개념들의 네트워크

19세기 말에, 과학은 여전히 순수의 시대에 살고 있었다. 과학자들은 거의 초인간으로 알려져 있어서, 그들은 열린 마음으로 합리적이고 객관적이며, 과학적 방법의 불변의 원칙에 따라 연구한다고 알려져 있었다. 당시에 공통적이던 이 관점에 따르면, 과학자들은 사물이 어떻게 될지에 대해 가설을 만들고, 이것을 객관적 실재에 대해 시험하고, '사실에 적합'한 것만 남긴다. 여기에 맞지 않은 모든 개념은 단순히 씹던 껌처럼 아무 미련 없이 던져버린다.

물론 과학은 개념을 만들고 시험하는 것이며, 자연과의 대화에서 지식을 얻어내는 것이다. 과학은 분명히 어떤 권위자에게 '그것이 무엇인가'를 듣는 것은 아니다. 리처드 파인만이 말했듯이, "과학은 전문가의 무지를 믿는 것이다." 또 어떤 사람은 세심한 탐구로 조금 덜 무지하게 되는 것이 과학이라고 말할 것이다. 사정이 이런데도 여전히 과학자는 합리성, 객관성, 열린 마음이라는 성스러운 삼위일체에 의해 작동하는 자동기계라고 생각한다면 대단히 순진한 일이다. 과학자는 인간이고, 모든 과학은 연구자들의 공동체 속에서 수행되므로, 과학자는 다른 과학자에게 영향을 줄 수 있다. 1950년대에 몇몇 역사가들이 이 단순한 가능성이 중요한 결과를 가져온다는 것을 알아보기 시작했다.

역사가 마이클 폴라니Michael Polanyi는 과학이 실제로 어떻게 작동하는지에 대한 세심한 역사적 연구를 바탕으로, 과학자들이 실제로는 마음이 열려 있지도 않고 합리적이지도 않다는 결론을 얻었다.

> 모든 시간을 통해 자연에 대해 받아들여진 지배적인 과학적 견해가 있
> 다. (…) 이것은 강한 선입견이 (…) 지배하고 (…) 이 관점과 충돌하는
> 어떤 증거도 부적절하다. 그런 증거는 무시해야 하고, 이것을 설명할 수
> 없어도, 그것이 틀렸거나 별 관계가 없다고 밝혀질 것으로 기대한다.[12]

폴라니에 따르면, 과학자들은 언제나 열린 마음을 유지하는 것이
아니라 자주 마음과 눈을 닫는다. 언제나 자기 개념을 시험할 증거를
찾는 것이 아니라, 그러한 증거들이 자기 얼굴을 때려도 무시하기도
한다.

쿤은 하버드대학에서 오랫동안 과학사를 연구했다. 그의 연구 대
상은 주로 코페르니쿠스 혁명, 양자론과 상대성이론의 탄생과 같은
과학적 격변이었다. 그는 모든 경우에서 과학자들은 합리적이고 객
관적으로 증거가 부족할 때도 기존 이론을 재빨리 거부하지 않는다
는 것을 알아냈다. 쿤의 관찰에 따르면, 과학자들은 공유하는 개념
체계에 항상 감정적으로 빠져들고, '부적응'이 너무 커서 도저히 자
연을 서술할 수 없을 정도가 되기 전까지는 이 개념 체계를 결코 포기
하지 않는다.

뒤돌아볼 때, 이것들 모두가 전혀 놀랍지 않다. 무엇보다 과학자들
은 초인이 아니며, 과학을 할 때도 그들은 다른 사람들과 크게 다르

지 않다. 그들은 일상적인 인간의 편견에 고통받으며, 맹목적으로 세계가 다른 방식이 아니라 이런 방식으로 되기를 바란다. 그렇다고 과학이 작동하지 않는 것은 아니다. 진정으로 과학은 멋지게 잘 작동하고 있다. 하지만 이것은 어떻게 작동하는가? 과학자들이 자기들의 소중한 개념을 포기하기를 거부하는데도 어떻게 과학이 발전하는가? 역사에서 일반성을 발견하려는 카의 욕망을 공유하는 역사가로서 쿤은 이런 질문을 설정했고, 이제는 고전이 된 1962년의 《과학혁명의 구조》에서 이 질문에 답했다.

그는 패러다임이라는 개념을 도입해서 과학이 진행되는 방식을 설명했다. 패러다임이란 잘 작동한다고 증명된 과학적 개념이나 관행을 말한다. 쿤의 말을 빌면, 패러다임은 다음과 같이 설명할 수 있다.

실제의 과학 관행에서 받아들여진 예(법칙, 이론, 응용, 기계장치를 모두 포함한다)로, 이것이 제공하는 모델에서 과학 연구의 특별한 정합적인 전통이 나온다.[13]

뉴턴 방정식을 행성 운동에 수학적으로 적용하는 것은 패러다임의 한 예다. 전기와 자기의 맥스웰 방정식을 실용적인 규칙과 함께 전파와 발전기 등에 적용하는 것도 패러다임의 예다. 양자론의 원리와 실제적인 방법도 또 하나의 패러다임이며, 이제는 매일 수천 명의 물리학자들이 이 패러다임에 의지한다. 패러다임은 과학자들에게 언제나 수수께끼였던 것을 설명하는 '좋은 개념'의 다발이다.14 패러다임이 없으면 과학자는 자연 현상의 바다에 빠질 것이며, 어떤 사실이 중요하고 어떤 것이 그렇지 않은지 말할 수 없을 것이다. 과학자들은 교육 과정에서 다양한 패러다임을 배우고, 과학을 어떻게 하는지 예를 통해 배운다. 이러한 개념의 다발들이 과학자들에게 우주가 무엇으로 되어 있는지(원자, 파동, 양자장 또는 무엇이든), 이것들이 어떻게 행동하는지 알려준다. 이렇게 해서 패러다임은 과학을 거의 기계적으로 수행할 수 있게 만든다. 패러다임의 '좋은 개념'은 과학자들에게 기초를 주고, 결과적으로 과학자들은 패러다임에 종교적 열정을 가지게 된다.

모든 과학적 패러다임의 집합은 개념들의 네트워크로 조립되어 그 자리에 고정되고, 과학자 집단은 이 네트워크에 매달린다. 가장 명백한 패러다임은 가장 기본적이고 좋은 개념으로, 양자론, 상대성이론, 진화론 등이 여기에 속한다. 그 아래로 수없이 많은 소규모의 좋은 개념들이 스스로를 입증하여 자리를 잡고, 과학자들에게 어떤 종류의 방정식을 어떻게 풀지, 또는 어떤 실험 절차에서 좋은 결과가 나올지 등을 가르쳐준다. 이 모든 개념들이 모여서 과학의 핵심 구조를 이루고, 폴라니가 말한 '받아들여진 과학적 견해'가 된다.

그러나 과학의 주요 과업은 더 많이 배우는 것이다. 다시 말해 좋은 개념의 네트워크를 더 조밀하고 완전하게 만드는 것이다. 과학이 배움에 관한 것이라면, 네트워크는 고정된 채 있기 어렵다. 쿤은 개

념들의 네트워크가 변해가는 방식을 두 가지로 나눴는데, 이 두 가지
는 기본적이면서도 본질적으로 정반대다.


## 정상과 비정상

　세계의 어떤 면을 합당하게 보이게 하는 한 다발의 개념이 있어도,
이 개념이 함의하는 것이 무엇인지 정확하게 알려면 상당한 노력을
기울여야 한다. 예를 들어 많은 물리학자들이 현재 음파발광 문제를
풀려고 노력하고 있다. 이것은 소리를 집중시키면 물이 밝게 빛나는
현상으로, 기괴하지만 쉽게 재현할 수 있는 현상이다. 이 수수께끼는
수십 년째 풀리지 않고 있지만, 모든 사람들은 이것이 화학, 양자론,
유체역학으로 완전히 이해할 수 있는 현상이라고 생각하고 있다. 다
시 말해 이 과업은 과학자들이 이미 알고 있는 것으로 세계를 더 많이
이해하는 것이다.

　쿤은 이것을 정상과학이라고 불렀다. 이것은 패러다임을 설명하는
것을 목표로 하며, 패러다임에 속한 개념들이 함의하는 모든 것을 이
해하려는 활동이다. 이것은 단순한 성장에 비교할 수 있다. 이런 종
류의 과학은 매우 보수적이다. 이것은 패러다임에 속한 좋은 개념에
의문을 품지 않으며, 자연에 관해 받아들여진 견해로 취급하여 거의
모든 것을 이해하는 열쇠라고 본다. 쿤은 이렇게 말했다.

> 정상과학은 (…) 역사적으로든 현재의 연구실에서든 (…) 패러다임이 이미 만들어놓은 상자에 자연을 집어넣으려는 시도로 보인다. 정상과학의 목적은 새로운 현상을 찾는 것이 아니다. 진정, 그 상자에 맞지 않는 것은 보이지도 않을 때가 많다.[15]

정상과학의 연구는 좋은 개념의 네트워크를 확장해서 자연의 더 많은 부분을 설명하고, 빈틈을 메워서, 완벽하고 기운 데 없이 전체가 통합된 것으로 만드는 활동이다.

그러나 모든 과학이 정상과학은 아니다. 네트워크를 어떤 방향으로 성장시키려고 노력하거나 어떤 빈 영역을 채우려는 노력을 하다가도, 도저히 '상자에 맞지 않는' 현상을 만날 수 있다. 둘 또는 그 이상의 좋은 개념이 서로 정합성이 없다고 알려질 수도 있고, 네트워크의 여러 부분이 서로 부드럽게 연결되지 않을 수도 있다. 이런 일들이 일어나면서 정상과학에 문제가 있음이 알려지고, 부적응이 만들어져서 쿤이 말한 과학적 변화의 두 번째 종류인, 과학혁명이 일어날 무대가 설정된다.

1870년대까지 정상과학은 뉴턴 법칙과 그것에 기초한 고전물리학을 밀어붙여서, 뮌헨대학의 한 물리학 교수는 젊은 물리학자 막스 플랑크에게 "발견할 것은 하나도 남아 있지 않다"고 경고할 정도였다. 영국의 물리학자 켈빈 경도 이와 비슷하게 "물리과학의 미래는 소수점 여섯째 자리를 찾는 것뿐"이라고 말했다. 하지만 이런 말이 나온

지 몇 년 만에, 이론가들은 고전물리학의 원리에 따르면 논리적으로 모든 물체들이 언제나 어마어마한 양의 자외선을 내뿜어야 한다는 결론을 얻었다. 이 결론이 옳다면, 어두운 방에서 물체를 보기만 해도 눈이 타버릴 것이다. 이 엉터리를 '자외선 파탄'이라고 부른다. 대부분의 과학자들은 어떤 영특한 연구자에 의해 이 수수께끼가 결국 해결되어서 고전적 개념이 회복될 것이라고 생각했다. 그러나 과학자들은 수십 년 동안이나 이것을 설명해내지 못했다. 게다가 비슷한 방식으로 해결되지 않는 문제들이 자꾸 나와서 부적응은 파괴점에 이르렀다.

어떤 패러다임이 과학자들에게 기초를 제공한다면, 이것을 공격하는 일은 당연히 매우 고통스러울 것이다. 1920년대에 물리학자 볼프강 파울리Wolfgang Pauli는 고전 패러다임의 혼란에 대해 이렇게 썼다.

현재 물리학은 아주 혼란스럽다. 어쨌든 그것은 나에게 너무 어렵다. 나는 물리학에 대해서 전혀 들어본 적도 없는 코미디 영화배우나 그 비슷한 사람이 되었으면 하는 생각이 들었다.16

그러나 정상과학의 실패가 과학자들에게 기회를 주기도 한다. 정상과학은 보수적이고, 패러다임 속의 개념들은 변경 불가능한 것으로 본다. 따라서 과학자들이 이 좋은 개념들 중 일부를 거부하고 기초를 다시 만들려면 상당한 부적응의 스트레스가 있어야 한다. 쿤이 지적했듯이, 이것이 과학의 일반적인 패턴이다.

정상과학이 자꾸만 잘못되어가고, 기존의 과학 전통에서 벗어난 비정상을 도저히 피할 수 없을 때, 과학자들은 평소와 다른 탐구를 통해 과학의 새로운 기초가 될 개념 체계를 만든다. 그들은 이렇게 만들어진 개념 체계에 다시 매달린다. 매달리는 대상이 달라지는 이 비범한 에피소드가 (…) 과학혁명이다. 이것은 전통을 수호하려는 정상과학의 활동에 대한 보완물이다.[17]

20세기 초 물리학은 아인슈타인, 플랑크, 보어, 드 브로이가 만든 개념에서 출발해 하이젠베르크, 슈뢰딩거, 디랙이 지적인 환경을 뜯어 고침으로써 양자론의 새로운 기초를 만들었다. 이런 비범한 일이 지나가고 나면 과학자들은 다시 정상과학으로 넘어간다. 물론 이때에 과학자들이 의지하는 패러다임은 근본적으로 바뀌어 있었다. 몇 달 뒤에 다시 확신을 얻은 파울리의 말을 앞의 것과 비교해보자. 이것은 하이젠베르크가 양자론이라는 새로운 패러다임의 시초를 성공적으로 보여준 뒤에 나온 말이다.

하이젠베르크 유형의 역학은 다시 나에게 삶의 희망과 기쁨을 주었다. 이것이 수수께끼에 대한 답을 주지는 않았지만, 나는 다시 앞으로 행진할 수 있다고 믿게 되었다.[18]

감정적인 말인 '행진'에 주목하자. 정상과학은 행진과 비슷하다.

확신에 찬 발걸음으로 낯익은 지형을 행진하는 것이다.

쿤의 전망을 요약하면, 정상과학은 좋은 개념들의 기존 네트워크를 확장하고 채우는 일이지, 세계관을 근본적으로 뜯어고치는 일을 목표로 하지 않는다. 그러나 이 정상적인 연구 자체가 어쩔 수 없이 비정상과 비정합성을 가져오고, 기존 개념들의 조직에 내부 스트레스가 쌓이게 된다. 부적응이 어떤 문턱에 이르면 그 조직과 거기에 기초한 정상과학은 무너진다. 그러면 과학자들은 더 이상 축적과 확장으로는 전진할 수 없다는 것을 알게 되고, 기존 네트워크의 어떤 부분을 부수고 새로 만들어야 한다.

어디까지 부수고 새로 지어야 할지는 결코 완전히 확정되지 않는다. 지구의 지각은 몇몇 바위가 미끄러지면서 근처 바위들의 스트레스를 변경하여 더 많은 바위가 미끄러지고, 이런 영향이 멀리까지 전파된다. 마찬가지로 개념의 네트워크에서도 한 부분을 다시 만들면 이웃 영역에서도 변화가 필요해진다. 그리고 이 변화는 다시 다른 곳에서 더 많은 변화를 요구할 수 있다. 예를 들어 원자의 양자론이 나오면 고체, 액체, 기체의 과학이론도 모두 고쳐야 한다는 것을 의미한다.

## 혁명의 물리학

과학에 대한 쿤의 생각은 매우 영향력이 컸다. 《과학혁명의 구조》

에 대해 역사가 피터 노빅<sup>Peter Norvig</sup>은 이렇게 썼다.

> 20세기 미국에서 이루어진 학문적 연구 중에서 이것처럼 광범위한 영향을 준 것을 찾기 힘들다. 역사적인 저작들 중에서 여기에 맞설 만한 책은 없다.[19]

이것은 쿤의 연구가 단순한 서사가 아니라 모든 과학적 변화의 경우에 적용되는 일반화라는 사실 때문일 것이다. '전통 고착'과 '전통 파괴'의 긴장에서, 그는 깊은 역사적 과정의 결정적인 요소를 찾아냈다. 그러나 쿤은 이 과정이 얼마나 심오하고 보편적인지 보여주는 수학적 설명이 있다는 것을 몰랐다. 쿤이 밝혀낸 패턴의 기본 요소가 낯익어 보인다고 해도 놀랄 일은 아니다. 이것은 지진의 동역학과 매우 비슷하다.

대륙판의 느린 이동은 직접적으로 지각의 재조직화를 가져오지 않는다. 마찰이 지각 속의 바위들을 그 자리에 잡아놓기 때문이다. 바위들은 당장 움직이지는 않지만, 대륙판의 이동에 따라 스트레스를 받는다. 그러다가 스트레스가 쌓여서 어떤 문턱을 넘은 다음에는 지각이 갑자기 거칠게 재조직화된다. 정상과학에서 좋은 개념들의 네트워크에도 스트레스가 쌓인다. 폴라니가 지적했듯이, 과학 사회는 개념 변화에 대한 '심적 저항'을 가지고 있고, 과학적 개념 체계는 스트레스가 문턱을 넘었을 때만 혁명을 겪는다.

정상과학의 연구는 대륙판의 느린 이동과 비슷하고, 과학혁명은 지진과 비슷하다. 이 비유는 더 확장될 수도 있다. 앞에서 보았듯이, 지진에는 전형적인 크기가 없다. 처음에 바위 몇 개가 미끄러지면서 근처에 있는 다른 바위까지 미끄러지게 할 수 있다. 지각은 자연적으로 임계상태로 조직되어 있기 때문에, 이 연쇄적인 미끄러짐이 얼마나 멀리 갈지 전혀 예측할 수 없다. 지진에는 전형적인 크기가 없다. 과학혁명에서도 마찬가지일까?

거대한 과학혁명의 표찰에는 알베르트 아인슈타인, 아이작 뉴턴, 찰스 다윈, 베르너 하이젠베르크 등의 이름이 적혀 있다. 그러나 1969년에 나온 《과학혁명의 구조》 개정판의 후기에 따르면, 과학혁명은 널리 영향을 미치거나 근본적인 개념을 바꾸는 것이 아니어도 좋다. 예를 들어 물리학의 작은 하위 분야를 연구하는 소수의 과학자들도 자기들 연구의 바탕이 되는 개념의 구조에 혁명적인 변화를 겪을 수 있다. 그들이 의존하고 있는 개념이 결과를 내는 데 계속 실패하면, 작은 집단도 똑같은 변화를 경험할 수 있다.

부분적으로는 내가 제시한 예 때문에, 또 부분적으로는 관련된 공동체의 성질과 크기에 대한 나의 모호함 때문에, 이 책을 읽은 몇몇 독자들이 내가 코페르니쿠스, 뉴턴, 다윈, 아인슈타인과 같은 거대한 혁명에만 관심을 가진다고 결론을 내렸다. (…) 내가 말하는 혁명이란, 집단이 의지하는 준거를 재구성하는 특별한 종류의 변화다. 그러나 이것은 큰 변화일 필요가 없고, 그 집단 밖에서도 혁명적으로 보일 필요가 없으며, 어쩌면 25명 이하의 소규모 집단에서 일어날 수도 있다. 과학철학 문헌에서 거의 인지되거나 토의되지 않았지만, 작은 규모로 그렇게도 자주 일어나는 이 혁명적(축적적이라는 말의 반대 의미로)인 변화에 대해 꼭 이해해야 할 필요가 있다.

따라서 과학혁명과 정상과학에 대한 쿤 자신의 구분은 전통을 파괴하는가, 전통을 보존하는가를 기준으로 삼는다. 혁명은 개념들의 네트워크에서 낡은 부분을 부순다. 정상과학은 단순히 여기에 보태기만 한다. 쿤의 논의는 전형적인 크기의 혁명은 없다는 암시를 준다. 과학의 변동은 규모 불변성일 수 있고, 좋은 개념의 네트워크는 지구의 지각처럼 임계상태일 수 있다. 그러나 이것은 오로지 가능성일 뿐이다. 그러나 이런 비유로는 아무것도 증명되지 않는다. 그렇다면 더 명백한 증거를 찾을 방법은 없을까?

과학은 (…) 사회의 다른 부분과 엄격히 불가침을 유지하면서 존재할 수 없다.
과학과 사회 어느 쪽에서나 안전한 방어선은 없다.
- 존 프라이스John Krasher Price 1

역사에서 혁명만큼 흥미로운 것은 없다.
- E. H. 카 2

# 13장
## 수의 문제

과학의 핵심을 이루는 개념들의 네트워크에서 수학적인 규칙성을 찾아낸다는 것은 불가능한 일이다. 캘리포니아의 구릉에 민감한 센서를 박아서 산안드레아스 단층을 따라 대륙판이 미끄러졌다 달라붙었다 하는 것을 관찰하는 일도 쉽지만은 않다. 그러나 지각 속의 바위들은 저기 외부에 있으며, 측정되기를 기다리고 있다. 반면에 과학적 개념들의 네트워크는 과학자의 사고와 기억이라는 훨씬 더 접근하기 힘든 곳에 살고 있다. 그렇지만 쿤은 《과학혁명의 구조》의 어느 한 구석에서 다음과 같은 매혹적인 제안을 했다.

모든 과학혁명이 그것을 겪는 공동체의 역사적 전망을 바꿔놓는다는 내 생각이 옳다면, 전망의 변화는 혁명 이후의 교과서와 연구 문헌에 영향을 줄 것이다. 그런 효과(연구 보고서의 각주에 인용된 기술 문헌의 분포에 나타나는 변화)는 혁명이 일어났다는 지표로 연구해볼 만하다.[3]

쿤은 이 생각을 더 밀고 나가지 않았지만, 이런 연구를 어떻게 할지는 쉽게 상상이 된다. 과학자들은 입자물리학, 유전학, 우주론 등의 특정한 분야의 개념 속에서 연구하며, 논문을 발표할 때는 자신의 새 개념이 그 분야에 속한 '좋은 개념들'의 네트워크 속에서 어디쯤에 있는지 알려주는 인용 목록을 붙인다. 이러한 인용에 의한 논문들의 연결은 개념들의 네트워크 구조를 어렴풋하게 반영한다. 개념들의 네트워크는 인간 정신 속에서 살아가기 때문에 직접적으로 구조를 알아낼 방법은 없지만, 이런 인용이 간접적으로나마 그 구조를 더듬어보는 데 도움이 될 것이다.

우리는 이 네트워크 속에서 일어나는 변화의 성질을 알아보기를 원하고, 다행히도 인용이 그 방법을 제시한다. 지구물리학에서 그 실마리를 얻을 수 있다. 지진을 연구하는 과학자들은 땅이 흔들리는 세기를 지진의 규모를 측정하는 척도로 사용한다. 이 규모는 지각 속의 바위들이 물리적으로 얼마나 많이 재배열하는지를 반영한다. 큰 지진은 작은 지진보다 더 크게 바위들을 재배열한다. 앞에서 보았듯이, 구텐베르크와 리히터는 많은 지진의 규모를 통계적으로 분석해서 놀랍도록 단순한 멱함수 법칙을 얻었다. 이 법칙은 모든 지진의 근원은 본질적으로 똑같다는 함의를 가진다. 지진 활동은 언제나 단층에 속한 바위 하나가 미끄러지면서 시작된다. 지진의 규모는 최초에 바위 하나가 얼마나 크게 미끄러지느냐 하는 것뿐만 아니라 그 바위가 어디에 있는지에 따라서도 달라진다. 최초의 사건이 일어나는 위치에 따라, 파급 효과가 짧게 끝날 수도 있고 멀리 전파될 수도 있다.

과학 논문이 제시하는 개념들도 기존의 개념 체계를 흔들어서 얼마간의 재배열을 일으킨다. 워츠와 스트로가츠가 쓴 좁은 세상에 관한 논문을 예로 들어보자. 이 논문은 수학의 그래프이론과 사회 네트워크의 독특한 성질 사이에 기대하지 못한 관계가 있음을 확인했다. 이 새로운 개념은 다른 과학자들의 견해와 연구 방향에 영향을 주었다. 어떤 과학자들은 좁은 세상 그래프의 수학적 성질을 더 자세히 규명하는 논문을 썼고, 또 어떤 과학자들은 기본적인 수학적 통찰을 적용해서 전염병의 전파 등을 이해하기 위한 노력을 시작했다.

이 논문 하나가 얼마나 많은 후속 활동을 일으킬지에 대해 말하는 것은 아직 이르지만, 그런 활동의 결과로 나온 논문들은 원래의 좁은 세상 논문을 인용할 것이다. 따라서 한 논문이 일으킨 지적인 지진의 규모를 측정하기 위해서는, 이 논문이 다른 논문에 인용된 전체 횟수를 보아야 할 것이다. 단 한 번만 인용된 논문은 과학적 개념들의 네트워크에서 큰 재배열을 일으키지 못한 것이고, 1,000번 인용된 논문은 큰 재배열을 일으킨 것이다.

이것은 물론 논문의 궁극적인 효과를 재는 매우 조악한 방법이다. 어쨌든 여기에서 구텐베르크와 리히터가 했던 질문을 던져볼 수 있다. 논문이 인용되는 전형적인 횟수는 얼마인가? 다시 말해 새 개념이 나왔을 때, 이것이 촉발하는 전형적인 크기의 지적 지진은 어느 정도인가?

## 인용의 연쇄

다행히도 논문이 인용된 이력을 살펴보기는 어렵지 않다. 1960년대 이후부터 모든 과학 연구 논문이 인용된 것을 정리한 목록인 과학 인용색인^SCI^을 활용할 수 있다. 1967년 12월에 양자장론에 관한 논문을 아무거나 보면, 그날 이후부터 누가 그 논문을 인용했는지 모두 알 수 있다. 1998년에 보스턴대학의 시드니 레드너 Sidney Redner는 1981년에 출판된 논문 78만 3,339편을 전부 조사했다. 이런 조사에서는 몇 년 지난 논문을 대상으로 해야 하는데, 이렇게 해야 다른 연구자가 인용할 시간적 여유가 있기 때문이다. 발표된 지 얼마 지나지 않은 논문이라면 인용 횟수만으로 그 논문의 진정한 영향력을 평가할 수 없다.

레드너가 집계한 통계 자료에 따르면, 이 논문들 중에서 36만 8,110편이 전혀 인용되지 않았다. 이 논문에 실린 개념들은 개념들의 네트워크에 아무런 인지 가능한 반응을 얻지 못한 것이다. 그러나 레드너는 많은 인용 횟수를 보인 논문들에서 흥미로운 점을 발견했다. 100번 이상 인용된 논문들의 인용 횟수 분포는 규모 불변성의 면함

수 법칙을 따른다는 것이다. 이것은 개념들의 네트워크가 마치 모래
더미 게임이나 지각처럼 임계상태로 조직되어 있을 때 기대되는 결
과다. 물론 더 자주 인용된 논문들이 적게 인용된 논문보다 적었다.
게다가 자주 인용된 논문의 숫자는 매우 규칙적으로 줄어들었다. 인
용 횟수가 두 배면 그만큼 인용된 논문의 편수는 8배로 줄어들었다
(그림22). 따라서 한 논문이 인용되는 전형적인 횟수는 없다. 이것을
확장하면, 어떤 논문이 개념 네트워크에 일으키는 재배열의 전형적
인 크기는 없다.4 이것은 무엇을 함의하는가?

앞에서 고생물의 멸종을 다룰 때, 우리는 대량멸종이 평소에 일어

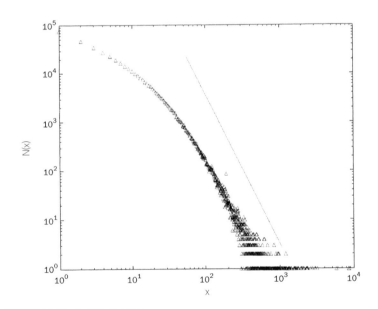

그림 22 인용 횟수에 따른 논문 수의 분포.

나는 멸종 속에 우뚝 서 있는 것을 보았다. 얼핏 보기에 이 두 가지 멸종은 본질적으로 다른 원인으로 일어나는 것처럼 보인다. 하나는 외부의 충격이 원인이고, 다른 하나는 평소에 일어나는 진화의 내부 작용이 원인이라는 것이다. 그러나 이런 구분은 틀렸다고 알려졌다. 지진에서도 우리는 똑같은 것을 보았다. 거대한 지진은 아주 특별한 원인으로 일어나는 것 같지만, 구텐베르크-리히터 법칙에 따르면 그런 예외적인 원인은 없다.

레드너의 통계 자료를 볼 때 과학 연구에서도 비슷한 일이 일어나는 것 같다. 쿤은 큰 혁명뿐만 아니라 작은 혁명도 있을 수 있으며 둘 다 본질적으로 똑같은 '전통 파괴'의 성격을 가진다고 말했지만, 여기에서 더 나아가지는 못했다. 레드너는 한 발 더 나아가서 논문의 인용에도 멱함수 법칙이 성립한다는 것을 밝혀냈다. 이것은 과학적 격변에 관한 일종의 구텐베르크-리히터 법칙이다. 이 법칙은 큰 과학혁명과 작은 과학혁명에는 진정한 구분이 없다고 말한다.

쿤의 기념비적인 연구를 이 '지적인' 구텐베르크-리히터 법칙과 함께 놓고 보면, 과학은 지각地殼을 비롯한 수많은 대상들과 마찬가지로 임계상태에 있다고 암시한다. 그렇다면 과학자들은 기대하지 못한 일을 기대해야 한다. 과학의 개념 체계는 우연한 발견으로도 아무 경고 없이 한 순간에 도미노처럼 연쇄 효과를 일으켜 거대한 혁명을 일으킬 수 있다는 것이다. 이런 혁명을 예측하는 것은 거의 불가능하다. 어떤 새로운 개념의 궁극적인 결과는 그 자체의 내적인 심오함

뿐만 아니라, 그것이 모든 과학 개념들의 네트워크의 어디에 떨어지는가에 따라 달라지기 때문이다. 누구나 과학사에서 가장 큰 혁명 중 하나에 아인슈타인의 이름을 결부시킨다. 그러나 아인슈타인혁명은 아인슈타인이 빛을 전자기의 진동으로 설명한 맥스웰 방정식에서 이상한 점에 의문을 느꼈을 때 시작했다. 아인슈타인이 이상하게 여겼던 점은, 빛과 똑같은 속력으로 나란히 가면서 그 빛을 본다고 생각하면 방정식에 모순이 생긴다는 것이었다. 이것은 사소한 개념적 불일치였고, 여기에 흥미를 느낀 것은 처음에는 단순한 호기심일 뿐이었다. 그러나 이 단순한 호기심이 나중에는 수백 년을 지탱해온 물리학을 수정하고 상대성이론을 만들어냈다. 이 영향은 계속해서 여러 경로를 따라 퍼져나갔고, 핵에너지와 원자폭탄까지 만들어냈다.

이것 말고도 비슷한 예를 여러 가지 들 수 있다. 1900년에 플랑크는 뜨겁고 빛나는 물체에서 나오는 빛의 색을 설명하는 공식을 발견했다. 그는 이 공식에 도달하기 위해, 빛과 물질 사이의 에너지 전달이 띄엄띄엄한 덩어리로만 이루어진다고 가정해야 했다. 당시에 플랑크는 이것이 단지 바른 답을 얻기 위한 값싼 기술적 책략일 뿐이고, 바른 답이 나오기는 했지만 분명히 잘못된 추론이라고 보았다. 플랑크뿐만 아니라 누구도 이 기술적 책략이 거의 모든 물리과학에 영향을 줄 것이라는 암시조차 얻지 못했고, 궁극적으로 양자물리학의 엄청난 혁명을 가져올 것으로 생각하지 못했다.

임계상태의 맥락에서 볼 때, 거대한 혁명이라고 해서 반드시 그 원인까지 특별해야 할 이유는 없다. 그것들은 단지 임계상태에 일어날 수 있는 큰 변이일 뿐이다.

## 과학이라는 모래더미

그렇다고 해서 한 과학자가 다른 과학자보다 더 뛰어나지 않다고 말하는 것은 아니다. 아인슈타인은 보통 사람이고 상대성에 관한 1905년의 논문도 그저 그런 내용이라고 말하는 것도 아니다. 나는 이제까지 개념의 네트워크에서 일어나는 사태가 한 사람의 마음에서 다른 사람의 마음으로 전달되는 것처럼 말해왔다. 그러나 이런 일은 한 개인의 마음속에서도 일어날 수 있다. 한 개인이 마음속에서 어떤 개념이 다른 개념에 미치는 결과를 명확하게 깨닫고, 그 파급 효과로 다른 개념들도 고쳐야 한다는 것을 깨달았다면, 그의 마음속에 개념들의 사태가 일어났다고 할 수 있다. 2차원 장난감 자석을 연구하던 온사거의 말을 다시 보자.

"이 연구는 잘 되어가고 있었고, 확실히 이것을 계속 따라가야 하는데, 끝에 도달하기도 전에 (…) 다른 것이 나온다. 이것을 따라가다 보면 또 다른 것이 나온다. 모든 것이 너무 좋아서 그만둘 수 없었다."[5]

마찬가지로 아인슈타인혁명도 맥스웰 방정식의 이상한 점을 생각하넌 아인슈타인 자신의 머릿속에서 시작되었고, 그의 머릿속에서 이미 많은 개념들의 재배열이 일어난 뒤에야 이 사태는 다른 사람들의 머릿속으로 전파되었다. 아인슈타인을 제외한 어떤 과학자도 자기 머릿속에서 그만큼 멀리까지 사태를 진전시키지 못했을 것이다. 위대한 과학자는 심오한 개념을 만들어내는 능력과 함께, 혁명을 일으킬 만한 잠재성을 가진 개념을 취해서 그 잠재성을 현실로 만드는 능력도 있어야 한다. 지각에서 바위들은 엄청난 스트레스에 떠밀려서 저절로 미끄러지면서 지진을 일으킨다. 모래더미에서는 중력이 모래알을 무너뜨린다. 그러나 과학적 변화는 오로지 과학자의 고된 연구에서만 온다. 위대한 과학자는 개념 체계 속에서 도미노와 같은 연쇄 반응을 일으켜서 최소한 인지 가능할 정도로 확장될 잠재성을 가진 개념을 찾아내야 하고, 이러한 반응을 외적으로 끌어낼 능력이 있어야 한다.

19세기에는 과학을 거대한 지식의 탑을 쌓는 것으로 여겼다. 과학자들은 건축가의 군단이 되어 작은 벽돌을 하나씩 만들어 적절한 곳에 올려놓아 탑을 쌓아간다. 쿤의 연구는 이것이 너무 심하게 단순화된 모습임을 보여주었다. 과학은 단순히 축적되는 것이 아니다. 때때로 새로운 벽돌이 제자리를 찾으려면 기존의 구조에 결함이 있어서 부수고 새로 지어야 한다.

레드너의 먹함수 법칙을 생각하면 이 이미지를 더 뚜렷하게 할 수 있다. 이론가의 머리에서 나온 모든 새로운 개념과 실험가들이 행하는 모든 관찰은 지식의 더미에 떨어지는 알갱이와 같다. 이 알갱이는 기존의 구조에 달라붙어서 구조를 성장시키기도 하고, 이미 스트레스를 받고 있던 곳에 떨어져서 그곳의 구조물을 무너뜨릴 수도 있다. 이 붕괴는 금방 정지할 수도 있고 한동안 계속될 수도 있다. 논문 인용에 나타나는 규모 불변성의 멱함수 법칙에 따라, 이 사태에는 전형적인 크기가 없다. 작은 혁명들은 매일 일어나지만 다른 모든 사람들에게 보이지 않는다. 이것은 우리 발밑에서 거의 언제나 작은 지진이 일어나는 것과 같다. 반면에 가장 큰 혁명은 우리가 알고 있는 과학의 많은 부분을 쓸어버릴 수 있다. 이런 일은 바른 개념이 바른 장소에 나타나기만 하면 언제든지 일어날 수 있다.

앞 장의 처음에서 우리는 역사에 대한 서사적 접근의 한계를 보았다. 우발성이 지배할 때는 어떤 작은 우연도 미래의 길을 완전히 틀어놓을 수 있고, 따라서 사건의 복잡한 연쇄 경로를 설명하는 단순하고 결정론적인 법칙은 있을 수 없다. 인간의 역사도 마찬가지고, 모래더미 게임과 지구의 지각도 마찬가지다. 모래더미와 지각의 경우에는 더 명확하게 말할 것이 있다. 이 대상들은 임계상태의 특성을 공유하며, 놀랍도록 단순한 멱함수 법칙을 따른다. 규모 불변성의 멱함수 법칙은 바로 다음에 얼마나 큰 사건이 일어날지 예측할 수 없다는 것을 보여준다. 따라서 이런 상황에서는 연쇄적인 사건의 경로를 예측할 수 없지만, 그렇다고 해서 아무것도 예측할 수 없다는 것은 아니다. 역사에 관련된 대상에서 우리가 알아내고자 하는 것은 수많은 사건의 연쇄에서 나타나는 통계적 패턴이다.

그런 법칙은 단 하나가 아니라 여러 서사의 일반적인 성질을 잡아내며, 따라서 사건들의 배후에서 작동하는 역사적 과정의 심오한 성격을 반영한다. 놀랍게도 이러한 법칙은 과학 자체의 변동에도 적용된다. 과학자들이 연구하는 방식과 개념들이 서로 영향을 주고받아서 새 개념이 나오는 방식이, 최초의 작은 원인이 자연스럽게 전체로 증폭되도록 짜여 있는 것이다. 지적인 지진의 법칙은 영향이 얼마나 쉽게 '전파'되는지를 반영한다. 이 경우에 영향은 개념들 사이에서 전파되는 것이기 때문에 아주 알아내기 힘들지만, 결과는 마찬가지다.

물론 개념은 과학보다 훨씬 많은 것에 영향을 준다. 도시 계획에서 연극까지 모든 인간 활동의 영역은 흥미로운 좋은 개념(이것은 관행, 기술 등을 포함할 수 있다)의 생태계를 가지고 있다. 미술, 패션, 음악도 마찬가지다. 새로운 개념이 정착될 때 기존의 개념 체계를 조금이라도 흔들지 않는 법은 없다. 따라서 거의 모든 분야의 개념들도 과학과 비슷한 통계 법칙에 따라 변동하고, 가끔씩 갑작스러운 격변이 일어난다고 추측할 수 있다. 물론 언제나 모든 것이 안정된 것 같고 가능한 모든 일이 이미 다 이루어진 것처럼 보이는 때가 있다. 그러나 때때로, 어떤 오래된 개념의 사소한 오류에 대해 다시 생각해보려는 시도가(처음에는 매우 하찮은 것이었지만) 모든 것을 다시 생각하게 만들어 세계를 뒤흔드는 혁명을 일으킬 수도 있다.

더 대담하게, 인간 역사의 거대한 강에서도 우리는 임계상태와 멱함수 법칙의 흔적을 기대할 수 있을 것이다.

## 인간적인, 너무나 인간적인

영국의 수상이었던 윈스턴 처칠Winston Churchill은 한때 정치가가 되려는 젊은이가 가져야 할 능력이 무엇이냐는 질문을 받았다. 그는 이렇게 대답했다.

> 내일, 다음 주, 다음 달, 다음 해에 무슨 일이 일어날지 내다보는 능력이 있어야 한다. 그리고 시간이 지난 뒤에 왜 그런 일이 일어나지 않았는지 설명하는 능력이 있어야 한다.6

거의 모든 정치가와 역사가가 역사는 예측할 수 없다는 데 동의한다. 하지만 그들은 사람의 일이 갑자기 별 이유 없이 미쳐 돌아가지는 않는다고 확신한다. 전쟁이 터지거나, 혁명이 일어나거나, 경제파국이 나라를 삼킬 때, 역사가들은 그런 사건의 원인을 확인할 수 있다고 확신한다. 앞 장에서 제1차 세계대전의 경우에서 보았듯이, 일반적인 사항 외에는 역사가들의 견해가 일치하지 않는 때가 많다.

물론 그 반대를 생각하기에는 마음이 편하지 않다. 세계는 별 이유 없이 폭발할 수 있고, 겉보기에는 평온해도 보이지 않는 힘이 사회를 갉아먹거나 국가들 사이의 관계를 해쳐서, 가까운 미래에 나쁜 일이

닥치는 것이다. 이 책의 첫머리에서 나는 왜 역사가 그렇게 진행되는지, 왜 불규칙적이고 예측 불가능한 격변이 일어나는지에 대해 이론 물리학에서 암시를 얻을 수 있다고 말했다. 여기까지 읽은 독자라면 누구나 왜 그런지 이해하기 시작했을 것이다. 마지막으로 인간 역사에 좀 더 일반적으로 다가서기 위해, 과학에 관한 쿤의 이미지와 인간 사고의 배후에 대한 그의 통찰을 살펴보자.

쿤의 주요 업적은, 과학자도 사람이지만 그래도 과학은 작동한다는 것을 보인 것이다. 과학자는 이성에 투철한 기계가 아니라 보통 사람과 똑같이 맹목적인 야망, 편견, 어리석음을 가지고 있으며, 확실성에 안주하려는 인간의 특징을 그대로 나타낸다. 과학자들은 패러다임 속에서 세계를 설명하는 논리적 구조를 발견하고, 여기에서 나온 지적 기초에 매달린다. 그러다가 결국 불일치와 부정합성이 자라서 어쩔 수 없는 지경이 되면, 전통을 깨고 소중한 개념을 변경한다.

이것만으로는 과학혁명에 멱함수 법칙과 임계상태를 연결하기에 충분하지 않다. 그러나 레드너의 멱함수 법칙은 과학적 변화의 본질에 뭔가 다른 것을 가르쳐준다. 모래더미 게임에서 경사가 너무 급해지면 모래가 무너진다. 하지만 경사가 다시 문턱 값보다 살짝 낮아질 때까지만 미끄러진다. 다시 말해 모래가 무너지면서 스트레스가 줄어들지만, 모래더미는 임계상태와 불안정성의 가장자리에 계속 머문다는 것이다. 사태에 전형적인 크기가 없다는 사실은 바로 이런 점 때문이다. 지각地殼도 마찬가지다. 지각에서는 마찰에 의해 바위들이 겨우 멈출 때까지 바위가 미끄러진다.

인용의 멱함수 법칙은 과학에서도 비슷한 일이 일어난다고 암시한다. 아주 거칠게나마, 과학자들이 지닌 사고의 변동에도 이런 일이 일어난다는 것이다. 과학자들은 이론적 기초에 벽돌 몇 개만을 바꿔서 꼭 필요한 만큼만 수리하고, 건물 전체를 부수지는 않는다. 이렇게 되면 모래더미 게임에서처럼 개념들의 네트워크에 스트레스가 쌓여서 붕괴 직전의 상태에 놓이고, 한 번의 작은 위기가 도미노처럼 작용해서 모든 부분에 혁명을 일으킨다. 요약하면 지적인 저항이 개념들의 네트워크를 제자리에 잡아두려고 하고, 과학적 호기심이 여기에 스트레스를 가한다. 이 두 영향이 경쟁해서 과학의 변동을 임계상태로 만들고, 여기에서 멱함수 법칙이 나온다. 느리지만 가차 없는 대륙판의 이동과 바위들의 마찰력이 경쟁해서 지진의 멱함수 법칙이 나오는 것과 마찬가지다.

과학자들만 확실성을 갈망하고 전통을 부수기 싫어하는 것은 아니다. 이것은 과학자가 인간으로서 행동하는 방식이며, 이런 행동 방식은 모든 상황에서 모든 인간이 나타내는 전형적인 모습이다. 이것은 쿤이 서술한 변화의 패턴이 그가 생각했던 것보다 훨씬 보편적일 수 있음을 암시한다. 사실 이러한 논리적 뼈대는 역사에서 쉽게 찾아볼 수 있다.

## 문명과 그 불만

1장에서 언급했듯이, 역사가 폴 케네디는 역사의 거대한 리듬은 주로 국가들의 이익이 충돌하면서 빚어지는 스트레스의 자연스러운 축적과 방출의 결과라고 제안했다. 케네디는 이렇게 말했다.

국제 관계에서 주도적인 국가들의 상대적인 국력은 결코 고정되어 있지 않다. 사회들이 성장하는 속도가 다르고, 기술과 조직의 발전에 따른 득실이 사회들마다 다르기 때문이다. 예를 들어 1500년 이후에 등장한 장거리 포를 가진 범선과 대서양 무역은 유럽의 모든 국가들에게 균등하게 이득을 주지 않았다. 이것은 어떤 국가들을 다른 많은 국가들보다 더 크게 발전시켰다. 같은 방식으로, 나중에 개발된 증기력과 석탄, 금속 자원도 어떤 국가의 상대적인 힘을 크게 증대시켰고, 다른 국가들의 상대적인 힘을 감소시켰다.[7]

이러한 자연적인 변화에 따라 어떤 국가들의 경제적 기반은 쇠퇴했고, 또 어떤 국가들은 새로운 경제적 힘을 발견해서 더 큰 영향력을 가지게 되었다. 불가피하게 긴장이 고조되어 일정한 수준을 넘어서자, 사소하고 우연한 위기의 결과로 균형이 갑자기 무너졌다. 대개 스트레스는 무장 충돌을 통해 해소되었고, 충돌이 끝난 뒤에 각국은 실질적인 경제력에 따라 대략 균형을 회복했다.

국가 안의 여러 집단과 개인 사이에도 비슷한 패턴이 나타난다. 어떤 사회도 고정되어 있지 않다. 역사적 우연에 의해 어떤 집단이 다른 집단보다 강해져서, 국가 내부의 경제적인 문제, 민족 문제 등이 불거진다. 모든 사회에는 사회적 관습, 도덕적 금지, 계급 구조, 법 등의 전통에 고착된 구조가 있다. 이것은 안정성을 유지하고 구성원들 사이의 충돌을 조정하는 목적을 가진다. 그러나 전통 고착적 구조가 항상 적절한 것은 아니다. 모든 과학이 정상과학이 아니듯이, 정치는 항상 평온하게 통제되지 않는다. 쿤은 스스로 이런 비유를 사용했다.

> 정치적 혁명은 (…) 기존의 제도가 부분적으로 스스로 만들어낸 문제에 적절히 대처하지 못하고 있다는 생각이 증가하면서 일어난다. 마찬가지로 과학혁명도 (…) 기존의 패러다임이 부분적으로 그 자신의 탓으로 자연을 적절하게 설명하지 못한다고 생각될 때 일어난다. 정치와 과학의 전개 모두에서, 기존의 체계가 제 기능을 하지 못해 위기가 올 수 있다는 생각이 혁명의 전제조건이다.[8]

그런데도 안정성에 대한 인간의 갈망 때문에, 특히 기존 질서에서 이득을 얻는 기득권층에 의해, 기존 제도는 전혀 변하지 않으며, 긴장과 불만족이 어떤 문턱을 넘어설 때까지 이런 상황은 계속된다. 사람들은 불만족이 너무 커서 달리 의지할 곳이 없을 때까지는 혁명을 일으키지 않는다. 사람들은 정의롭지 않은 법이 상당한 불편을 일으키기 전까지는 활발하게 항의하지 않는다. 12장에 나왔던 코니어스 리드의 말을 상기하자.

끊임없이 재조정하여 부적응을 해소하지 않으면, 이 부적응은 혁명의 전조가 될 것이며, 혁명이 러시아의 형태를 취하든 이탈리아의 형태를 취하든 (…) 나는 역사의 연구가 바로 이러한 사회적 기능을 수행한다고 본다.

리드의 교훈은 미국 서부의 숲 관리자들이 배운 교훈과 비교된다. 그들은 작은 산불이 끊임없이 숲을 재조정하는 이로운 기능을 수행한다는 것을 배웠다. 이런 조정을 막으면 문제가 더 커질 뿐이다.

이 중 어떤 것도 충분히 설득력이 있다고 말할 수는 없다. '국제 관계의 그물망'도 어떤 사회의 구조도 쉽게 파악할 수 있는 것이 아니다. 그렇지만 둘 다에 어떤 형태로든 스트레스가 쌓인다는 것은 논의의 여지가 없다. 스트레스가 쌓여도 즉각 '조정'에 의해 해소되지 않을 수 있다. 스트레스가 어떤 문턱 값 이상으로 쌓여야 변화가 일어난다. 공동체의 전통은 사회적 변화를 거부하는 강력한 힘이다. 그래서 스트레스가 쌓여도 전통의 힘에 의해 사물이 그대로 유지되다가, 갑자기 무너진다.

이미 여러 번 보았듯이, 어떤 조건에서는 모든 다양한 요소들 사이의 상호 영향이 계를 임계상태로 조직한다. 이 조건에서, 어느 한 곳에서 스트레스가 갑자기 방출되면 연쇄적인 스트레스의 방출이 멀리까지 갈 수 있다. 어떤 사회 체제에서 이것이 진짜로 옳은지를 증명하기는 어려울 것이다. 그러나 이것이 옳다면, 세계는 필연적으로 전쟁을 겪을 것이고, 모든 사회도 거친 혁명을 겪을 것이며, 도대체 어디에서 나왔는지 알 수 없는 사건이 드물지 않게 일어날 것이다.

흥미롭게도 세계가 진짜로 이런 방식으로 조직되어 있다는 것을 암시하는 작은 수학적 증거가 있다.


## 잔인한 계산

도스토옙스키는 과거에 대한 연구에서 간단한 법칙을 끌어냈다.

> 그들은 싸우고, 싸우고, 또 싸운다. 그들은 지금도 싸우고, 과거에도 싸웠고, 미래에도 싸울 것이다. (…) 따라서 당신은 세계사에 대해 무슨 말이든 할 수 있다. (…) 그러나 한 가지만은 예외다. 세계사는 합리적이라고 말할 수는 없다.[9]

이 모든 싸움에서, 가장 끔찍한 전쟁들이 다른 것들 위에 우뚝 서 있다. 대지진이나 대량멸종처럼, 그것들은 특수하고 예외적으로 보인다. 그러나 진짜로 그런가? 큰 전쟁은 특별하고 비상한 조건에 의해 형성되고 시작되는가? 그래서 미래를 내다볼 수 있는 위대한 능

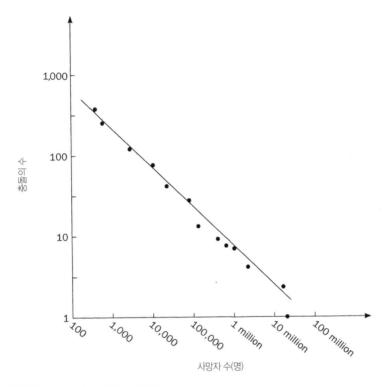

축 (세로): 충돌의 수
축 (가로): 1,000 / 100 / 10 / 1

가로축 라벨: 100 / 1,000 / 10,000 / 100,000 / 1 million / 10 million / 100 million

사망자 수(명)

**그림 23** 유혈 충돌의 사망자 수에 따른 분포.

력을 가진 사람은 이것을 인식할 수 있는가?

과학에서, 인용 기록은 개념의 조직에서 일어나는 변화를 밀접하게 추적하며, 최소한 이 변화에서 대략의 숫자를 끌어낼 수 있게 한다. 일반적인 역사에서 이런 일은 더 힘들다. 그러나 1920년대에 영국의 물리학자 루이스 리처드슨Lewis F. Richardson은 1820년에서 1929년 사이에 일어난 82개의 전쟁에 대해 연구했다. 전쟁의 크기를 판단하는 모든 가능한 방법 중에서, 리처드슨은 가장 명백하고 냉혹한 것을 골랐다. 그것은 사망자 수였다. 구텐베르크와 리히터의 방법을 따라서, 그는 사망자가 5,000명에서 1만 명인 전쟁의 수와, 사망자가 1만 명에서 1만 5,000명 사이인 전쟁의 수 등을 알아보았고, 여기에서 아주 단순한 멱함수 법칙을 찾아냈다. 사망자 수가 2배로 될 때마다, 전쟁의 수는 4배로 줄어들었다(그림23). 이것은 정확히 구텐베르크-리히터 법칙과 똑같았고, 우리는 비슷한 결론을 끌어낼 수 있다. 전쟁의 전형적인 크기는 없고, 소규모 분쟁과 거대한 전쟁의 유의미한 구분도 없다는 것이다. 모든 전쟁이 부드러운 곡선에 들어맞는 것은 모든 전쟁의 최초 원인이 확실히 똑같은 크기라는 것이다.

　물론 오늘날의 인구는 여러 세기 전보다 훨씬 많고 심지어 한 세기 전보다도 훨씬 많다. 따라서 리처드슨과 같은 방식의 연구에 명백한 반론을 제기할 수 있다. 멱함수 법칙은 단순히 최근의 전쟁이 훨씬 더 치명적이고 더 많은 사람들이 참여하기 때문에 나타나지 않을까? 이것은 합당한 반박이지만, 다른 연구자들은 인구의 영향을 보정한 뒤에도 비슷한 멱함수 법칙을 발견했다. 예를 들어 1980년대에 켄터키대학의 잭 레비Jack Levy는 1495년 베니스 동맹 이후부터 1975년 베트남전까지의 전쟁들을 살펴보았고, 전쟁의 규모를 사망자 수에 당시의 세계 인구로 나눈 것으로 바꿨다. 다시 말해서, 그는 살해된 인구 비율을 전쟁의 크기로 삼았다. 이렇게 했는데도 그는 다시 멱함수 법칙을 발견했는데,[10] 정확한 숫자만 아주 조금 달랐다. 이 방식에 따르면 사망자 수가 두 배가 될 때마다 전쟁이 2.62배로 줄어들었다.

물론 모든 전쟁이 분쟁에 의해 촉발된다는 것은 동어반복이다. 그러나 멱함수 법칙에 따르면, 전쟁이 시작될 때는 "그것이 얼마나 커질지 전쟁 스스로도 모른다." 사실 전쟁이 얼마나 커질지는 아무도 모른다. 두 집단 사이의 불화, 경쟁, 불신과 증오의 정도가 어떤 문턱을 지나면, 두 집단은 무기를 들 준비를 할 것이다. 집단들 사이의 전통적인 교섭 구조가 붕괴하고, 사람들은 야수적인 폭력에 의지한다. 이 분쟁이 번져서 전쟁이 얼마나 확대될지는 인접 지역들의 안정성에 따른다. 하필 인접 지역도 터지기 직전의 상황이면 분쟁이 쉽사리 전이된다. 물론 이것은 전혀 새로운 이야기가 아니다. 모든 국제 관계의 분석가들은 한 지역의 문제가 인접 지역을 '불안정화'한다고 말하고, 국제연합UN이나 나토NATO 같은 단체들이 이런 불안정화를 잠재우기 위해 활동하고 있다.

멱함수 법칙이야말로 새로운 이야기다. 이에 따르면 세계의 정치적, 사회적 구조는 불안정성의 가장자리에 있다. 전쟁도 이제까지 본 것과 같은 방식으로 퍼지며, 따라서 전쟁의 궁극적인 범위는 거의 예측할 수 없다. 멱함수 법칙이 가진 규모 불변성의 특성은 전쟁이 시작되었을 당시에는 이것이 얼마나 커질지 명백한 실마리가 없다고 암시한다. 국가와 사회를 평화롭게 묶고 있는 조직에서 이런 전쟁은 마치 산불처럼 번지며, 모래더미 게임의 사태처럼 번진다.

코넬대학의 물리학자 도널드 터콧은 유럽에서 일어난 전쟁에서 레비가 찾아낸 멱함수 법칙에서 나온 2.62라는 숫자는 산불 게임에서 나온 2.5-2.8과 놀라울 정도로 비슷하다고 지적했다. 그렇다면 산불 게임은 분쟁이 퍼지는 방식의 본질적인 요소를 잡아낸 것이 아닐까? 터콧은 이렇게 추측했다.

전쟁은 산불과 매우 비슷한 방식으로 일어날 것이다. 한 나라가 다른 나라를 침범할 수도 있고, 저명한 정치가가 암살당할 수도 있다. 이 전쟁은 불안정한 인접 지역으로 번져나갈 수 있다. 이런 불안정한 지역은 중동(이란, 이라크, 시리아, 이스라엘, 이집트 등)일 수도 있고 옛 유고슬라비아 지역(세르비아, 보스니아. 크로아티아 등)일 수도 있다. (…) 어떤 불은 크고 어떤 불은 작다. 그러나 그 빈도와 크기의 분포는 멱함수 법칙을 따른다. 세계 질서에서 작은 분쟁은 큰 전쟁으로 번질 수도 있고 그렇지 않을 수도 있다. 안정화와 불안정화의 영향은 분명히 매우 복잡하다.[11]

전쟁과 산불이 번지는 패턴이 놀랄 만큼 비슷하다는 점을 볼 때, 역사가들이 제1차 세계대전의 원인에 대해 일치된 견해를 보이지 못하는 것은 당연하다. 애매하게 '국제 체제의 붕괴'를 지적하는 사람들은 최소한 바른 길을 찾았다고 할 수 있다. 전쟁에서는 어떤 특정한 촉발 원인을 찾을 수 없고, 단지 사람들의 관계가 가지는 전체적인 구조에 따라 사회적, 경제적, 정치적인 관계가 나쁜 영향의 '전파'를 가능하게 만든다는 것이다.

이 견해가 얼마나 타당할지 알 수 없는 노릇이지만, 민감한 역사가는 제1차 세계대전과 제2차 세계대전이 본질적으로 한 쌍의 지진과 같다고 주장할 수도 있다.

1914년에서 1945년까지 유럽이 분쟁으로 들끓던 시기는 19세기 후반의 긴 평화와 전후의 더 긴 '냉전'의 평화 사이에 끼어 있다. 이것은 대륙판의 이동과 비교할 수 있고, 그 결과로 지진의 시기가 온 것이다. 이 기간 중에 1914~1918년 최초의 군사적 지진을 시작으로 네 제국이 붕괴했고, 러시아에서 공산주의 혁명이 일어났고, 10여 개의 새로운 주권 국가가 떠올랐고, 양차 대전 사이의 몇십 년 동안 무장 휴전상태가 있었으며, 파시스트가 이탈리아, 독일, 스페인을 장악했고, 1939~1945년에 대규모 전쟁이 일어났다.[12]

## 설득의 힘

전쟁이 아닌 다른 중요한 사건, 예를 들어 혁명 같은 것에서는 수학적 증거를 찾기가 더 어렵다. 중국, 프랑스, 러시아 혁명 때는 유혈 사태가 있었지만, 똑같이 심대한 변화가 남아프리카와 옛 소련 지역에서는 별다른 폭력 없이 진행되었다. 따라서 사망자 수의 통계는 특별한 호소력이 없어 보인다. 게다가 혁명은 꼭 정치적일 필요도 없다. 미술과 음악의 혁명도 있고, 사회적 관습과 작업 습관의 혁명, 기술 혁명도 있다. 그러나 모든 중요한 사회적 변화의 배후에는 궁극적으로 한 가지 단순한 구동력이 있다. 한 인간이 다른 인간에게 영향을 주는 능력이다. 앞서 자본시장의 경우에서 보았듯이, 이런 측면은 아주 뻔하지만 대단한 효과를 가진다.

친구, 이웃, 가족, 직장 동료가 하는 것을 보고 덩달아 똑같은 제품을 사고, 특정한 견해를 받아들이며, 똑같은 정치가에게 투표하고, 거리에 나가 시위한다고 해서 인간의 자유의지가 부정되는 것은 아니다. 1989년 12월 루마니아 시민 수십만 명은 거리로 나가서 니콜라 차우세스쿠의 독재에 항거했다. 그들이 동시에 독자적으로 그렇게 하기로 결심했다고 생각하기는 어렵다. 모든 대중 운동은 작게 시작해서 크게 퍼지며, 소수의 행동이 다른 사람들에게 감염되어 운동이 마치 바이러스처럼 번진다. 자본시장에서 대중의 움직임은 주식과 채권 가격에 극적인 변화를 일으킨다. 정치에서 대중 운동은 정부를 세우거나 무너뜨리며, 혁명을 일으키거나 국가들 사이에 전쟁을 일으킨다.

이것은 모두 뻔한 이야기이고, 역사가들은 여기에 대해 수 세기 동안 말해왔다. 한 나라의 혼란이 다른 나라로 번질 수 있듯이, 거대한 사회 운동이 다수에 의해서 일어날 뿐만 아니라 한 개인의 행동에서도 촉발된다는 사실은 역사가들에게 낡은 이야기다. 카의 말을 들어보자.

역사적 사실은 개인에 대한 사실이다. 하지만 고립된 개인의 행동이나, 실제든 가상이든 개인이 스스로 만들어냈다고 생각하는 동기는 역사적 사실에 포함되지 않는다. 역사적 사실은 개인들이 사회 속에서 맺는 관계와 사회적인 힘에 대한 사실이다. 이러한 사회적인 힘은 개인들의 행동에 의해 만들어지지만, 그 결과는 개인들이 의도했던 것과 달라지는 경우가 많고, 때때로 정반대의 결과를 만들기도 한다.[13]

카가 보기에 역사에서 중심적인 것은 집단의 변동이다. 하지만 그는 이러한 변동이 최소한 원리적으로는 임계상태에서 일어날 수 있다는 것을 알 수 없었고, 이런 이유로 변동이 그렇게 심오한 방식으로 불규칙하다는 것을 알 수 없었다.

이런 관점에서 보면 대중 운동이 어떻게 해서 일어나는지 훨씬 이해하기 쉽다. 어떤 특정한 혁명을 이해하기 위해, 역사가들은 확실히 그것이 일어난 모든 사회적 상황을 연구해야 한다. 무엇이 한 개인으로 하여금 무기를 들게 하고 시위를 하거나 아이를 낳지 않도록 했는지, 역사가는 진정으로 그 사람의 마음속으로 들어가는 노력을 해야 하며, 그 개인이 처한 사회적 압력과 영향력을 따져봐야 한다. 이런 방식으로만 역사가는 무엇이 혁명을 촉발시켰는지 이해할 수 있고, 그렇게 많은 사람들이 그 상황에서 왜 그렇게 행동했는지 이해할 수 있다. 그러나 역사가는 진정으로 모든 종류의 영향이 집단 속에서 전파되는 방식을 더 잘 알아야 한다. 왜 대중 운동이 드물지 않은지 이해하기 위해서, 왜 역사는 그 자체로 흥미롭고 변화무쌍한지 알기 위해서, 우리는 임계상태의 특성을 이해해야 한다.

1920년대에 보어는 양자론의 불확정성 원리에 빠져들었다. 이 원리에 따르면, 양자적 입자는 관찰하는 행위만으로도 교란된다. 보어는 이 원리를 사회과학이나 심리학에도 적용할 수 있다고 주장하는 글을 쓰기도 했다. 이런 분야에서도 관찰자는 관찰되는 사람의 행동에 어쩔 수 없이 영향을 준다는 것이다. 보어 이전에도 다른 사상가들도 물리학의 개념을 인문학에 끌어들여, 아인슈타인의 상대성이론에 대한 잘못된 이해를 전파한 적이 있다. 아인슈타인 자신은 이런 노력에는 어떤 정신병리가 있다고 생각했다.

물리과학의 공리를 인간의 삶에 적용하려는 현재의 유행은 잘못되었고, 얼마간 비난받아야 한다고 나는 믿는다.[14]

그러나 양자론과 상대성이론은 둘 다 무시간적인 방정식에 바탕을 두고 있어서, 여기에는 어떤 형태로도 역사가 개입되지 않는다. 반면에 모래더미 게임을 비롯해서 이제까지 우리가 본 다른 단순한 게임에서는 역사의 문제가 결정적으로 중요하다. 상호작용하는 사물의 집단에서 영향이 전파되어 질서와 무질서를 가져오고 변화를 일으키는 방식에 대해 임계상태의 특성이 뭔가 심오한 것을 말해준다면, 사회학자와 역사가들도 여기에서 가치 있는 개념을 찾아낼 수 있을 것이다. 너무 빠져들지 않도록 조심하고, 너무 많은 교훈을 얻으려고 하지 않는다면, 임계상태는 인간 역사가 어떻게 전개되는지에 대해 약간의 암시를 줄 수 있다.

역사가가 미래를 예측하려는 것은 언제나 잘못이다.
삶은 과학과 달리, 단순히 너무나 놀라움으로 가득 차 있다.
– 리처드 에번스1

어리석은 질문이란 없으며, 질문하기를 그만두지 않는 한
누구도 바보가 되지 않는다.
– 찰스 스타인메츠Charles Proteus Steinmetz2

# 14장

# 역사의 문제

영국의 유명한 역사가 토머스 칼라일은 "역사는 위대한 사람들의 전기다"라고 말했다. 역사를 이런 방식으로 생각한다면 제2차 세계대전을 일으킨 것은 아돌프 히틀러고, 미하일 고르바초프의 천재성이 냉전을 끝냈으며, 인도의 독립은 마하트마 간디가 이룬 것이다. 이것은 역사의 '위대한 사람' 이론이다. 이 견해에 따르면 예외적인 인간들이 역사의 흐름 밖으로 우뚝 솟아 있고, 그들은 자신들의 '위대함의 미덕'을 역사에 집어넣는다.3

이런 방식의 역사 해석이 호소력이 있는 이유는 물론 단순한 설명을 주기 때문이다. 히틀러의 사악함이 제2차 세계대전의 궁극적인 원인이라면, 우리는 왜 이 전쟁이 일어났으며 누구를 탓해야 할지 안다. 또한 우리는 미래에 이런 고통을 겪지 않을 방법도 안다. 히틀러가 아기일 때 요람에서 죽임을 당했다면 전쟁은 없었을 것이고, 수천만 인명은 희생되지 않았을 것이다. 이런 관점에 볼 때 역사는 아주 단순해진다. 역사가들은 몇몇 위대한 배역들의 행동만을 따라가면 되고, 다른 모든 사람들에 대해서는 안심하고 무시할 수 있다.

그러나 많은 역사가들은 다르게 생각하며, 이런 관점은 진짜 역사의 기괴한 패러디 정도로 본다. 액턴 경은 1863년에 이렇게 썼다. "개인의 성격에 대한 관심으로 역사를 보는 것 이상으로 잘못되거나 불공정한 것은 없다."[4] 마찬가지로 카도 역사의 '위대한 사람' 이론은 '유아적'이며, '역사적 사고의 원시적인 단계'라고 지적했다.

공산주의가 카를 마르크스의 머리에서 태어났다고 말하는 것이 공산주의의 기원과 성격을 분석하기보다 쉽고, 볼셰비키 혁명을 니콜라스 2세의 우둔함이나 독일의 금 때문에 일어났다고 하는 것이 깊숙이 숨어 있는 사회적 원인을 연구하는 것보다 쉽고, 금세기 세계대전의 원인을 국제 체제 붕괴에서 찾기보다 빌헬름 2세와 히틀러가 나빴기 때문이라고 말하는 것이 쉽다.[5]

카의 견해에 따르면, 역사에서 진짜로 중요한 힘은 집단적인 운동이다. 집단적인 운동은 한 개인에 의해 일어날 수도 있지만, 엄청난 수가 참여하기 때문에 중요할 뿐이다. 그는 이렇게 결론을 내렸다. "역사는 상당한 정도로 수의 문제다."[6]

물론 위대한 사람은 존재하며, 그들은 역사의 행로에 커다란 영향을 준다. 사실 모든 대중 운동에는 지도자가 있다. 그러나 집단을 중시하는 역사가의 관점에서 보면, 이러한 지도자들이 역사의 진행을 지휘한다는 생각은 잘못이다. 어떤 개인도 진공 속에서 살거나 생각하지 않는다. 모든 개인은 다른 사람들에게 큰 영향을 받는다. 따라서 어떤 개인도 겉보기처럼 스스로의 판단에 의해 움직이는 자족적이고 독립적인 행위자가 아니다. 프랑스의 역사가 알렉시스 드 토크빌Alexis de Tocqueville이 말했듯이 말이다.

정치과학들은 모든 문명화된 사람들 중에서 일반적인 개념을 만들어내기나, 최소한 그 개념에 형태를 부여한다. 정치가들이 뛰어들어 싸워야 할 문제들과, 그들이 만든다고 상상하는 법칙들은 모두 이 일반적인 개념에서 나온다. 정치과학은 지배자와 피지배자 모두가 호흡하는 일종의 지적인 공기를 만들며, 둘 다 알지 못하는 사이에 여기에서 자신들의 행동 원리를 이끌어낸다.[7]

따라서 위대한 개인들이 거대한 사건의 중심에 있기는 하지만, 그들이 사건을 몰아가는 힘을 제공하지는 못한다. 사람 자신보다는 그 사람이 차지하는 역할이 중요하다. 그 역할은 거대한 사회적인 힘들이 충돌하는 자리이며, 이 자리를 채운 사람이 위대한 사람이 된다.

예를 들어, 히틀러를 생각해보자. 그가 요람에서 살해되었거나 어떤 이유로든 권력을 잡기 전에 죽었다면, 전쟁은 일어나지 않았을까? 물론 '위대한 사람' 이론가들은 전쟁이 나지 않았을 거라고 말할 것이다. 그러나 집단의 힘이 더 크다고 보는 역사가들은 이것을 훨씬 더 복잡한 질문으로 볼 것이며, 케임브리지대학의 역사가 리처드 에번스의 견해에 동의할 것이다. 에번스는 독일의 사회적 정치적 상황이 히틀러와 나치스가 권력을 잡지 못했어도 전쟁은 어쨌든 일어났을 것이라고 본다.

바이마르 공화국이 1929년 대공황 이후까지 살아남을 가능성은 별로 없었고, 프란츠 폰 파펜 같은 극우 독재자나 호엔촐레른 전제 군주가 다시 등장한다든지 해서 (…) 거의 비슷한 방식으로 사건이 전개되었을 것이다. 독일은 1914년에서 1918년 사이 전쟁 목표에서 여실히 드러냈던 정복욕을 어느 때보다 더 큰 에너지와 결단력으로 추진했을 것이고, 이후의 역사는 재무장, 베르사유 조약의 수정, 오스트리아 합병의 순서로 진행되었을 것이다.[8]

역사가 '위대한 사람'에 의해 결정되는지에 대해 수리물리학이 답을 줄 것이라고 생각하는 것은 어리석다. 역사는 어떤 모래더미보다 무한히 복잡하다. 그러나 모래더미에 대해 생각해보면, 우리가 역사에서 인과의 실마리를 찾으려 할 때 너무나 쉽게 빠져드는 몇 가지 잘못을 찾아낼 수 있다.

## 위대한 모래알

12장에서 만났던 모래더미 역사가가 오랜 세월 동안 뛰어난 학문 생활을 하다가 은퇴를 앞두고 《모래 세계의 역사》라는 대작을 쓴다고 가정해보자. 이 역사가는 자신의 저작에 대한 영감을 얻기 위해 독일의 역사가 레오폴트 폰 랑케가 쓴 《세계의 역사》를 참고로 읽을 수도 있다. 랑케는 여든세 살이던 1878년에 쓰기 시작한 이 책을 7년 뒤에 죽을 때까지 17권으로 완간했다. 이런 거대한 역사를 완성하기 위해 모래 역사가는 이제까지 일어난 모든 사태의 상황과 효과를 고려하고 싶어 할 것이다. 이 작업은 너무나 방대하기 때문에 가장 큰 사태에만 집중하고 작은 사태들은 좁은 분야를 맡는 다른 역사가들에게 넘기는 것이 실제적인 방안으로 떠오를 것이다.

가장 큰 사태들은 모래더미 전체에 걸쳐 거대한 영향을 주기 때문에, 이런 사태들로만 역사를 쓰겠다는 방안은 의미가 있어 보인다. 가장 큰 사태는 모래알 수백만 개가 굴러내리는 데 반해, 대다수의 사태는 단 몇 개의 모래알이 굴러내리는 정도다. 모래더미에서는 숫자가 문제다. 이런 의미에서, 모래더미의 역사는 거대한 집단적인 운동의 관점에서 서술되어야 한다. 하지만 이것은 질문에 대답하지 못한다. 모래 역사가는 거대한 운동을 어떻게 설명할 것인가?

또한 이 역사가는 큰 영향력을 가진 개인을 따로 서술하고 싶어 할 것이다. 무엇보다, 동료 역사가들은 1492년에 엄청난 용기를 가진 콜럼버스 모래알이 궁극적으로 모든 알갱이들을 동쪽에서 서쪽으로 이동시킨 엄청난 사태를 일으켰다는 점을 지적할 것이다. 또 어떤 동료 역사가들은 동쪽 사면에서 수많은 모래알이 한꺼번에 굴러 떨어지게 만든 다른 모래알을 비난할 것이다. 이 역사가들은 각각의 거대한 사건마다 그것을 일으킨 특출한 모래알을 찾아낼 것이고, 그 사건을 유지시켜 결정적인 단계로 이끈 다른 몇몇 모래알들도 찾아낼 것이다. 그리고 그들은 이 모래알들이 역사의 진정한 동인이라고 결론을 내릴 것이다.

이런 견해에 동의하고 싶은 유혹은 매우 크지만, 개인에 대해 민감한 관찰력을 가진 우리의 역사가는 모래의 역사에서 모든 개인은 다른 모든 개인과 동일하다는 것을 알아볼 것이며, 따라서 누가 위대한 모래알인지 묻는 것은 좋은 질문이 아니라는 것을 알아낼 것이다. 결과적으로, 거대한 사건에 큰 사람을 찾아내려는 심리적인 매혹이 있건 말건, 이 아이디어는 거부된다. 모래더미는 언제나 급격한 변화의 가장자리에 있다는 것을 이 역사가는 바르게 이해할 것이다. 모래더미는 언제나 그렇게 조직되어 있어서, 언제든지 모래알이 적절한 장소에 떨어지기만 하면 세계 전체가 영향을 받는 사건이 일어난다는 것이다. 그러한 격변을 일으킨 최초의 모래알은 다른 모래알보다 특별하지 않다. 그 모래알은 어쩌다 적절한 시기에 적절한 장소에 떨어졌을 뿐이다. 임계적인 세상에서 위대한 역할은 불가피하게 존재하며, 어떤 모래알들은 불가피하게 그런 곳에 떨어지게 된다.

인간의 역사에서도 같은 말을 할 수 있을까? 어떤 사람들은 인격이나 지성이 뛰어나서 다른 사람들보다 영향력이 크다는 사실은 부정할 수 없다. 하지만 이런 사정에도 불구하고, 인간 세계가 임계상태와 아주 비슷하게 조직되어 있을 이론적 가능성은 존재한다. 이런 세계에서는 모든 사람들의 능력이 동일해도, 몇몇 사람들은 평범한 행동으로도 엄청난 결과를 일으킬 수 있는 위치에 있게 된다. 그들은 자기가 그런 위치에 있다는 것을 알지도 못하며, 역사가 전개되고 나서야 그들의 행동이 얼마나 큰 영향을 주었는지 드러나게 된다. 그런 개인들이 위대한 사람으로 알려져서, 거대한 힘을 가진 대중 운동을 일으킨 장본인으로 간주된다. 그중 많은 사람들이 진정으로 예외적일 수 있다. 하지만 그렇다고 해서 그들의 위대한 품성이 위대한 사건을 일으켰다고 할 수는 없다.

큰 지진이나 대량멸종 같은 거대한 사건에 거대한 원인을 찾는 것이 당연해 보이듯이, 역사의 큰 사건 뒤에 위대한 개인이 있다고 생각하는 것도 당연해 보인다. 그러나 모래더미 역사가는 역사의 '위대한 모래알' 이론을 결연히 거부하며, 인간 세계의 동료들에게도 똑같이 조언할 것이다. 우리의 역사가는 헤겔의 다음과 같은 결론에 동의할 것이다.

한 시대의 위대한 사람은 그 시대의 의지를 말로 표현하고, 그 의지를 성취할 수 있는 사람이다. 그 사람이 하는 일이 그 시대의 심장이고 정수이며, 그 사람은 그 시대를 실현한다.[9]

이런 관점에서 보면, 한 사건의 위대함을 개인의 위대함으로 환원시킬 수 없다. 한 개인이 '위대한' 인물이 되는 것은 억눌린 힘을 분출시키는 능력에 있다. 이렇게 해서 해방된 시대의 의지가 거대한 격변을 일으키게 된다.

과학의 예를 들면 아인슈타인은 최고 수준의 천재였으며, 그는 같은 시대의 다른 사람들보다 먼저 맥스웰 방정식의 함의를 알아보는 재능을 가지고 있었다. 하지만 상대성이론이 혁명적이었던 것은 아인슈타인의 천재성 때문이 아니라, 그의 능력이 개념 체계의 거대한 격변을 일으키는 지점을 정확히 짚어냈기 때문이다. 과학자가 모두 동일한 능력을 가진다고 해도, 그런 혁명적인 성취는 여전히 선택된 소수에 의해 행해진다. 생물학자 에드워드 윌슨Edward O. Wilson의 말을 빌리면, "기억하기 쉽도록 몇몇 극소수의 사람들만 천재라고 부르지만, 그 업적은 그들을 포함한 수많은 사람들이 함께 만들어낸 공통의 산물이다."

일반적인 인간 역사에서도, 개인의 능력에 큰 영향을 주는 것은 다른 무엇보다 사회 체제의 조직일 것이다. 개인의 영향력뿐만 아니라, 우연히 일어나는 사건이 역사에 미치는 영향력도 마찬가지로 사건들의 조직에 따라 크게 달라진다.

## 클레오파트라의 코

귀스타브 플로베르Gustave Flaubert는 한때, 역사를 쓰는 것은 "대양을 마시고 한 잔의 오줌을 싸는 것과 같다"고 말했다.10 어떤 역사적 사건이든 너무나 많은 사실들이 관련되어 있기 때문에, 역사가는 펜을 들기 오래전부터 언급할 가치가 있는 아주 낮은 비율의 역사적 사실을 선택하는 작업에 압도된다. 히틀러가 어릴 때 어떤 옷을 입었는지, 마거릿 대처Margaret Thatcher가 생선과 감자튀김을 얼마나 자주 먹었는지 따위는 역사적 사실이 아니다. 무한한 사실의 대양에서 오로지 아주 적은 사실들만이 역사를 몰고 간 중요한 사건과 배후의 경향에 대해 말해준다.

그러나 여기에 문제가 있다. 앙리 푸앵카레Henri Poincare가 지적했듯이, "사실은 말을 하지 않는다." 그것들은 고래처럼 바다 위로 솟아올라서 스스로 위용을 드러내지 않는다. 어떤 사실이 역사적이고 어떤 것이 그렇지 않은지 골라내기 위해, 역사가들은 사실들에 가치를 부여한다. 일반적으로 정치적 영향이 경제적인 힘보다 중요하다고 생각하는 역사가는 사실의 바다에서 정치적 사실을 낚아 올릴 것이다. 이렇게 해서 역사가들은 저마다 같은 바다에서 다른 사실을 낚아 올릴 것이다. 카는 모든 역사가들이 "그들의 모자 안에 벌을 두고 있다"고 말했고, 독자는 이것을 꼭 염두에 두어야 한다고 했다.

역사책을 읽을 때는 항상 윙윙대는 소리를 들어라. 이것을 감지하지 못하면, 당신과 그 책을 쓴 역사가 둘 중 하나는 음치이거나 우둔한 개다. 사실들은 생선장수의 좌판에 놓인 물고기가 아니라, 광대하고 때때로 접근 불가능한 대양에서 헤엄치는 물고기다. 역사가들이 어떤 물고기를 낚아 올릴지는 부분적으로 우연에 의존하지만, 주로 그가 어떤 위치에서 어떤 방법으로 낚시를 하는지에 따라 달라진다. 물론 역사가는 자신이 잡으려는 물고기의 종류에 따라 위치와 방법을 달리 할 것이다.11

사실의 선택과 개인적 편향에 관련하여 역사가를 궁지에 빠뜨리는 것이 또 있는데, 이것은 '클레오파트라의 코'에 관련된 역사적 난점이다. 안토니우스는 클레오파트라의 아름다움에 반해 선단을 이끌고 전쟁에 나갔으나 결국 악티움 해전에서 옥타비아누스에게 패배했다. 이 전쟁과 그 결과(로마 제국의 전개를 포함해서)에 대한 어떤 설명도 클레오파트라의 아름다움을 언급하지 않고는 합당하지 않다. 처칠도 비슷한 문제를 지적한 적이 있다. 1920년에 그리스 왕이 애완용 원숭이에게 물려 죽었다. 뒤이어 사건들이 복잡하게 전개되어 그리스는 터키와 전쟁을 했다. 처칠은 "원숭이에 물려서 그리스인 수십만 명이 죽었다"고 말했다. 아주 사소한 사건이 역사의 큰 그림을 결정적으로 바꾸어놓는다면, 역사가는 어떻게 사건들을 의미 있게 설명할 수 있는가? 이 딜레마 때문에 역사가는 배경을 이루는 모든 사실들 중에서 중요한 역사적 사실을 골라내는 데 이중으로 어려움을 겪는다.

거의 모든 역사가들은 이 문제에 대해 한 번쯤 글을 쓴 적이 있다.

사건에 적절하게 의미를 부여하는 문제에 대한 카의 주장은 오늘날까지도 역사가들의 토론 주제가 되고 있으며, 여기에서 살펴볼 가치가 있다. 카에 따르면, 사실에는 자연적인 위계질서가 있다. 예컨대 로빈슨이라는 사람이 운전자의 시야가 좋지 않은 굽은 길 근처에서 담배를 사러 길을 건너다가, 술 취한 운전자의 차에 치여 죽었다고 해보자. 이 죽음의 원인은 무엇인가?

카는 일반화할 수 있는 원인을 찾았다. 로빈슨이 담배가 필요하지 않았다면 그는 죽지 않았을 것이다. 이것은 옳다. 따라서 담배를 피우려는 그의 욕망이 사고의 원인이다. 하지만 이것은 일반적인 원인은 아니다. 담배를 피우고 싶은 욕망 때문에 사람들이 일반적으로 교통사고를 당하지는 않기 때문이다. 여기에 비해 음주운전과 시야가 나쁜 굽은 길(로빈슨의 죽음에 기여한 다른 요인)은 일반화될 수 있다. 음주운전과 사각이 있는 굽은 길은 그 자체로 교통사고를 부를 수 있기 때문이다. 따라서 이 사고의 중대한 원인으로 간주되어야 한다. 마찬가지로 클레오파트라의 코나 원숭이에게 물린 것은 국가가 전쟁을 하는 일반적인 원인이 아니다. 카에 따르면, 역사는 주로 일반적인 원인에 관한 것이고, 역사가 주는 교훈도 마찬가지다.

카는 이런 방식으로 역사적 사건의 원인을 일반적인 원인과 우연적인 원인으로 나누었고, 역사는 일반성에 관한 것이라고 보았다. 이 모든 것이 꽤 합리적이다. 모래알 하나가 서쪽의 어딘가에 떨어졌다고 하자. 이 모래알이 떨어진 곳은 이미 경사가 급했던 탓에 작은 사태가 일어났다. 모래더미 역사가는 일반적인 원인을 알아본다. 모래 알이 경사진 곳에 떨어질 때마다 사태를 일으킨다. 이것은 합당하고 받아들일 만하다. 여기까지는 아주 좋다.

그러나 다른 모래알이 어딘가에 떨어져서 모래더미 전체에 걸쳐 엄청난 파국을 일으켰다고 하자. 역사가는 여전히 모래알이 떨어진 곳의 경사를 사태의 원인으로 지목할 수 있다. 그러나 왜 이 사태만 그렇게 커졌는가? 이 중요한 질문에 답하려면 모래더미 전체에서 일어난 복잡한 사건의 연쇄를 모두 말해야 한다. 그렇게 되면 모래더미 역사가는 일반화시킬 수 있는 원인을 찾기가 어려워지고, 다시는 일어나지 않을 수천 가지 사건의 연쇄를 일일이 말할 수밖에 없을 수도 있다.

제1차 세계대전의 기원을 국제 관계의 붕괴로 보는 역사가처럼, 모래더미 역사가도 어떤 독특하고 비극적인 모래더미의 구성이 모래알 하나가 일으킨 참사의 원인이라고 말할 수 있다. 이것이 진정 옳을 수도 있다. 그러나 이 '독특한 조건'이 특별하고 비일상적이라고 가정한다면 이런 사고방식도 소용이 없다. 앞에서 보았듯이 모래더미 게임에서 이것은 일반적인 조건이고, 모래알 하나가 적절한 곳에 떨어지기만 하면 끔찍한 사태는 언제든지 일어날 수 있다.

리처드슨과 레비의 전쟁 크기 분포에서 나타나는 멱함수 법칙은, 인간 역사도 이와 마찬가지라고 말한다. 국제 관계건 국내 관계건 전체적인 조직은 임계상태와 비슷한 조건에 있다는 것이다. 비교적 소규모의 사건에서는 일반적인 원인을 찾기가 더 쉬울 수 있다. 사회 공동체의 관습적이고 전통적인 조직의 일부가 무너지기 전에는 언제나 리드의 '부적응' 같은 것이 나타날 수 있다. 리드의 일반화는 모래 더미의 붕괴가 경사 때문이라고 말하는 것과 비슷하고, 나무 한 그루가 타면 근처의 나무에도 옮겨 붙기 쉽다고 말하는 것과도 비슷하다.

그런데 왜 어떤 혁명이나 전쟁은 큰 결과를 가져오지 않으며, 또 어떤 것은 파국으로 치달을까? 이런 거대한 사건에 대해서는 일반적인 원인을 찾기가 훨씬 더 어려울 수 있다. 세계대전 같은 중대한 사건에 대해서 역사가들은 클레오파트라의 코나 원숭이에게 깨물린 것 이상의 원인을 대지 못할 수 있고, 그다음에는 뒤따라 일어난 사건의 연쇄를 추적할 수 있을 뿐이다. 이것이 제1차 세계대전의 궁극적인 원인에 대해 의견이 일치되지 않는 이유일 수도 있다. 그러한 사건의 유일한 원인은 배후에 있는 임계상태의 조직일 것이고, 임계상태는 이러한 격변이 일어날 가능성이 있는 일 정도가 아니라 불가피하게 일어나는 일로 만든다.

그렇다면 클레오파트라의 코는 매우 실제적인 문제이고, 영국의 철학자 마이클 오크숏Michael Oakeshott의 말이 옳았을 수도 있다.

모든 역사적 사건은 필연적이고, 그 사건의 중요성에 순위를 매기기는 불가능하다. 모든 사건은 나름대로 전체에 기여한다. 잘 구분되지 않은 단일한 사건(어떤 역사적 사건도 안전하게 전체적 배경에서 떼어낼 수 없다)을 원인으로 지목한 다음에 추후의 모든 사건 진행을 설명하는 것은 (…) 나쁜 역사나 의심스러운 역사가 아니다. 그것은 전혀 역사라고 할 수 없다. (…) 모든 사건들의 진행을 앞서 일어난 어떤 특정한 사건의 탓으로 돌 이유는 더 이상 없다. (…) 원인과 결과의 엄밀한 개념은 (…) 역사적 설명에는 어울리지 않는다.[12]

임계적인 역사에서는 우발성의 힘이 매우 커진다. 어떤 관점에 따르면, 전쟁은 사람들이 폭력 없이는 문제를 해결할 줄 모르기 때문에 일어난다. 어쩌면 사람들이 피를 좋아하기 때문에 전쟁이 일어날 수도 있다. 그러나 좀 더 추상적인 관점에서 보면, 큰 전쟁은 단지 많은 사람들이 빚어내는 집단적인 성질 때문에 일어난다. 사람들의 집단적인 태도, 생각, 행동은 자성과 비非자성 사이에 있는 자석과 똑같은 거친 변이를 일으킨다는 것이다. 지난 몇 장에서 내가 언급한 어떤 것도 이것을 증명하지는 못했다는 것을 짚고 넘어가야겠다. 분명한 것은, 이것이 실재하는 가능성이라는 점이다.

## 역사 게임

역사의 전형적인 질문은 이런 것이다. 사물은 어떻게 변화하는가? 첫 번째 가능성은 헤겔과 마르크스가 생각한 것으로, 역사는 원리적으로 나무가 자라는 것처럼 어떤 성숙하고 안정된 종점을 향해 단순히 진행한다는 것이다. 이 경우에, 역사가 종말에 가까워져서 안정된 사회로 접근할수록 전쟁이나 사회적 사건들은 점점 줄어들 것이다. 두 번째 가능성은 아놀드 토인비가 제시했듯이, 역사는 달이 지구 주위를 도는 것처럼 순환적이라는 것이다. 토인비는 문명의 발흥과 쇠퇴를 주기적으로 되풀이되는 과정으로 보았다. 어떤 경제학자들은 경제적 활동이 주기적으로 순환된다고 믿으며, 몇몇 정치과학자들은 이런 순환이 똑같이 주기적인 리듬으로 전쟁을 일으킬 수 있다고 본다. 세 번째 가능성은, 역사는 완전히 무작위여서 인지 가능한 패턴이 전혀 없다는 것이다. 이것들은, 역사가들이 사물은 어떻게 변화하는지에 대해 내놓을 수 있는 공통적인 대답이다.

하지만 이 목록은 완전하지 않다. 사물이 어떻게 변하는가 하는 질문은 원리적으로 역사의 문제가 아니라 물리학의 문제다. 1980년대에 물리학자들은 아주 단순한 것들도 비정상적으로 복잡한 방식으로 움직일 수 있다는 것을 발견했다. 아래위로 완전히 주기적인 방식으로 움직이는 플랫폼을 생각하자. 놀이공원에 있는 것을 상상해도 좋다. 아주 잘 튀는 고무공을 이 플랫폼 위에 떨어뜨리고, 이렇게 묻는다. 이 공은 예를 들어 열 번 튀었을 때 얼마나 높이 올라갈까? 플랫폼이 가만히 있다면, 이것은 쉽다. 공은 대략 처음에 떨어뜨린 높이쯤으로 올라올 것이다. 하지만 플랫폼이 아래위로 움직인다면, 이 질문에 대답하는 것은 실제로 불가능하다. 손에서 공을 놓을 때 아주 조금만 흔들려도 공이 튀는 과정에서 이 효과가 증폭되며, 몇 번만

튀고 나면 공의 높이가 완전히 변한다. 플랫폼이 오르내리는 상황에서 공의 궤적은 매우 불안정하고, 튈 때마다 높이를 그려보면 거칠고 들쭉날쭉한 그래프가 나온다. 이것이 카오스다.

말하자면, 완전히 무작위로 보이지만 실제로는 전혀 무작위가 아닌 것도 있다. 이것은 변화의 패턴에서 나타날 수 있는 또 하나의 가능성이다. 하지만 이것이 역사에 그리 적절한 패턴은 아니다. 카오스 이론은 아무리 복잡한 사물이라도 배후에 작동하는 메커니즘은 단순할 수도 있다는 것을 보여준다. 튀어 오르는 공의 경우에 지금 공의 높이를 알면 그다음에 공이 얼마나 높이 올라가는지 알아내는 것은 산수의 문제다. 어떤 순간에 공의 상태를 알려주는 아주 적은 정보만 있으면 된다. 이것이 카오스적이어서, 아주 단순한 게임이지만 여전히 매우 흥미롭다.

그러나 역사는 훨씬 복잡하다. 많은 사람들과 많은 태도, 많은 견해와 많은 기억이 있다. 인간 역사는 그 시대에 살아가는 많은 사람들의 이야기다. 따라서 역사를 이해하는 데 도움이 될 물리학이 있다면, 그것은 집합적인 것을 다루는 물리학이다. 어느 순간에 자석에서 일어나는 일에 대해 말하려면 약간의 정보가 필요한 것이 아니라, 천문학적 숫자의 원자 자석의 방향을 모두 알아야 한다. 자석은 어마어마하게 복잡한 물건이다. 하지만 여기에서 이런 통찰을 끌어낼 수 있다. 카오스가 진정으로 단순한 것이 아주 복잡해 보일 수 있다고 가르치는 반면에, 임계상태는 진정으로 복잡한 것들이 놀랍도록 단순하게 행동한다고 가르친다. 6장에서 보았듯이, 두 상 사이의 임계상태에 있는 어떤 사물의 기본적인 조직은 그 구성원들의 정확한 특성과는 거의 상관이 없다. 심오한 보편성이 작동하여, 말 그대로 수천가지 완전히 다른 집합체들이 똑같은 논리의 뼈대를 가진 단순한 게임에 의해 이해된다.

자석을 임계상태로 하기 위해서는 세심한 조율이 필요하며, 실험실에서 많은 작업이 필요하다. 그러나 현대물리학에서 가장 깊은 발견 중의 하나는 비평형 계에서 임계상태가 저절로 나타나는 경우도 많다는 것이다. 물리학자들은 어떤 조건에서 이런 상태가 나타나는지 아직도 연구하고 있지만, 그렇다고 해서 다른 분야에서 이 통찰을 이용하지 못하게 할 이유는 없다. 역사도 마찬가지다.

카오스처럼, 임계상태는 규칙적인 것과 무작위인 것 사이의 다리를 놓는다. 파벌이 생기고 거칠게 요동치는 변화의 패턴은 진정한 무작위도 아니고 쉽게 예측 가능하지도 않다. 세밀한 예측은 불가능하지만 이것은 보편적이고 이해 가능한 패턴이며, 오로지 통계를 통해서만 자신을 드러내고, 인간의 마음에 인지적 오류를 일으킨다. 오랫동안 잠잠하다가 가끔씩 갑작스럽게 파국이 일어나는 것에는 어떤 규칙성도 없어 보이지만, 여전히 여기에서 법칙을 끌어낼 수 있고 설명을 할 수 있다. 이런 것이 세계 도처에 편재하는 특성으로 보인다.

나는 짧게 하겠지만, 세계에서 가장 짧은 연설을 한 살바도르 달리만큼
짧게 하지는 않겠습니다. 달리는 "나는 아주 짧게 할 것이고,
벌써 끝났습니다"라고 말하고는 자리에 앉아버렸지요.
– 에드워드 윌슨, 펜실베이니아 주립대학 졸업식 연설에서1

# 15장

# 결론을 대신하는 비과학적인 후기

사람들은 역사가 매력적이기 때문에 역사를 연구한다. 역사가 허버트 버터필드Herbert Butterfield는 이렇게 말했다. "역사적 사건에는 어떤 성질이 있어서, 그것이 역사의 경로를 아무도 예측하지 못한 쪽으로 비튼다." 역사는 재미있다. 그런데 왜 그런가? 왜 역사는 따분하지 않은가?

말할 것도 없이, 한 가지 이유는 역사가 끊임없이 새로운 것을 만들어내기 때문이다. 인류의 역사는 어느 정도 생물학적 진화와 비슷하다. 현재의 상황은 새로운 방식으로 미래의 일을 만들며, 이전과 같은 것은 결코 다시 일어나지 않는다. 역사에는 부정할 수 없는 경향이 있으며, 세계에 대한 우리의 과학적 이해와 기술적 복잡성이 증가함에 따라 이것은 점점 더 명백해지고 있다. 이전까지는 없던 대상과 과정과 가능성이 계속 나타나고 있다. 그러나 앞에서 보았듯이, 지구 상에 존재하는 생명의 역사는 종의 다양성에서 창발되는 새로움 때문에만 흥미로운 것은 아니다. 생명의 짜임새는 대량멸종과 생태계에 존재하는 모든 종의 개체수의 극심한 변이로 그 모습을 드러내는 임계상태 때문에 매혹적이다.

인류의 문화적 진화도 마찬가지이고, 서로 연결되어 지구를 덮고 있는 문화의 그물에서도 마찬가지라면, 이것이 바로 역사가 따분하지 않은 이유일 수 있다. 이것을 좀 더 명료하게 보기 위해, 자석을 다시 한 번 생각해보자. 우리가 자석의 세계에 살고 있다고 하고, 온도는 임계점보다 낮게 유지된다고 하자. 모든 자석들은 같은 방향을 가리키고 있을 것이며, 이 방향에서 벗어난 자석이 있다고 해도 매우 드물 것이다. 모든 친구들이 똑같은 일을 할 것이며, 삶은 단조롭고 공허할 것이다. 이런 세계의 역사에는 고정된 법칙이 있고, 끝없는 평화가 지배해서 먼 과거로 돌아가도 변화가 없을 것이다. 역사는 진정으로 따분할 것이다. 이런 세계에서는 역사라는 것이 아예 없다고 할 수 있다. 항상 똑같은 것들의 기록은 역사가 아니며, 똑같지 않은 것의 기록이 역사이기 때문이다.

반대로 온도가 임계점보다 훨씬 높다고 하자. 이제 모든 자석들은 마구잡이로 방향을 이리 저리 뒤집을 것이고, 어떤 자석이 어떤 순간에 하는 일은 이웃 자석들이 하는 일과 아무 연관이 없을 것이다. 이 미친 세계에서 자석들은 전혀 공동체를 이루지 않으며, 질서와 비슷한 것은 전혀 없고, 과거는 아무 의미 없는 절대적인 마구잡이 변화의 기록일 것이다. 이것도 마찬가지로 따분한 세계다. 여기에서 말할 수 있는 것은 마구잡이라는 것뿐이기 때문이다.

온도가 임계점에 가까울 때는 훨씬 흥미로운 일들이 일어난다. 갑자기 어느 한 자석이 이웃에 상당한 영향을 미칠 수 있게 된다. 하지만 자석들이 모두 하나로 정렬되지는 못한다. 이 사회는 이제 여러 가지 규모의 공동체로 채워지며, 이 공동체들은 끊임없이 완전히 질서 잡힌 형태도 아니고 완전히 마구잡이도 아닌 방식으로 변화한다. 때때로 하나 또는 몇몇 자석의 움직임이 기대치 않게 전 세계로 파급되기도 한다. 예측할 수 없는 기간 동안 조용하게 있다가, 또 다른 대량 운동이 다른 방식으로 일어난다. 어떤 운동도 이전에 일어난 것과 완전히 똑같지 않으며, 모든 변화는 이전의 것과 세부적으로 다르다.

당신 자신의 행동이 잠재적으로 전 세계에 엄청난 영향을 줄 수 있고, 비슷하게 다른 개인의 행동도 심대한 영향을 미친다. 물론 이런 영향을 전혀 피할 수 없는 것은 아니다. 역사를 돌아보면, 구조와 무작위가 당황스럽지만 매혹적인 방식으로 뒤섞여 있다. 사물은 진정되어서 예측할 수 있을 것처럼 보이다가도 느닷없이 거대한 변이가 전 세계를 혼란에 빠뜨린다. 역사는 지극히 흥미로워진다.

이것이 인류의 역사가 왜 흥미로운지에 대한 실마리를 줄까? 우리의 세계가 여러 수준에서 모래더미나 임계점에서의 자석처럼 변이를 겪는다는 암시를 앞에서 많이 보았다. 이런 상황에서 영향은 크게

'전파'될 수 있다. 만약 세계의 정치적, 사회적 구조가 진짜로 이런 방식으로 되어 있다면, 우리는 예상하지 못한 일이 일어난다고 예상할 수 있다. 우리는 현재 비교적 평화로운 시대에 살고 있다. 이 상대적인 조용함은 다음 세기까지 지속될 수도 있고, 5년 안에 또 다른 세계대전이 일어날 수도 있다. 아무도 알 수 없다. 내가 사는 나라는 500년 동안 지속될 수도 있고, 30년 안에 망할 수도 있다. 세계가 임계상태에 있다면, 탐구해볼 만한 국지적인 원인이 있고, 정치와 사회적인 힘이 여기저기에서 역사적 변화를 만들어가는 것에 그럴듯하게 의미를 부여할 수 있다.

그러나 어떤 특정한 사건이 궁극적으로 어떤 일을 일으킬지는 '불안정성의 고리'가 세계를 어떻게 누비고 있는지에 달려 있다. 따라서 미래를 내다보는 것은 거의 불가능하고, 현재의 경향이 계속된다고 볼 수도 없다. 우리가 예측할 수 있는 것은, 미래는 끊임없이 우리의 기대를 저버린다는 것이다. 이것이 역사가 흥미로운 이유가 될 수 있다. 역사는 정적이지도 않고 마구잡이로 변하지도 않으며, 이 둘 사이의 중간에 불안하게 균형을 잡고 있다. 따라서 역사는 모래더미처럼 언제나 극적인 요동의 가장자리에서 살아간다.

고생물학과 진화생물학의 대가 스티븐 제이 굴드Stephen Jay Gould는 다음과 같이 지적했다.

우리는 필연적인 일보다는 끝없는 조사와 숙고로만 원인을 알 수 있는 것에 감동한다. 이에 비해 양극단에 있는 뚜렷한 법칙에 의해 그렇게 밖에 될 수 없는 상황과 완전히 마구잡이인 상황은 대개 우리의 마음을 끌지 못한다. 왜냐하면 이 경우에는 역사에 참여하는 사람들과 대상들이 역사를 제어할 수 없기 때문이며, 역사를 능동적으로 변화시킬 방법은 거의 없이 꼭두각시처럼 동원되기만 하기 때문이다. 하지만 우발성은 우리를 매혹시킨다. 우리는 그 속에 들어가서, 승리나 비극의 고통을 나누게 된다. 실제의 결과가 정해져 있지 않으며, 어떤 단계에서건 어떤 변경에 의해 완전히 다른 방향으로 역사가 전개될 수 있을 때, 우리는 개별 사건의 인과적인 힘을 알게 된다. 우리는 모든 사소한 일에 일희일비하고 논쟁하게 된다. 그 사소한 일들 모두가 각자 거대한 변화의 힘을 가지기 때문이다. 우발성은 즉각적인 사건이 운명을 결정할 수 있다는 것을 확인하며, 왕국은 말굽에 박을 못이 부족해서 망할 수도 있다.[2]

인간 세계에는 모든 세세한 사건들이 기록되어 나중에까지 영향을 미치며, 이 영향은 세계를 바꿀 수 있다. 그러나 반드시 그렇다고 할 수는 없다. 세계는 다른 방식으로 조직되어 있을 수도 있다.

## 역사의 물리학
몇몇 역사가들은 물리학이 진정으로 역사학에 알맞은 개념적 어휘를 제공할지도 모른다고 생각하고 있다. 옥스퍼드대학의 역사가 니얼 퍼거슨<sup>Niall Ferguson</sup>은 이렇게 말했다.

> 이 세기에 수많은 역사철학자들이 역사가 '과학'인가 하는 문제를 논했지만, 그들은 자신들이 말한 과학이라는 개념이 이미 구식이 된 19세기의 유물임을 알지 못한 것 같다. 게다가 과학자들이 무슨 일을 하는지 조금만 주의를 기울였으면, 역사가들은 잘못된 질문을 하고 있었다는 것을 스스로 깨닫고 깜짝 놀랐을 것이다. 어쩌면 이 깨달음으로 그들은 기뻐했을지도 모른다. 현대 자연과학의 수많은 발전에서 놀라운 측면은, 그것들이 근본적으로 역사적인 성격을 가진다는 것이다.[3]

퍼거슨은 카오스이론이 역사가의 중요한 개념적 도구이며, '인과성과 우발성을 화해시키는 개념'이라고 말했다. 카오스에서는 엄격하게 결정론적인 과정에서도 초기에 아주 작은 변화가 완전히 다른 결과를 부를 수 있다. 하지만 카오스에는 집합적 행동이라는 본질적인 개념이 빠져 있다. 역사에는 몇 가지 힘만 작용하는 것이 아니라 엄청나게 많은 수의 힘이 작용한다. 역사에서 나올 수 있는 전형적인 패턴을 이해하려면, 수많은 독립적인 것들이 서로 영향을 주고받는 시스템을 다루는 역사과학이 필요하다.

이것은 비평형 통계물리학의 영역이다. 이런 시스템에서 정확한 예측은 불가능하다. 그러면서도 개별적인 사건들의 무질서 속에는 심오한 규칙성이 들어 있고, 매우 간단한 통계법칙에 지배되는 경우도 많다. 우리가 이제까지 수없이 만났던 멱함수 관계 같은 것이 전체를 지배하는 것이다. 이것들은 특정한 사건 뒤에 숨은 깊은 역사적 과정의 특성을 드러낸다. 역사가들이 주목해야 할 것은 카오스가 아니라 보편성이다. 아주 넓은 범위의 조건에서 온갖 종류의 대상으로 만들어진 시스템에서 보편적인 특성이 나타난다는 것은 거의 기적에 가까운 발견이다.

고대에는 거대한 사건을 신의 개입으로 돌리곤 했다. 다른 역사가의 말을 빌리면 이렇다.

원인과 결과가 어울리지 않거나 평범한 설명이 부적합해 보일 때마다, 우연이나 재미난 추측이 기대와 다른 것을 보여줄 때마다, 보통은 고려에 넣지 않는 이상한 요인이 들어갈 때마다 (…) 서사에 놀라운 뒤틀림이 있을 때마다, 이 모든 경우에 사람들은 (…) 신이 개입했다고 믿었다. 기대하지 못한 일에 대한 설명을 신에게 기대는 것은 역사에서 우발성의 중요성을 말해준다. 초기 단계에서 모든 사건의 연관관계를 설명할 수 없다는 점, 사건의 격변적 성격, 아주 작은 원인에서 엄청난 결과가 나온다는 것, 도저히 이해할 수 없는 일이 일어나는 세계에 살고 있다는 공포, 역사는 스스로 만들어 가는 것이 아니라 단지 그들에게 일어난 일이라는 느낌, 자연의 작동을 이해하거나 지배하지 못하고 자연의 수수께끼를 만날 때 느끼는 무력감, (…) 이 모든 것이 삶이 신에게 크게 의존한다는 생각을 가지게 했다.[4]

오늘날 우리는 여전히 전쟁과 혁명에 놀란다. 물론 우리는 이제 옛 사람들이 신을 믿으면서 얻었을 법한 형이상학적인 위안 없이 여기에 대처하지만 말이다. 우리는 역사가 개별적으로 행동하는 개인에 의해 만들어진다는 것을 알고 있다. 그러나 모든 사람들은 전쟁과 평화의 잠재력을 함께 가지며, 개인들의 행동이라는 알 수 없는 대양에는 거대한 밀물과 썰물이 너무 자주 우리를 휩쓴다. 이러한 밀물과 썰물이 불가피하다는 것을 깨닫는다고 해도 그리 위안이 되지는 않는다. 하지만 적어도 이것은 이런 소란스러운 인간사의 진행이 인간의 내면에 깊숙이 자리 잡은 광기 때문이 아닐 수도 있고, 평범한 인간 본성과 단순한 수학으로 설명될 수도 있다는 것을 인식하는 거대한 걸음이다.

물리학자들은 이제 놀라운 시대로 들어섰다. 캘리포니아대학 산타바바라 캠퍼스의 물리학자 제임스 랜저James Langer가 1977년에 말했던 것처럼 말이다.

역사상 처음으로, 우리는 사려 깊은 사람들을 언제나 사로잡았던 문제들에 답을 얻을 수 있는 도구(실험 장치와 계산 능력과 개념적 능력)를 지니게 되었다. (…) 물리학의 지적인 활력에서 지금처럼 낙관적인 느낌이 들었던 때를 나는 기억하지 못한다.5

랜저는 역사의 진행을 이해하려는 이론적 연구에 대해 말한 것이다. 이 경우에는 인류의 역사가 아니라 무한히 많은 매혹적인 형태의 눈송이를 만드는 과정이었다. 눈송이는 희박한 공기 속에서 결정화되며, 눈송이가 만들어지는 방식은 역사 전개의 완벽한 예다. 우연히도 나는 이 책의 마지막 장을 프랑스 알프스가 내려다보이는 창가에서 쓰고 있다. 창밖에는 고산 지대의 강력한 눈보라가 사면을 온통 뒤덮고 있고, 그 속에 있는 눈송이의 숫자는 어마어마하게 많다. 더 감명 깊은 것은, 그렇게 많은 눈송이 속에서 완전히 똑같은 것은 하나도 없으면서도, 모든 눈송이에 보편적인 면이 있다는 것이다. 지난 수백 년 동안 이것은 심오한 수수께끼였다. 그러나 이제는 아니다. 과학은 마침내 눈송이의 모양을 해명할 단계까지 왔다.

비평형 물리학은 물리학의 새로운 영역이다. 학술지에 나오는 모든 역사 게임 관련 논문과, 그것들이 보여주는 수백 가지 사물에 대한 놀라운 통찰에서, 물리학의 '지적인 활력'에 대한 랜저의 확신을 쉽게 이해할 수 있다. 물론 이것은 단지 시작일 뿐이다. 지진이나 멸종, 눈송이의 과학이든, 과학사이든 인류의 역사이든, 내가 이 책에서 언급한 연구들은 단지 역사를 다루는 과학의 가장 모호한 시작에 불과하다.

톨스토이는 《전쟁과 평화》에서 왜 전쟁과 혁명이 일어나는지 물었다. 물리학자들은 제멋대로 사물을 단순화하고 추상화하지만, 여기에서 나온 통찰이 언젠가는 이 물음에 대한 톨스토이 자신의 대답보다 더 나은 답을 찾으려는 역사가들에게 도움을 줄 것이라는 추측은 그리 지나치지 않다고 본다.

우리는 모른다. 다만 어떤 행위를 성취하기 위해 사람들이 일정한 결합을 형성하고 모든 사람들이 그것에 참여한다는 것을 알 수 있을 뿐이다. 우리는 이것이 인간의 본성이며, 이것이 법칙이라고 말하는 것이다.

# 세상은
# 생각보다 단순하다

인공위성에서 야간에 찍은 지구의 모습을 본 적이 있는가? 당연히 대도시는 불빛이 찬란하고 산이나 사막같이 사람이 살지 않는 곳은 어둡다. 불빛의 분포가 바로 인구 분포를 나타내는 것이다. 그런데 빛의 무더기가 어지러이 흩어져 있는 이 사진을 10배 확대해서 들여다보면, 빛이 흩어져 있는 양상은 확대하기 전과 비슷하다. 그걸 또 확대해 봐도, 또 비슷하게 빛이 흩어져 있다. 이렇게 확대해서 대도시의 인구 밀집 지역을 들여다보면, 그 속에서 또 사람이 거주하지 않는 지역과 밀집해서 사는 지역이 비슷한 모양으로 뒤섞여 있다.

이렇게 규모를 바꿔도 비슷한 모습이 반복되는 것을 자기유사성이라고 하고, 이런 특징을 가진 형태를 프랙탈이라고 한다. 우리 인간은 제멋대로 퍼져 사는 것 같지만 그 모습이 바로 현실에 펼쳐진 정연한 만다라이며, 그 만다라의 이름은 프랙탈이다. 인구 분포만 그런 것이 아니다. 주식 가격의 등락도 10년 치 그래프를 보나 1년 치를 보나, 한 달 치 혹은 하루 치를 보나 시간 표시를 가려놓으면 어떤 게 어떤 건지 알기 힘들 정도로 모두 닮아 있다.

왜 그럴까? 인구 분포와 주가 등락은 왜 자기유사성을 보일까? 거기에는 어떤 공통점이 있을까? 인구의 경우, 인구 밀집 지역, 즉 도시의 크기별로 자료를 정리해보면 뭔가가 보이기 시작한다. 한 조사에 따르면, 어떤 넓은 지역에 인구 1,000만의 대도시가 하나 있으면 그 지역에 인구 500만인 도시가 네 군데, 또 인구가 250만인 도시는 열여섯 군데 등으로 정연하게 인구별 도시 숫자가 나타난다고 한다. 미국의 경우가 그렇고, 스위스도 마찬가지이고, 전 세계적으로도 그렇다. 이러한 분포를 멱함수 법칙이라고 부른다. 주가 등락도 마찬가지다. 미국의 S&P 500 지수를 보면, 같은 기간 동안 가장 큰 급등이 한 번 있었으면, 그 절반으로 오른 것은 열여섯 번 많은 규칙적인 분포를 보인다. 그러므로 인구 분포나 주가 등락이 보여주는 자기유사성은 이 멱함수 법칙에서 나온다.

이뿐 만이 아니다. 꽁꽁 얼린 감자를 벽에 힘껏 던져 박살을 낸 다음, 그 부스러기를 모아서 무게별로 분류해보아도 멱함수 법칙이 나타나고, 지진 다발 지역에서 일어나는 지진의 세기에도 멱함수 법칙이 나타나며, 부자에서 빈털터리까지 재산 분포를 조사해봐도 멱함수 법칙이 나타난다. 이만하면 사물의 모든 국면에서 도처에 멱함수 법칙이 나타난다고 해도 과언이 아니다.

여기에서 눈여겨볼 것은, 멱함수 분포는 우리가 흔히 대하는 정규 분포와 중요한 점에서 다르다는 것이다. 정규 분포는 서로 무관한 수많은 작은 요인이 무작위로 작용할 때 나타나며, 멱함수 분포는 여러 요인들이 밀접한 관계를 가지고 서로 영향을 미칠 때 나타난다고 할 수 있다. 이런 차이 때문에 정규 분포에서는 평균에서 멀리 벗어난 일이 일어날 가능성이 거의 없지만, 멱함수 분포에서는 평균값보다 훨씬 큰 격변이 드물지 않게 일어날 수 있다. 이렇게 별것 아닌 원인에도 과도하게 민감한 반응을 보여서 격변이 일어날 수 있는 상황을 임계상태라고 한다. 지진학자들이 아무리 노력해도 대지진을 예측하는 것이 거의 불가능한 이유는, 맨틀 위의 지각이 이루는 단층의 네트워크가 임계상태이기 때문이다. 이러한 임계상태는 사실 오래전부터 알려져 있었지만, 여러 가지 조건이 절묘하게 맞아 떨어져야 하므로 자연에서는 아주 드물게 나타나는 것으로 여겨졌다. 하지만 조건 변화에 상당히 둔감한 임계상태도 있다는 것이 최근에 알려졌고, 이른바 자기조직화하는 임계성이 사물의 여러 국면에서 발견되었다.

임계상태 그 자체는 사소한 원인으로도 격변이 일어날 수 있는 복잡한 시스템이다. 그러나 임계성은 계의 시시콜콜한 세부적인 성질과는 별 관련이 없고, 구성 요소들의 기하학적 형태와 배열에만 관련이 있다. 따라서 아무리 복잡한 계도 모든 비본질적인 세부 사항을 제거하고 기하학적인 뼈대만을 추출해서 연구할 수 있다. 게다가

기하학적인 뼈대만 같으면 세부 사항이 아무리 달라도 같은 부류로 분류되며, 같은 부류에 속한 임계상태는 본질적으로 모두 똑같은 행동 양상을 나타낸다. 모든 것이 복잡하게 얽혀 있어서 한 치 앞을 내다볼 수 없는 상황을 우리는 도처에서 만나지만, 이런 상황의 주범인 임계성은 생각보다 단순한 것이다.

이렇듯 임계상태에서는 개별적인 사건을 정확하게 예측하기는 불가능하지만, 본질적인 요소만 찾으면 전체적인 행동 양태를 간단히 알아낼 수 있다. 지진은 수많은 바위들이 복잡하게 포개진 지각의 네트워크에서 일어난다. 저자에 따르면, 과학혁명은 수많은 개념들이 복잡하게 포개진 개념의 네트워크에서 일어나는 지진으로 볼 수 있다. 그리고 인간 사회에서 일어나는 전쟁이나 혁명 같은 격변은 수많은 이질적인 구성원들이 포개져서 만들어진 사회 네트워크에서 일어나는 지진이라고 할 수 있다. 그것들의 논리가 이렇게 비슷하다면, 우리는 지진과 모래더미 게임에서 인간사에 대한 통찰을 얻을 수 있지 않을까? 여기에서 우리네 삶이 마냥 평안할 수만은 없는 이유를 수긍하고, 그러한 삶에 대처하기 위해 불가능한 미래 예측에 무모하게 매달리기보다 더 현실성 있는 방안을 숙고하는 출발점을 얻을 수 있지 않을까?

저자는 임계상태에서 물리학자들이 찾아내고 있는 통찰을 인류의 역사에도 적용할 수 있게 될 것이라고 조심스럽게 내다본다. 그리고 이 책의 핵심적인 개념인 자기조직화하는 임계성은 요즘 활발히 소개되고 있는 네트워크 과학에도 그대로 적용된다.

이 책의 맛을 보여주기 위해 몇 가지 이야기를 나열해보았다. 이것은 어디까지나 요령 없는 소개일 뿐이며, 책 속에 있는 더 많은 향취와 더 많은 통찰은 독자 스스로 찾아보기 바란다. 이 책에 소개된 것들 중에는 어느 한 분야만 보면 통속적인 지혜로 우리가 알고 있는 것들도 있다. 저자가 자기유사성과 임계성의 예로 든 것들을 나열해보면 숨이 막힐 지경이다. 지진, 산불, 모래더미 게임, 주식 가격을 비롯한 모든 종류의 상품 가격 변동, 부서진 냉동 감자의 파편, 사람의 심장 박동, 눈송이, 결정 성장, 입자 가속기 속의 전자 덩어리, 자석, 원자로 속의 핵반응, 메뚜기 피해 면적, 전염병의 전파, 펄서가 깜빡이는 주기, 진화사에서 생물의 대량멸종, 생태계의 먹이사슬, 대도시의 규모 분포, 사람들 사이의 빈부 격차, 연구 논문의 인용 횟수 분포, 여러 전쟁의 사망자 수…. 이 수많은 것들을 이렇게 통합해서 새로운 시각으로 보게 한 저자의 솜씨가 참으로 놀랍다.

책을 다 읽은 뒤에, 옮긴이가 쓴 이 메마른 소개를 다시 보면서 얼마나 풍부하게 여기에 살을 붙일 수 있는지 돌아보는 기쁨을 독자들이 누리기를 바란다.


## 덧붙이는 글

2004년에 번역한 《세상은 생각보다 단순하다》를 다시 손질하여 내놓게 되었다. 새로운 판을 내면서 조금이라도 독자의 이해를 돕기 위해 문구를 더 다듬었다. 남아 있는 오류들을 바로잡고 세밀하고 사소한 표현들을 일관성 있게 고친 정도여서 크게 바뀌지는 않았다. 우리가 사용하는 말이 하루가 다르게 바뀌고 있기 때문에 10년 전에 번역한 글을 상당히 많이 고쳐야 할지도 모른다고 생각했지만, 막상 검토해보니 크게 고쳐야겠다는 느낌은 들지 않았다.

이 책이 처음 국내에 소개되던 때를 전후해서 지금까지, 복잡계 과학을 비롯해서 과학으로 인간 사회를 들여다본다는 주제 의식을 가진 책들이 심심찮게 출간되었다. 관심 있는 독자들을 위해 그중 눈에 띄는 대중서 몇 권을 책 뒷부분에 소개한다.

김희봉

# 1장 제일 원인

1. John Kenneth Galbraith, Letter to John F. Kennedy, March 2, 1962, *Ambassador's Journal* (Houghton-Mifflin, 1969), p.312.

2. Paul Valéry, *Variete IV* (Paris: Gallimard, 1938).

3. A. J. P. Taylor, *The First World War* (Penguin, 1970).

4. 예를 들어, 다음을 볼 것. Niall Ferguson, *The Pity of War* (Penguin, 1998).

5. Clarence Alvord, quoted in Peter Novick, *That Noble Dream* (Cambridge University Press, 1988), pp.131-132.

6. Niall Ferguson, *The Pity of War*, p.146 (Penguin, 1998).

7. Francis Fukayama, *The End of History and the Last Man* (Penguin, 1992).

8. H. A. L. Fisher, quoted in Richard Evans, *In Defence of History* (Granta Books, 1997), pp.29-30.

9. 고베 시 홈페이지, http://www.city.kobe.jp/.

10. Paul Somerville, "The Kōbe Earthquake: An Urban Disaster," Eos 76 (1995): 49-51.

11. Quoted in Rocky Barker, *Yellowstone Fires and Their Legacy*, available on-line at http://www.idahonews.com/yellowst/yelofire.htm.

12. 〈월스트리트 저널〉, 1987. 9. 23.

13. 〈월스트리트 저널〉, 1987. 8. 26.

14. 〈월스트리트 저널〉, 1987. 10. 7.

15. 〈월스트리트 저널〉, 1987. 10. 19.

16. Robert Prechter Jr, *The Wave Principle of Human Social Behaviour* (New Classics Library, 1999), p.378.

17. 윌리엄 제임스, 정명진 역, 《심리학의 원리》, 부글북스, 2014.

18. 알베르 카뮈, 이혜윤 역, 《시지프의 신화》, 동서문화사, 2011.

19. Per Bak, Chao Tang and Kurt Weisenfeld, "Self-Organised Criticality : An Explanation of 1/f noise, *Physical Review Letters* 59 (1987) : pp.381-384.

20. Per Bak, *How Nature Works* (Oxford University Press, 1996).

21. 박, 탕, 위젠필드의 컴퓨터 모래더미 게임은 진짜 모래더미의 사태를 정확히 흉내 내지 않는다는 것이 밝혀졌다. 하지만 이것은 그리 중요하지 않다. 아이러니하게도, 그들이 만든 컴퓨터 게임은 어떤 실제의 더미보다 훨씬 중요해져서 우리 세계의 작동 방식을 여러 수준에서 보여주는 매혹적인 방법의 표본이 되었다. 자세한 것은 7장 참조.

22. 폴 케네디, 이왈수 등 역, 《강대국의 흥망》, 한국경제신문사, 1997.

# 2장 지진

1. Paul Valéry, *Collected Works*, vol. 14, Analects, ed. J. Matthew (Routledge, 1970).

2. Charles Richter, acceptance of the Medal of the Seismological Society of America, *Bulletin Seismological Socieoty of America* 67 (1977) : 1244-1247.

3. W. Spence, R.B. Hermann, A.C. Johnston and G. Reagor, "Responses to Iben Browning's prediction of a 1990 New Madrid, Missouri, Earthquake." U.S. Geological Survey Circular, 1083 (U.S. Government Printing Office, 1993).

4. R. Rikitake, "The Large-Scale Earthquake Countermeasures Act and the Earthquake Prediction Council in Japan," *Eos, Transactions, American Geophysical Union* 60 (1979) : 553-555.

5. B. T. Brady, "Theory of Earthquakes," IV : "General Implications for Earthquake Prediction," *Pure and Applied Geophysics* 114 (1976) : 1031-1082.

6. USC Geology Chairman Forecasts Quake, *Los Angeles Times*, April 29, 1995.

7. J. R. Gribben and S. H. Plagemann, *The Jupiter Effect* (Macmillan, 1974).

8. Mark Twain, *Life on the Mississippi*.

9. R. J. Geller, "Predictable Publicity," *Seismological Research Letters* 68 (1997): 477-480.

10. 물론 훨씬 덜 상세한 종류의 '예측'은 언제나 사용된다. 우리는 많은 지진이 과거에 캘리포니아와 일본 같은 장소에서 일어났으며, 반면에 뉴욕 주나 영국에서는 그리 자주 일어나지 않았다는 것을 알고 있다. 결과적으로 우리는 어떤 지역의 지진 위험이 다른 곳보다 더 크다고 인지한다. 이런 지식은 건축 법령에 명기할 고위험 지역을 알려주지만, 여전히 특정한 지진에 대한 지식을 주지는 않는다.

11. R. J. Geller, "Earthquake prediction: A Critical Review," *Geophysics Journal International* 131 (1997): 425-450.

12 P. B. Medawar, *Pluto's Republic* (Oxford University Press, 1984).

13. 〈네이처〉 온라인 토론 '지진 예측은 가능한가?'에서 이언 메인Ian Main의 언급을 볼 것. 1999년 봄에 개설된 이 토론에는 세계적인 지진 전문가 여러 명이 참여했다. 참여자 명단은 〈네이처〉 홈페이지 http://www.nature.com/에서 찾을 수 있다.

14. 어떤 연구자들은 조금 신뢰성이 있는 전조현상이 몇 가지 발견되었다고 주장하지만, 그들의 논의는 터무니없는 쪽으로 간다. 예를 들어, 〈네이처〉 온라인 토론에서 한 참여자는 모든 지진에서 "10~30퍼센트가 일어나기 일주일 전에 선행 충격이 있었으며, 어떤 것은 이런 선행 활동이 1년씩이나 계속되기도 했으며, 어떤 것은 1년 전부터 모멘트 방출이 늘어났고, 어떤 것은 1년 전부터 지진학적인 고요함이 이어졌다"고 주장했다. 다시 말해 어떤 지진은 일어나기 1주일 전에 지진 활동이 활발해졌고, 또 어떤 것은 1년 전부터 그랬고, 또 어떤 것은 전혀 지진 활동이 없는 시기가 선행했다는 것이다. 지진이 일어나기 전에 무슨 일이 언제나 일어난다. 그 무슨 일이 아무 일도 없는 일이어도 말이다! 이것은 진정 신뢰성이 있는 전조현상일 수도 있지만, 그리 유용하지는 않다.

15. 지진의 규모는 전체 에너지를 반영하며, 로그 단위다. 따라서 규모 8의 지진은 규모 7의 지진보다 10배 강력하다.

16. W. H. Bakun and A. G. Lindh, "The Parkfield, California, Earthquake Prediction Experiment," *Science* 229 (1985): 619-624.

17. C. F. Shearer, "Minutes of the National Earthquake Prediction Evaluation Council,

March 29-30, 1985." *USGS Open File Report* 85-507.

18. "A Proposed Initiative for Capitalizing on the Parkfield, California Earthquake Prediction." *Commission on Physical Sciences, Mathematics, and Resources*, National Research Council (Washington DC.: National Academy Press, 1986).

19. "Small Earthquake Somewhere, Next Year Perhaps." *Economist*, August 1, 1987.

20. Y. Y. Kagan, "Statistical Aspects of Parkfield Earthquake Sequence and Parkfield Prediction Experiment." *Tectonophysics* 270 (1997): 207-219.

21. Richard Evans, *In Defence of History*, p.59.

22. 정확하게 말해 맨틀은 액체가 아니라 고체다. 이것은 여러 광물들의 집합이며, 그런데도 너무 뜨겁고 압력이 높아서 액체처럼 흐른다. 하지만 그 운동은 매우 느리다.

23. USGS 홈페이지 주소는 다음과 같다. http://www-socal.wr.usgs.gov/index.html.

# 3장 터무니없는 추론

1. Friedrich Nietzsche, *Twilight of the Idols; and, the Anti-Christ*, tr. R. J. Hollingdale (Penguin, 1990), P.62.

2. 에릭 템플 벨, 이무현 역,《수학: 과학의 여왕》, 경문사, 1997.

3. Eliza Bryan, in *Lorenzo Dow's Journal* (Joshua Martin, 1849): 344-346.

4. 여기에는 한 가지 예외가 있다. 이른바 '심발지진'은 지구의 지각이 아니라 훨씬 아래에서 일어나며, 한 지역의 바위들이 엄청난 압력을 받아 갑자기 상변이를 일으킬 때 일어난다. 이것은 분자의 배열 방식이 갑자기 변하는 것이다. 이것이 갑자기 바위의 부피를 변화시켜서 지진을 일으킨다.

5. Francis Fukayama, *The End of History and The Last Man* (Penguin, 1992), p.331.

6. C. H. Scholz, "Whatever happened to earthquake prediction?," Geotimes 42 (1997): 16-19. 원래의 보고서는 다음과 같다. "Preliminary assessment of long-term probabilities for large earthquakes along selected fault segments of the San Andreas fault system in California", *US Geological Survey Open File Report* (1983), pp.83-163. 캘리포니아 산안드레아스 단층계에서 선택된 일부의 단층에서 일어나는 거대한 지진의 장기적 확률에 관한 장기 예비 조사. 이 지역에서 이후에 지진이 또 일어났는데, 이것이

1989년의 로마 프리에타 지진이며, 어떤 연구자들은 이것을 드물게 예측에 성공한 사례로 생각한다. 그러나 다른 사람들은 로마 프리에타 근처의 단층을 더 자세히 조사한 뒤에, 1906년 지진 때 대부분의 다른 단층이 미끄러진 만큼만 미끄러졌다고 결론을 내렸다. 따라서 최초의 예측에 동원된 논리는 맞지 않는 것으로 보인다. 다음 문헌을 볼 것. Robert Geller, "Earthquake prediction: A Critical Review," *Geophysics Journal International* 131 (1997): 425-450.

7. P. M. Davis, D. D. Jackson and Y. Y. Kagan, "The longer it's been since the last earthquake, the longer the expected time till the next?" *Bull. Seismological Society of America* 79 (1989): 1439-1456.

8. R. Geller, "Earthquake prediction: A Critical Review," *Geophysics Journal International* 131 (1997): 425-450.

9. 종 모양 곡선이 광범하게 적용되는 것은 수학자들이 말하는 '중심 한계 정리' 때문이다. 이 인상적인 이름은 단순한 사실을 가리킨다. 각기 독립적인 영향이 아주 많은 수가 어떤 사건의 결과에 기여하면, 그 결과는 종 모양 곡선이 된다. 주사위를 100번 던져서 수를 더해보자. 이제 다시 하고, 또다시 해보자. 그런 다음 결과를 그려보자. 이렇게 하면 틀림없이 종 모양 곡선의 분포가 나오며, 평균값 50이 중심이 된다. 이렇게 되는 이유는 100번이나 주사위를 굴리는 것이 각각 다른 것과 독립적이기 때문이다. 중심 한계 정리는 대단히 강력한 수학적 도구이지만, 모든 것이 종 모양 곡선이 된다고 말하지는 않는다. 현대과학에서는 그렇지 않은 경우도 엄청나게 많이 발견했다.

10. 그들은 냉동 감자(물론, 껍질을 벗긴 것이다)뿐만 아니라 석고 덩어리, 비누 등으로도 실험을 했다. 그 결과는 모두 매우 비슷했다. 다음 문헌을 볼 것. L. Oddershede, P. Dimon and J. Bohr, "Self-organized criticality in fragmenting," *Physical Review Letters* 71 (1993): 3107-3110.


# 4장 역사의 우연

1. Max Gluckman, *Politics, Law and Ritual* (Mentor Books, 1965), p.60.
2. John Archibald Wheeler, *American Journal of Physics* 46 (1978): 323.
3. Isaiah Berlin, *Concepts and Categories* (Pimlico, 1999), p.159.

4. Benoit Mandelbrot, *The Fractal Geometry of Nature* (Freeman, 1983).

5. 규모 불변성 개념은 적어도 1872년의 독일의 수학자 칼 본 바이어슈트라우스Karl von Weierstrauss까지 거슬러 올라간다.

6. B. V. Chirikof, "A universal instability of many-dimensional oscillator systems," *Physics Report* 52 (1979): 265-379.

7. 결정을 성장시키기 위해 용액에 '씨앗'으로 작은 고체 알갱이를 넣어줄 수 있고, 또는 이 알갱이를 줄로 매달아 늘어뜨려서 과정을 촉발시킬 수도 있다. 그러나 한번 성장이 시작되면 성장은 그 자신의 힘으로 계속된다.

## 5장 운명의 돌쩌귀

1. John von Neumann, *Collected Works* (Pergamon, 1961), vol. 6, p.492.

2. Friedrich Nietzsche, *Twilight of the Idols* (Penguin, 1990).

3. 알베르 카뮈, 이혜윤 역,《시지프의 신화》, 동서문화사, 2011.

4. 산안드레아스 단층계에 대한 대표적인 데이터는 다음 문헌에서 찾을 수 있다. R. E. Wallace, "Surface Fracture Patterns Along the San Andreas Fault," *Proceedings of the Conference on Tectonic Problems of the San Andreas Fault System, Spec. Publ. Geol. Sci.* 13, R. Kovach and A. Nur (eds) (Stanford University, 1973), pp.248-50.

5. R. Burridge and L. Knopoff, *Bulletin of the Seismological Society of America* 57 (1967): 341.

6. P. Bak and C. Tang, "Earthquakes as a Self-Organized Critical Phenomena," *Journal of Geophysical Research B* 94 (1989): 15635.

7. 박과 탕만이 모래더미 게임을 지진과 연관시킨 것은 아니라는 점을 지적한다. 거의 동시에 여러 연구자들이 독립적으로 비슷한 결론에 도달했다. 예를 들어 다음 문헌을 볼 것. A. Sornette and D. Sornette, "Self-Organized Criticality and Earthquakes," *Europhysics Letters.* 9 (1989): 197, and K. Ito and M. Matsuzaki, "Earthquakes as Self-Organized Critical Phenomena," *Journal of Geophysics Research* 95 (1990): 6853.

8. Z. Olami, H. J. Feder and K. Christensen, "Self-Organized Criticality in A Continuous, Non-Conservative Cellular Automaton Modeling Earthquakes," *Physical Review Letters*

68 (1992): 1244-1247.

9. K. Ito, "Punctuated Equilibrium Model of Evolution is Also an SOC Model of Earthquakes," *Physical Review E* 52 (1995): 3232-3233.

10. Francis Crick, *What Mad Pursuit* (Weidenfeld & Nicolson, 1988), p.136.

# 6장 자석

1. J. Robert Oppenheimer, *The Open Mind* (Simon & Schuster, 1955).

2. Homer Adkins, *Nature* 312 (1984), p.212.

3. Alan Mackay, *A Dictionary of Scientific Quotations* (Bristol, IOP Publishing, 1991).

4. 사실 점성은 언제나 물질을 느려지게 하는 것은 아니다. 예를 들어 수프 접시를 회전시키면, 그 안에 든 수프는 점성 때문에 금방 똑같이 회전하게 된다. 하지만 점성이 없는 초유체가 담긴 접시를 회전시키면, 초유체는 정지한 채 움직이지 않는다. 몇 해 전에 캘리포니아대학 버클리 캠퍼스의 물리학자 리처드 팩카드Richard Packard와 그의 동료들은 아름다운 실험으로 이 효과를 이용했다. 그들은 초유체를 작은 원형 수로에 담고, 실험실 탁자에 두었다. 즉 이 반지처럼 생긴 그릇을 지구와 연결시켰는데, 지구는 하루에 한 바퀴씩 돈다. 초유체는 가만히 있기를 원하기 때문에, 원형 수로에서 조금씩 흐른다. 이 흐름을 측정해서, 팩카드의 연구진은 지구의 회전 속도를 1,000분의 1 오차로 측정했다.

5. Cyril Domb, *The Critical Point* (Taylor & Francis, 1996), p.130.

6. Daniel Dennett, *Darwin's Dangerous Idea* (Penguin, 1995), p.174.

7. 그림은 다음 책에서 실음. J. J. Binney et al., *An Introduction to the Theory of Critical Phenomena* (Oxford University Press, 1992).

8. 자석이 어느 쪽을 가리킬지는 순전히 우연의 문제다. 모의실험을 1,000번 했을 때 자석들은 대략 500회 위로 향하고 500회 아래로 향한다. 자석들은 어떤 방향을 특별히 더 좋아하지 않는다. 자석의 방향은 마구잡이로 주어지는 그 자석의 초기 상태에 따라 달라진다. 원래의 문제에서 아래와 위가 물리적으로 동등하다고 해도, 특정한 상황에서는 대칭성이 깨질 수 있다.

9. 설명을 최대한 간단하게 하기 위해, 여기에서는 물리학의 통상적인 용어를 사용하지

않겠다. 물리학에서는 '임계숫자'가 아니라 '임계지수$^{exponent}$'를 사용한다. 둘 사이의 관계는 간단하다. 구텐베르크-리히터 멱함수 법칙은 에너지 E를 방출하는 지진의 수가 $E^2$에 반비례한다고 말했다. 따라서 지진의 에너지를 2배로 하면 이것은 4배로 줄어든다. 이 책 전체에서, 나는 이 예의 '4'와 같은 숫자를 써서 여러 가지 멱함수 법칙을 설명했다. 어떤 것의 크기를 2배로 하면, 그런 것은 얼마나 덜 자주 일어나는가? 이것이 임계숫자다. 반면에 임계지수는 구텐베르크-리히터 법칙의 E의 위에 나타나는 거듭제곱 수다. 따라서 두 수의 관계는 이렇다. 내가 사용하는 임계숫자는 2에 임계지수를 거듭제곱으로 한 수, 즉 2$^{임계지수}$다. 이상해 보일 수도 있지만 이렇게 한 이유는, 거듭제곱의 지수라는 개념을 끌어들이지 않기 위해서였다. 1.5나 1.31 또는 심지어 -1.6 같은 수가 거듭제곱의 지수로 나오면 어떤 독자들은 혼란스러울 것이다. 모든 경우에, 멱함수 법칙을 지정하는 데 어떤 수가 사용되든 거기에는 아무런 성스러움도 없다. 중요한 점은 서로 다른 여러 가지 멱함수 법칙이 있다는 것이고, 그 모든 것이 똑같이 특별한 자기유사성을 공유한다는 것이다.

10. 거의 다른 어떤 것도 문제되지 않는다. 물리학에는 언제나 예외가 있다. 한 가지 더 문제가 되는 것은 입자들 사이의 상호작용 거리다. 입자들이 먼 거리에서 서로 영향을 주고받을 수 있으면, 이 시스템은 다른 보편성 부류에 들어가게 된다.

11. 수학적인 증명은 1970년대에 재규격화군 이론이라는 이름으로 나왔고, 코넬대학의 케네스 윌슨이 시작하여 그는 이 공로로 노벨상을 받았다. 재규격화군은 보편성의 법칙을 증명한다고 말해도 좋을 것이다.

12. 예를 들어 1995년에, 취리히 공과대학$^{ETH}$(아인슈타인의 모교) 물리학자들은 아주 얇은 자석을 만들었다. 그들은 철을 한 원자 두께로 깔아서 박막을 만들었고, 그 위에 불규칙하게 철 원자의 덩어리를 올렸다. 몇몇 장소에는 우연히 세 번째 층이 올라갔다. 결과는 온사거의 2차원 자석을 아주 나쁘게 구현한 것이었다. 철의 층은 완전히 2차원도 아니었고, 자석들이 완벽하게 주기적인 격자로 배열되지도 못했다. 또 다른 차이도 있다. 양자론의 법칙에 따르면 철 원자는 국지화$^{localized}$되지 않는다. 다시말해 원자 자석은 어떤 완전히 이상한 방식으로 넓은 영역에 '퍼져 있다.' 게다가 장난감 자석에서 이웃 원자들 사이의 상호작용은 정확히 똑같지만 불규칙한 철 박막에서는 상호작용이 조금씩 다르다. 그런데도 이 조악한 철 박막은 완벽하게 온사거의 모델에 맞아 들어갔다. 차원이 같았고, 차원의 차수$^{dimension\ of\ order}$도 같으므로, 이것으로 충분했다. C. H. Back et al., "Experimental Confirmation of Universality for a Phase

Transition in Two Dimensions," *Nature* 378 (1995): 597-600.

13. 한 가지 주의할 것이 있다. 이 장에서 본 임계상태는 두 가지 다른 상 사이에 있는 평형계에서 나타난다. 평형계에 대해, 물리학자들은 계가 어떤 온도에서 어떻게 행동하는지에 대한 일반적인 처방을 가지고 있으며, 여기에서 케네스 윌슨의 재규격화군 개념에 따라 보편성의 원리가 나온다. 평형에서 벗어난 계에 대해서는 아직 아무도 평균 상태가 무엇이 될지에 관한 처방을 찾아내지 못했으며, 그 평균에서 얼마나 큰 변이가 일어날지도 모른다. 따라서 비평형계에 적용되는 일반적인 보편성 원리는 (아직) 없다. 그럼에도 불구하고, 물리학자들은 그들이 연구한 여러 가지 단순한 비평형 모델이 진정으로 보편성 부류에 들어간다는 것을 알아냈다. 따라서 비평형 계에서도 일종의 보편성이 성립하는 것으로 보인다.

# 7장 임계적 사고

1. Quoted in Alan J. Mackay, *A Dictionary of Scientific Quotations* (Adam Hilger, 1991).

2. Samuel Karlin, Eleventh R. A. Fischer Memorial Lecture, Royal Society, April 20, 1983.

3. Hendrik Jensen, *Self-Organized Criticality*, Cambridge Lecture Series in Physics 10 (Cambridge University Press, 1998), p.148.

4. B. Malamud, G. Morein, and D. Turcotte, "Forest Fires: An Example of Self-Organized Critical Behaviour," *Science* 281 (1998): 1840-1842.

5. Stephen Pyne, *America's Fires* (Forest History Society, 1997).

6. Steve Allison-Bunnell, "The Dance of Life and Death," 다음 인터넷 주소에서 산불에 관한 글들을 볼 수 있다. http://www.discovery.com/.

7. 다음 인터넷 주소에서 미국 연방의 산불 정책을 볼 수 있다. http://www.fs.fed.us/.

8. D. Lockwood and J. Lockwood, "Evidence of Self-Organized Criticality in Insect Populations," *Complexity* 2 (1999): 49-58.

9. C. J. Rhodes and R. M. Anderson, "Power Laws Governing Epidemics in Isolated Populations," *Nature* 381 (1996): 600-602.

10. R. Garcia-Pelayo and P. D. Morley, "Scaling Law for Pulsar Glitches," *Europhysics*

*Letters* 23 (1993): 185.

11. V. Frette et al., "Avalanche Dynamics in a Pile of Rice," *Nature* 379 (1996): 49-52.

12. Per Bak, *How Nature Works* (Oxford University Press, 1996), p.51.

13. Alessandro Vespignani and Stefano Zapperi, "How Self-Organized Criticality Works: a Unified Mean Field Picture," *Physical Review E* 57 (1998): 6345-6362. 아래 문헌도 참조할 것. Ronald Dickman, Miguel Munoz, Alessandro Vespignani and Stefano Zapperi, "Paths to Self-Organized Criticality," Los Alamos e-print (cond-mat/9910454).

# 8장 살육의 시대

1. Laurence Sterne, *Tristram Shandy* (Wordsworth Editions, 1996).

2. Daniel Dennett, *Darwin's Dangerous Idea* (Penguin, 1995), p.21.

3. 다음 책에 몬태나 동부의 화석에 대한 좋은 설명이 나온다. Peter Ward, *The End of Evolution* (Weidenfeld & Nicolson, 1995).

4. 전부는 아니겠지만, 고생물학자들은 이제 공룡들 중 몇몇이 살아남아서 현대의 조류로 진화했다고 믿는다. 따라서 지구에는 아직 공룡이 살아있다!

5. F. B. Loomis, "Momentum in Variation," *American Nationalist* 39 (1905): 839-843.

6. F. Nopsca, "Notes on British Dinosaurs," IV: "*Stegosaurus priscus*," *Geological Magazine* 8, (1911): 143-153.

7. Michael Benton, "Scientific Methodologies in Collision: A History of the Study of the Extinction of the Dinosaurs," *Evolutionary Biology* 24 (1990): 371-400.

8. 이것을 보면 나는 〈네이처〉 편집자였던 존 매덕스가 채택한 명쾌한 심리학(그리고 명료한 사고)이 생각난다. 매덕스는 자신의 논문 제목을 '(…)의 증거Evidence for…'로 하고 싶어 하는 저자들에게 거의 공감하지 않으며, 언제나 논문의 제목은 진짜로 확립된 사실을 서술해야 하며, 그런 사실이 함의할 만할 것을 써서는 안 된다고 주장했다. 자주 그렇듯이, 저자가 반대하면 매덕스는 제목에서 '(…)의 증거'를 빼자고 제안했고, 더 명료하게 '결론이 나지 않은 증거'로 하자고 제안했다. 나는 이것을 수용한 저자가 있다고는 생각지 않는다.

9. S. A. Bowring et al., "U/Pb zircon Geochronology and Tempo of the End-Permian Mass

Extinction," *Science* 280 (1998); 1039-1045.

10. 찰스 다윈, 《종의 기원》(Penguin, 1985), p.321. 이것은 다윈을 모욕하는 것이 아니다. 오늘날 우리는 더 미묘한 진화의 리듬을 사치스럽게 논하고 있지만, 다윈은 동시대인에게 진화가 실제라고 설득하는 논쟁을 벌이고 있었다. 스티븐 스탠리가 지적했듯이, 다윈은 진화가 극단적으로 느리게 진행된다는 주장으로 '인위적 선택을 농장에서 볼 수는 있지만 자연선택은 관찰할 수 없다는 이유로 자기 이론을 반대하는 사람들'을 무장해제시켰다. 이 책을 참고할 것. Steven Stanley, Macro-evolution (Johns Hopkins University Press, 1998).

11. L. W. Alvarez, W. Alvarez, F. Asaro and H. V. Michel, "Extraterrestrial cause for the Cretaceous-Tertiary Extinction," Science 208 (1980): 1095-1108.

12. Walter Alvarez, *T. rex and the Crater of Doom* (Penguin, 1997), pp.5-8.

13. Walter Alvarez, *T. rex and the Crater of Doom* (Penguin, 1997), p.12.

14. 아이러니하게도, 이 충돌공은 알바레즈와 그의 동료들이 충돌에 의한 멸종을 주장한 첫 번째 논문을 내놓은 지 1년밖에 지나지 않아서 발견되었다. 석유 탐사에 관련된 연구자들이 1981년에 그 지역의 지도를 작성했고, 이것을 세계에서 가장 큰 충돌공이라고 확인했다. 그러나 그들은 알바레즈의 아이디어에 대해서는 알지 못했다. 과학자들이 이 두 가지를 연결시키는 데는 또 10년이 걸렸다.

15. M. Benton, "Scientific Methodologies in Collision: A History of the Study of the Extinction of the Dinosaurs," *Evol. Biol*. 24 (1990): 371-400.

16. Walter Alvarez, *T. rex and the Crater of Doom* (Penguin, 1997), p.15.

17. K. A. Farley, A. Montanari, E. M. Shoemaker, and C. S. Shoemaker, "Geochemical Evidence for a Comet Shower in the Late Eocene," *Science* 280 (1999): 1250-1253.

18. Steven M. Stanley, *Extinction* (Scientific American Library, dist. by W. H. Freeman, 1987), p.40.

19. Paul Wignall, *New Scientist*, January 25, 1992, p.55.

20. David Raup, *Bad Genes or Bad Luck* (W. W. Norton, 1991), pp.112-113.

21. David Jablonski, "Background and Mass Extinctions: The Alternation of Macro-evolutionary Regimes," *Science* 231 (1986): 131.

22. Richard Leakey and Roger Lewin, *The Sixth Extinction* (Weidenfeld & Nicolson, 1996), p.62.

23. J. J. Sepkoski, "Ten Years in the Library : New Data Confirm Palaeontological Patterns." *Palaeobiology* 19 (1993) : 43.

24. M. J. Benton, "Diversification and Extinction in the History of Life," *Science* 268 (1995) : 52-58.

25. 나는 이 주제에 대해 다음의 개관 논문의 도움을 받았다. M. E. J. Newman and R. G. Palmer, "Theoretical Models of Extinction : A Review," *Santa Fe Institute Working Paper* 99-08-061 (1999).

## 9장 생명의 그물망

1. Umberto Eco, *Serendipity* (Weidenfeld & Nicolson, 1999), p.21.

2. P. Yodzis, "The Indeterminacy of Ecological Interactions, as Perceived through Perturbation Experiments," *Ecology* 69 (1988) : 508-515.

3. 이 점에 대해, 찰스 다윈은 이렇게 썼다. "고양이과 동물이 한 구역에 대량으로 있으면 (…) 그 구역에 특정한 꽃이 많아진다." 무엇보다, 쥐는 호박벌의 집을 습격해서 먹이를 구하기를 좋아하고, 따라서 쥐가 많으면 호박벌이 적다. 그리고 벌은 빨간 클로버와 보라색과 황금 팬지를 가루받이하므로, 호박벌이 많으면 꽃이 많아진다. 영국 사람들이 고양이를 좋아한다는 사실은, 기대하지 못했지만 이런 직접적인 경로로, 정원이 더 아름다워지는 결과를 가져온다. 다음 문헌을 참조할 것. Jocelyn Kaiser, "Of Mice and Moths and Lyme Disease?," *Science* 279 (1998) : 984.

4. T. Keitt and H. E. Stanley, "Dynamics of North American breeding bird populations," *Nature* 393 (1998) : 257-260.

5. S. Kauffman and S. Johnsen, "Coevolution to the Edge of Chaos – Coupled Fitness Landscapes, Poised States, and Coevolutionary Avalanches," *Journal of Theoretical Biology* 149 (1991) : 467. Also : S. Kauffman, Origins of Order (Oxford University Press, 1993).

6. 예를 들어, 드문 유전적 사건이 1년에 한 번 꼴로 일어난다고 하자. 그러면 이런 사건이 빠르게 세 번 연거푸 일어날 확률은 100만 분의 1이고, 열 번 연속으로 빨리 일어날 확률은 $10^{20}$ 분의 1이다. 긴 점프를 할 가능성은 점프 거리가 늘어남에 따라 급격하게

줄어든다.

7. 이 모델에 관해 쓰면서 박은 자주 '종의 적응성'으로 미끄러졌다. 논의를 단순화하기 위해, 그는 막대의 길이를 종이 계속 진화하기 위해 건너뛰어야 할 길이라기보다 '종의 적응성'을 가리킨다고 말했다. 이것은 생물학의 황소에게 흔드는 붉은 망토였다. 최소한 생물학자들에게는, 적응성이란 종에게 적절히 부여할 수 있는 성질이 아니었기 때문이다. 정통적인 견해(논란이 있기는 하지만)는 적응성이 개체에만 적절히 부여할 수 있는 것으로 본다. 진화는 개체 수준에서 작동하기 때문이다. 그러나 이런 문제로 박-스네펜 게임이 틀렸다고 할 수는 없다. 이 게임의 합당한 형태는 종의 적응성을 언급하지 않기 때문이다.

8. 생물학자들이 박-스네펜 게임에 그렇게 떠들썩하게 반동했다는 것도 아이러니하다. 이것은 한때 원래 찰스 다윈 자신이 꿈꿨던 것을 수학적으로 적절하게 렌더링한 게임이기 때문이다. 다윈은 《종의 기원》에서 이렇게 썼다. "자연의 얼굴은 무른 표면에 날카로운 쐐기 1만 개를 촘촘하게 다발로 들고 계속 때릴 때 쐐기들이 박히는 것과 같을 수 있다." 다윈과 함께 쐐기 여러 개를 나무로 된 천장에 박는 것을 생각해보자. 각각의 쐐기는 종에 해당하고, 쐐기가 박히는 깊이는 적응성에 해당한다. 나무는 완벽하게 질서 잡힌 물질이 아니기 때문에, 각각의 쐐기는 자기 자리에 조금씩 다른 '박히는 힘'으로 붙어 있을 것이다. 어떤 것은 더 단단히 고정되고 망치에 더 세게 맞을 것이다. 이제 누군가가 망치로 무작위로 쐐기 위를 때리는데, 처음에는 약하게 다음에는 세게 쳐서 마침내 쐐기들이 움직일 때까지 계속한다. 한 번 때린 다음에 쐐기는 더 깊이 박히고, 새로운 힘으로 박혀서 힘이 그전보다 얼마간 더 커질 것이다. 이렇게 한 다음에 다른 쐐기에 대해 망치질이 다시 시작된다. 이것은 박-스네펜 게임을 정확하게 재현하는 것이며, 쐐기가 박히면서 그 움직임이 이웃 쐐기가 박히는 힘에 영향을 준다. 이것은 꽤 현실적인 가정인데, 쐐기의 존재 때문에 나무의 다른 부분이 받는 스트레스가 달라질 수 있기 때문이다.

9. Francis Crick, *What Mad Pursuit* (Weidenfeld & Nicolson, 1988), p.136.

10. Daniel Dennett, *Darwin's Dangerous Idea* (Penguin, 1995), p.101.

11. 뉴턴은 물론 단순히 운동의 기본 법칙을 구하려고 했을 뿐이다. 그가 로켓을 달에 보내는 일을 추진할 수 있었다면, 그는 더 많은 세부 사항을 고려해야 했다.

12. Paul Anderson, New Scientist, September 25, 1969, p.638.

13. M. E. J. Newman, "Self-Organized Criticality, Evolution, and the Fossil Extinction

Record," *Proceedings of the Royal Society B* 263 (1996): 1605-1610.

# 10장 난폭한 변이

1. Wassily Leontief, Letter to the editor, Science, July, 9 1982.

2. Alfred Zauberman, *Guardian*, October 5, 1983.

3. John Kay, "Cracks in the Crystal Ball," *Financial Times*, September 29, 1995.

4. OECD Economic Outlook, June 1993.

5. J. Rothchild, *The Bear Book* (John Wiley, 1998).

6. 이렇게 간단하고 명백한 예측을 하는 것도 그리 쉽지 않을 수 있다. 1997년의 연구에서 영국의 5대 경제 모델링 그룹들에게 공공 소비에 대해 경제가 어떻게 반응할지 물었다. 그 결과는 이렇게 단순해 보이는 것에서조차 이론적인 합의에 도달하지 못했음을 보여주었다. 각 그룹들은 다른 숫자를 내놓았을 뿐만 아니라, 경제의 산출이 전체적으로 증가할지 감소할지에 대해서도 일치하지 않았다. 다음 책을 볼 것. Paul Ormerod, *Butterfly Economics* (Faber, 1998).

7. Rudiger Dornbush, "Growth forever," *Wall Street Journal*, July 30, 1998.

8. Robert Schiller, quoted in Robert Prechter Jr., *The Wave Principle of Human Social Behaviour* (New Classics Library, 1999).

9. 정통 경제이론이 예측이 가능하다고 주장하면서도 그렇게 끔찍하게 실패한다면, 왜 경제학자들은 이것을 쓸모없다고 하며 버리지 않는가? 여기에 대해 한 분석가가 내놓은 대답은 그리 부적절하지 않다. 로버트 프렉터Robert Prechter에 따르면, 경제학자들은 실패를 해도 자기들이 가장 좋아하는 이론적 관계를 거부하지 않는데, 그렇게 하면 "도구의 쓸모를 파괴하기 때문이다. 너무 모르거나 너무 많이 생각해본 것을 합리화하기는 쉽다. 어떤 날은 미국 주식시장의 상승세가 일본 주식시장의 강세 때문이라는 설명이 나오고("일본의 경기 후퇴는 그리 깊지 않으며, 따라서 미국까지 번지지는 않을 것이다"), 다음 날에는 니케이의 하향세로 미국 주식 사장의 상승세를 설명한다("돈은 더 좋은 시장으로 이동할 것이다")." Robert Prechter Jr, *The Wave Principle of Human Social Behaviour* (New Classics Library, 1999). 이 장은 현재의 경제학적 사고에 대한 프렉터의 지독한 비판에 크게 의지했다.

10. J. D. Farmer and A. Lo, "Frontiers of Finance: Evolution and Efficient Markets," Santa Fe Institute Working Paper 99-06-039 (1999).

11. Alan Kirman, quoted in Paul Ormerod, *Butterfly Economics* (Faber, 1998), p.16.

12. R. E. Litton and A. M. Santomero, *Wall Street Journal*, July 28, 1998.

13. John Casti, "Flight over Wall Street," *New Scientist*, April 19, 1997.

14. Benoit Mandelbrot, *Journal of Business* 36 (1963): 294.

15. P. Gopikrishnan, M. Meyer, L. A. N. Amaral and H. E. Stanley, "Inverse Cubic Law for the Distribution of Stock Price Variations," *European Physical Journal B* 3 (1998): 139.

16. Vasiliki Plerou et al., "Scaling of the Distribution of Price Fluctuations of Individual Companies," Los Alamos e-print (cond-mat/9907161), July 11, 1999. 기술적으로는 가격 변이가 아니라 시가총액의 변동이라고 말해야 정확하다. S&P 500 지수는 500개 회사의 단순 주가 평균이 아니라, 가중 평균이다. 즉 더 주식이 많은 회사가 더 크게 기여한다. 비슷하게, 한 회사에 대한 연구도 주식의 양과 주식 가격을 곱한 양의 변이를 조사한다. 물론 이 모든 것은 시장이 크게 변이한다는 결론을 변경시키지 않는다.

17. R. N. Mantegna, "Levy walks and Enhanced Diffusion in the Milan Stock Exchange," *Physica A* 179 (1991): 232.

18. O. V. Pictet et al., "Statistical Study of Foreign Exchange Rates, Empirical Evidence of a Price Change Scaling Law and Intraday Analysis," *Journal of Banking and Finance* 14 (1995): 1189-1208.

19. Y. Liu et al., "Statistical Properties of the Volatility of Price Fluctuations," *Physical Review E* 60 (1999): 1-11.

20. Paul Ormerod, *Butterfly Economics* (Faber, 1998), p.36.

21. D. Sornette and D. Zajdenweber, "Economic Returns of Research: the Pareto Law and Its Implications," Los Alamos e-print (cond-mat/9809366), September 27, 1998.

22. T. Lux and M. Marchesi, "Scaling and Criticality in a Stochastic Multi-agent Model of a Financial Market," Nature 397 (1999): 498-500.

23. Bernard Baruch, quoted in Prechter, *Wave Principle of Human Social Behaviour* (New Classics Library, 1999).

24. D. Watts and S. Strogatz, "Collective Dynamics of 'Small-World' Networks," *Nature*

393 (1998): 440-442.

# 11장 모든 의지에 반하여

1. André Gide, *The Immoralist*, trans. Richard Howard (Random House, 1970), p.7.

2. Fyodor Dostoevsky, *Notes From Underground*, trans. Jessie Coulson (Penguin, 1972), p.41.

3. D. Helbing, J. Keltsch and P. Molnar, "Modelling the Evolution of Human Trail Systems," *Nature* 388 (1997): 47-50.

4. D. Zanette and S. Manrubia, "Role of intermittency in Urban Development: A Model of Large-Scale City Formation," *Physical Review Letters* 79 (1997): 523-526.

5. 더 정확하게, 자네트와 만루비아의 모델은 어느 한 해에, 세계의 어떤 작은 지역의 인구는 어떤 무작위 비율로 오르내린다고 가정한다. 그것은 인구가 무작위로 변하지만, 매년 오르내리는 숫자는 원래 거기에 있던 인구에 비례한다는 것이다. 이것은 합당한 생각이다. 뉴욕의 인구 변화는 명백히 텍사스의 러복보다 많을 것이다.

6. 다음을 보라. H. A. Makse, S. Havlin and H. E. Stanley, "Modelling Urban Growth Patterns," *Nature* 377 (1995): 608-612. 다음 문헌도 참조할 것. Michael Batty and Paul Longley, *Fractal Cities* (Academic Press, 1994).

7. J.-P. Bouchard and M. Mézard, "Wealth Condensation in a Simple Model of the Economy," Los Alamos e-print (cond-mat/0002374), February 24, 2000.

# 12장 지적인 지진

1. Richard Evans, *In Defence of History* (Granta Books, 1997), p.61.

2. J. F. Jameson, quoted in Peter Novick, *That Noble Dream* (Cambridge University Press, 1988).

3. Sidney Bradshaw Fay, *The Origins of the World War*, 2d rev. ed. (Macmillan, 1949).

4. Charles Beard, "Heroes and villains of the World War," *Current History* 24 (1926):

733.

5. Harry Elmer Barnes, *The Genesis of the World War: An Introduction to the Problem of War Guilt* (Scholarly Press, 1968), pp.658-659 .

6. Richard Evans, *In Defence of History* (Granta Books, 1997).

7. Edward Hallett Carr, *What Is History?* (Penguin, 1990), p.9.

8. Conyers Read, quoted in Peter Novick, *That Noble Dream* (Cambridge University Press, 1988), p.192.

9. Thomas Carlyle, quoted in Carr, *What Is History?* (Penguin, 1990).

10. 사실 코니어스 리드는 앞에 한 말에서 단지 모호하게 국내 또는 국제 정치의 위기를 언급했을 뿐이다. 이것은 1937년 미국에서 역사학 분야에 생긴 위기에 대해 쓴 글이다. 이때 미국 역사학계는 학교 교과에 사회 연구를 포함시켜야 한다는 교육가들의 거센 압력을 받고 있었다. 보수적인 역사가들은 이런 요구에 발끈했지만, 리드는 자기 입장만 고수하다가는 더 큰 혁명적 변화의 조건을 만들 뿐이라고 했다.

11. Peter Novick, *That Noble Dream* (Cambridge University Press, 1988), p.192.

12. Michael Polyani, "The Potential Theory of Adsorption: Authority in Science Has its Uses and Its Dangers," Science 141 (1963): 1012. 뜻을 명료하게 하기 위해 단어의 순서를 조금 바꿨다.

13. Thomas Kuhn, *The Structure of Scientific Revolutions*, 3d ed. (University of Chicago Press, 1996), p.10.

14. 쿤은 이론적인 개념뿐만 아니라 이 개념을 자연에 적용하는 데 기여하는 모든 명시적이거나 암시적인 견해와 관행도 패러다임에 포함된다고 강조했다. 따라서 패러다임이 '좋은 개념의 다발'이라고 말하는 것은 엄밀하게 옳지는 않다. 그러나 이렇게 하면 논의가 단순해지고, 앞으로 나올 내용에서 이런 구별은 중요하지 않다.

15. Thomas Kuhn, *The Structure of Scientific Revolutions* (University of Chicago Press, 1996), p.24.

16. Ralph Kronig, "The Turning Point," in Theoretical Physics in the Twentieth Century: *A Memorial Volume to Wolfgang Pauli* ed. M. Fierz and V. F. Weisskopf(Interscience, 1960), p.22.

17. Thomas Kuhn, *Structure of Scientific Revolutions* (University of Chicago Press, 1996), p.6.

18. Ralph Kronig, "The turning point," in Theoretical Physics in the Twentieth Century : A Memorial Volume to Wolfgang Pauli ed. M. Fierz and V. F. Weisskopf (Interscience, 1960), pp.25-26.

19. Peter Novick, *That Noble Dream* (Cambridge University Press, 1988), p.526.

## 13장 수의 문제

1. John Krasher Price, *Government and Society* (New York University Press, 1954).

2. E. H. Carr, "Notes for a Second Edition," *What is History?* (Penguin, 1990).

3. Thomas Kuhn, *Structure of Scientific Revolutions*, p.xi (University of Chicago Press, 1996).

4. Sidney Redner, "How Popular Is Your Paper?" *European Physical Journal B* (1998): 131-134.

5. Quoted in Cyril Domb, *The Critical Point* (Taylor & Francis, 1998), p.130.

6. Quoted in Alan Mackay, *A Dictionary of Scientific Quotations* (Adam Hilger, 1991).

7. Paul Kennedy, *Rise and Fall of the Great Powers*, p. xvi (Random House, 1987).

8. Thomas Kuhn, *Structure of Scientific Revolutions* (University of Chicago Press, 1996), P.92.

9. Fyodor Dostoevsky, *Notes From Underground* (Penguin, 1972).

10. J. S. Levy, *War in the Modem Great Power System*, 1495-1975 (University of Kentucky Press, 1983), p.215. 레비의 저작을 소개한 멜러머드에게 감사를 표한다.

11. D. L. Turcotte, "Self-Organized Criticality," *Reports on Progress Physics* 62 (1999): 1377-1429.

12. Norman Davies, *Europe* (Pimlico, 1997), p.900.

13. E. H. Carr, *What is History?* (Penguin, 1990), p.52.

14. 다음 책에 인용됨. Peter Novick, *That Noble Dream* (Cambridge University Press, 1988), p.139.

# 14장 역사의 문제

1. Richard Evans, *In Defence of History* (Granta Books, 1997), p.62.

2. Alan J. Mackay, *A Dictionary of Scientific Quotations* (Adam Hilger, 1991).

3. E. H. Carr, *What Is History?* (Penguin, 1990), p.54.

4. E. H. Carr, *What Is History?* (Penguin, 1990), p.47.

5. E. H. Carr, *What Is History?* (penguin, 1990), p.46.

6. E. H. Carr, *What Is History?* (Penguin, 1990), p.49.

7. A. de Tocqueville, *Democracy in America* (1852).

8. Richard Evans, *In Defence of History* (Granta Books, 1997), p.133.

9. Georg Wilhelm Friedrich Hegel, *Philosophy of Right* (English translation, 1942), p.295.

10. Quoted in Richard Evans, *In Defence of History* (Granta Books, 1997), p.62.

11. E. H. Carr, *What Is History?* (Penguin, 1990), p.23.

12. Quoted in Niall Ferguson, "Virtual history: Towards a 'Chaotic' Theory of the Past," in *Virtual History*, ed. Niall Ferguson (Picador, 1997), p.50.

# 15장 결론을 대신하는 비과학적인 후기

1. Quoted in Duncan Watts, *Small Worlds* (Princeton University Press, 1999).

2. Stephen Jay Gould, *Wonderful Life* (Penguin, 1991), p.284.

3. Niall Ferguson, Virtual history: towards a 'chaotic' theory of the past, in *Virtual History*, ed. Niall Ferguson (Picador, 1997), p.72.

4. Herbert Butterfield, *The Origins of History* (Eyre Methuen, 1981), pp.200–201. See Ferguson, *Virtual History* (Picador, 1997), p.20.

5. J. S. Langer, "Nonequilibrium physics," in *Critical Problems in Physics* (Princeton University Press, 1997).

그림 출처

## 그림7

Z. Olami, H.J. Feder and K. Christensen, Self-organised criticality in a continuous, non-conservative cellular automaton modeling earthquakes. Phys. Rev. Lett. 68 (1992): 1244-7.

## 그림9

J. J. Binney et. al., An Introduction to the Theory of Critical Phenomena, *Oxford University Press*, 1992.

## 그림11

V. Frette et. al. Avalanche dynamics in a pile of rice, *Nature* 379 (1996): 49-52.

## 그림18

Y. Liu et. al. Statistical properties of the volatility of price fluctuations, Phys. E. 60 (1999): 1-11.

## 그림19

Y. Liu et. al. Statistical properties of the volatility of price fluctuations, Phys. Rev. E. 60 (1999): 1-11.

## 그림22

Sidney Redner, Eur. Phys. J. B., 4 (1998) : 131-4.

추천 도서

- 던컨 J. 와츠, 강수정 역, 《Small World : 여섯 다리만 건너면 누구와도 연결된다》, 세종 연구원, 2004.

- 스티븐 스트로가츠, 조현욱 역, 《동시성의 과학, 싱크》, 김영사, 2005.

- 앨버트 라슬로 바라바시, 강병남 · 김명남 공역, 《버스트 – 인간의 행동 속에 숨겨진 법칙》, 동아시아, 2010.

- 마크 뷰캐넌, 강수정 역, 《넥서스 – 여섯 개의 고리로 읽는 세상》, 세종연구원, 2013.

- 앨버트 라슬로 바라바시, 강병남 · 김기훈 공역, 《링크》, 동아시아, 2002.

- 던컨 J. 와츠, 정지인 역, 《상식의 배반》, 생각연구소, 2011.

- 정하웅 · 김동섭 · 이해웅, 《구글 신은 모든 것을 알고 있다》, 사이언스북스, 2013.

- 말콤 글래드웰, 임옥희 역, 《티핑 포인트》, 21세기북스, 2004.

- 마크 뷰캐넌, 김희봉 역, 《사회적 원자》, 사이언스북스, 2010.

- 필립 볼, 이덕환 역, 《물리학으로 보는 사회》, 까치글방, 2008.

- 정재승, 《정재승의 과학 콘서트》, 어크로스, 2011.

# 우발과 패턴

**초판 1쇄 발행일** 2014년 8월 20일
**초판 7쇄 발행일** 2024년 8월 14일

**지은이** 마크 뷰캐넌
**옮긴이** 김희봉

**발행인** 조윤성

**편집** 최안나 **디자인** 박지은 **마케팅** 서승아
**발행처** ㈜SIGONGSA **주소** 서울시 성동구 광나루로 172 린하우스 4층(우편번호 04791)
**대표전화** 02-3486-6877 **팩스(주문)** 02-585-1755
**홈페이지** www.sigongsa.com / www.sigongjunior.com

글 ⓒ 마크 뷰캐넌, 2014

ISBN 978-89-527-7190-2 03420

*SIGONGSA는 시공간을 넘는 무한한 콘텐츠 세상을 만듭니다.
*SIGONGSA는 더 나은 내일을 함께 만들 여러분의 소중한 의견을 기다립니다.
*잘못 만들어진 책은 구입하신 곳에서 바꾸어 드립니다.
*이 책은 2004년에 출간된 《세상은 생각보다 단순하다》의 개정판입니다.

┌─ **WEPUB** 원스톱 출판 투고 플랫폼 '위펍' _wepub.kr ─┐
위펍은 다양한 콘텐츠 발굴과 확장의 기회를 높여주는
SIGONGSA의 출판IP 투고·매칭 플랫폼입니다.